AF667534

Tschorn

Gesundheitsmanagement in Unternehmen

Nicht nur als Dank für die Korrekturarbeiten im Rahmen dieses Buches, sondern gerade für die bedingungslose Unterstützung, das Vertrauen und den Rückhalt, den ich auf all meinen Wegen erhalten habe, widme ich dieses Buch

meinen Eltern

Rolf und Anneliese Tschorn

Und insbesondere für die Unterstützung bei der Formatierung, dem Erstellen von Grafiken und Tabellen oder sonstiger computer-technischer Probleme widme ich dieses Buch

meinem Bruder

Björn Tschorn

Bedanken möchte ich mich eigens bei der Person, die viele Stunden auf mich verzichten musste und mich dennoch motiviert und unterstützt hat das Werk fertig zu stellen. Deshalb widme ich dieses Buch

meiner Freundin

Simone Ebbing

Ich widme dieses Buch darüber hinaus dem

engsten Familienkreis

Tim Tschorn und Alice Ebbing

Benjamin Tschorn und Claudia Eggers

Oma (Anneliese Meyer) und

in Gedenken an Oma (Helene Tschorn †2009)

Dennis Tschorn

Gesundheitsmanagement in Unternehmen

Schriften zum Betriebs- und Gefahrenschutz

Verlag Personal, Recht, Management Ltd.

Bibliographische Information der deutschen Nationalbibliothek
Die Deutsche Nationalbibliothek verzeichnet diese Publikation in der Deutschen Nationalbibliographie; detaillierte bibliographische Daten
sind im Internet über http://dnb.d-nb.de abrufbar.

Niederlassung Deutschland: Lindlaustr. 2a, 53842 Troisdorf

Umschlagskonzeption: Verlag Personal, Recht, Management Ltd.
Satz: Verlag Personal, Recht, Management Ltd.
Druck: Books on Demand GmbH, Norderstedt
Printed in Germany, Januar 2010

ISBN 978-3-941388-21-5

Abbildungs- und Tabellenverzeichnis

Abkürzungsverzeichnis

a.A.	anderer Ansicht
a.a.O.	am angegebenen Ort
a.F.	alte Fassung
Abl.	Amtsblatt
Abl. EG	Amtsblatt der Europäischen Gemeinschaft
Abs.	Absatz
AGG	allgemeines Gleichbehandlungsgesetz
AiB	Arbeitsrecht im Betrieb
AP	arbeitsgerichtliche Praxis
ArbG	Arbeitsgericht
ArbGG	Arbeitsgerichtsgesetz
AR-Blattei	Arbeitsrechts-Blattei
ArblSchG	Arbeitsplatzschutzgesetz
ArbSchG	Arbeitsschutzgesetz
ArbSchR	Arbeitsschutzrecht
ArbStättVO	Arbeitsstättenverordnung
ArbuR	Arbeit und Recht (Zeitschrift)
ArbZG	Arbeitszeitgesetz
ARS	Arbeitsrechtsammlung mit Entscheidungen des Reichsarbeitsgerichts, der Landesarbeitsgerichte und Arbeitsgerichte
Art.	Artikel
ASiG	Arbeitssicherheitsgesetz
ASR	Arbeitsstätten-Richtlinie
AT	außertariflich
AT-Angestellter	außertariflicher Angestellter
AÜG	Arbeitnehmerüberlassungsgesetz
BAG	Bundesarbeitsgericht
BAGE	amtliche Entscheidungssammlung des BAG
BAnz.	Bundesanzeiger
BArbBl	Bundesarbeitsblatt
BAT	Bundesangestelltentarifvertrag
BB	Betriebsberater (Zeitschrift)
BBiG	Berufsbildungsgesetz
Begr.	Begründung
BEM	betriebliches Eingliederungsmanagement
BErzGG	Bundeserziehungsgeldgesetz
BeschSchG	Beschäftigtenschutzgesetz
BetrVerf-ReformG	Betriebsverfassungs-Reformgesetz
BetrVG	Betriebsverfassungsgesetz
BG	Berufsgenossenschaft
BG	Berufsgenossenschaft(en) (Zeitschrift)
BGB	Bürgerliches Gesetzbuch
BGBl.	Bundesgesetzblatt
BGF	betriebliche Gesundheitsförderung
bGfA	betrieblicher Gesundheitsförderungsausschuss
BGH	Bundesgerichtshof

BGHZ	Entscheidungen des Bundesgerichtshof in Zivilsachen
BGM	betriebliches Gesundheitsmanagement
BGR	Richtlinien der Berufsgenossenschaften
BGV	Vorschriften der Berufsgenossenschaften
BinSchUO	Binnenschiffs-Untersuchungsordnung
BioStoffV	Biostoffverordnung
BKK	Betriebskrankenkasse
BMAS	Bundesministerium für Arbeit und Soziales
BPersVG	Bundespersonalvertretungsgesetz
BR-Drucks.	Drucksachen des Deutschen Bundesrats
BSG	Bundessozialgericht
BT-Drucks.	Drucksachen des Deutschen Bundestags
BUV	Bundesunternehmen-Unfallverhütungsvorschrift
BverfG	Bundesverfassungsgericht
BverfGE	amtliche Entscheidungssammlung des BverfG
BverwG	Bundesverwaltungsgericht
bzw.	Beziehungsweise
CEEP	European Centre of Enterprises with Public Participation and of Enterprises of General economic Interest (Europäischer Zentralverband der öffentlichen Wirtschaft
d.h.	das heißt
DB	der Betrieb (Zeitschrift)
ders.	derselbe
DKK	Däubler/Kittner/Klebe
DrittelbG	Drittelbeteiligungsgesetz
EAS	europäisches Arbeits- und Sozialrecht
ebd.	ebenda
EBRG	europäische Betriebsrätegesetz
EFZG	Entgeltfortzahlungsgesetz
EG	europäische Gemeinschaft
EGB	Europäischer Gewerkschaftsbund
EGV	Vertrag zur Gründung der Europäischen Gemeinschaft
EHS	Environmental, Health and Safety
Einf.	Einführung
ErfK	Erfurter Kommentar zum Arbeitsrecht
EStG	Einkommensteuergesetz
EU	europäische Union
EuGH	europäischer Gerichtshof
EuroAS	Infodienst Europäisches Arbeits- und Sozialrecht (Zeitschrift)
evtl.	eventuell
EWG	europäische Wirtschaftsgemeinschaft
EWGV	Vertrag zur Gründung einer europäischen Wirtschaftsgemeinschaft
EWiR	Entscheidungen zum Wirtschaftsrecht (Zeitschrift)
EzA	Entscheidungssammlung zum Arbeitsrecht
f.	folgend(e)
ff.	fortfolgend(e)
GauS	Gesundheitsausschusssitzung
GewO	Gewerbeordnung
GfA	Gesundheitsförderungsausschuss

gem.	gemäß
GG	Grundgesetz
ggf.	gegebenenfalls
GK	Gemeinschaftskommentar
GKV	gesetzliche Krankenversicherung
GmbH	Gesellschaft mit beschränkter Haftung
GM	Gesundheitsmanagement
GMO	Gesellschaft für Gesundheitsmanagement in Organisationen mbH, in Aachen
h.M.	herrschende Meinung
HAG	Heimarbeitergesetz
HaKo	Handkommentar
HGB	Handelsgesetzbuch
HK-ASiG	Handkommentar zum Arbeitssicherheitsgesetz
Hrsg.	Herausgeber
HSG	Hess /Schlochauer/Glaubitz
HSWG	Hess/Schlochauer/Worzalla/Glock
i.d.R.	in der Regel
i.E.	im Ergebnis
ILO	International Labour Organisation
i.S.d.	im Sinne des/der
i.S.v.	im Sinne von
i.V.m.	in Verbindung mit
JarbSchG	Jugendarbeitsschutzgesetz
KG	Kommanditgesellschaft
KOM	Kommissionsdokument
KSchG	Kündigungsschutzgesetz
KVP	kontinuierliche Verbesserungsprozesse
LAG	Landesarbeitsgericht
LAGE	Entscheidungssammlung der Landesarbeitsgerichte
LfAS	Landesanstalt für Arbeitsschutz
lt.	laut
m.E.	meines Erachtens (subjektive Auffassung des Autors)
m.M.	Mindermeinung
MünchArbR	Münchener Handbuch zum Arbeitsrecht
MuSchG	Mutterschutzgesetz
m.w.N.	mit weiteren Nachweisen
NJW	Neue Juristische Wochenschrift (Zeitschrift)
Nr.	Nummer
Nrn.	Nummern
NZA	neue Zeitschrift für Arbeitsrecht
NZA-RR	NZA-Rechtssprechung-Report Arbeitsrecht
o.g.	oben genannt(e)
OHG	offene Handelsgesellschaft
OVG	Oberverwaltungsgericht
RAG	Reichsarbeitsgericht
RdA	Recht der Arbeit (Zeitschrift)
Reg.	Regierung
RegE	Regierungsentwurf

RGBl.	Reichsgesetzblatt
RL	Richtlinie
Rn.	Randnummer
ROI	Return on Investment (Gesamtkapitalrentabilität)
S.	Seite
SchwbG	Schwerbehindertengesetz
SchwbVWO	Wahlordnung Schwerbehindertenvertretungen
SGB	Sozialgesetzbuch
SiS	Sicher ist sicher (Zeitschrift; Ende 2003 eingestellt)
sog.	so genannt
SozR	Sozialrecht (Entscheidungssammlung)
SozSich	Soziale Sicherheit (Zeitschrift)
SprAuG	Sprecherausschussgesetz
StGB	Strafgesetzbuch
TVG	Tarifvertragsgesetz
TzBfG	Teilzeitbeschäftigungsförderungsgesetz
u.a.	unter anderem
UNICE	Union of Industrial and Employers´ Confederation of Europ (Arbeitgeberorganisation), Heute genannt: Businesseurope
usw.	und so weiter
u.v.m.	und viele mehr
UVV	Unfallverhütungsvorschriften
vgl.	vergleiche
VO	Verordnung
WHO	World Health Organisation
WSI-Mitteilungen	Mitteilungen des wirtschafts- und sozialwirtschaftlichen Instituts in der Hans-Böckler-Stiftung
z.B.	zum Beispiel
zGfA	zentraler Gesundheitsförderungsausschuss
z.T.	zum Teil
ZfA	Zeitschrift für Arbeitsrecht
ZPO	Zivilprozessordnung
ZTR	Zeitschrift für Arbeits-, Tarif- und Sozialrecht des öffentlichen Dienstes

Inhaltsverzeichnis

1 Einleitung

Ein Rauchverbot zum Schutz der Arbeitnehmer oder auch die von Horst Seehofer und Ulla Schmidt[1] angestoßene Debatte über „Gesunde Ernährung und Bewegung – Schlüssel für mehr Lebensqualität“ sowie die Schlagworte Demographischer Wandel, Globalisierung, hoher Konkurrenzdruck, hohe Leistungsanforderungen bzw. verbesserte Leistungsanreizmodelle, Produktivitätssteigerung und ständig steigende Erwartungen, die an den Menschen gestellt werden, rücken das Thema Gesundheit während der aktiven Arbeitzeit unaufhaltsam in den Vordergrund der gesellschaftspolitischen Diskussion. Aber auch durch die Schwierigkeiten in der Finanzierung des Gesundheitssystems steht das Thema Gesundheit immer wieder in öffentlicher Diskussion.

Die Arbeitszeit nimmt regelmäßig einen erheblichen Anteil im Leben eines Menschen ein. Grundsätzlich ist jeder Mensch bzw. Arbeitnehmer für seinen eigenen Gesundheitsschutz verantwortlich. Im Arbeitsleben finden für den Arbeitgeber verschiedene Vorschriften[2] Anwendung, die ihm eine (Mit)Verantwortung für die Gesundheit der Beschäftigten auferlegt. Für Unternehmer könnten sich in diesem Zusammenhang folgende allgemeine Fragen ergeben:

- Ist Gesundheit ein unternehmerisches Thema?
- Inwieweit ist ein Unternehmer gesetzlich für die Gesundheit seiner Mitarbeiter verantwortlich?
- Wie stark trifft den Unternehmer die Fürsorgepflicht auch über die gesetzlich vorgeschriebenen Gesundheitsmaßnahmen hinaus – Stichwort „Prävention“?

Daneben könnte sich für den Unternehmer die Frage nach dem wirtschaftlichen Nutzen der betrieblichen Gesundheitsförderung stellen.

Dieses Buch „Gesundheitsmanagement im Unternehmen“ soll Hilfestellungen und Anregungen bieten, die o. g. allgemeinen Fragen zu diskutieren und zu beantworten.

Im praktischen Teil wird das Gesundheitsmanagement am Beispiel einer in Deutschland ansässigen GmbH herausgestellt und analysiert.

Konkrete gesetzliche Vorschriften und allgemeine Rechtsbegriffe wie Fürsorgepflicht, Treue und Glauben oder gute Sitten bringen die Gesundheitsdiskussion unausweichlich in die Unternehmen hinein.

Vor dem Hintergrund der Globalisierung, dem ständig wachsenden Wettbewerbs- und Leistungsdruck, dem Unternehmer und deren Beschäftigte ausgesetzt sind, wird die Betrachtung und Auswirkung dieser Einflüsse auf die Gesundheit immer wichtiger.[3] Eine

[1] Bundesernährungsminister und Bundesgesundheitsministerin von 2005 bis 2009.

[2] U.a., Arbeitsschutzgesetz, Unfallverhütungsvorschriften der einzelnen Berufsgenossenschaften (BGV A1 Grundsätze der Prävention), sonstige Verordnungen wie die Arbeitsstättenverordnung.

[3] Kurtenbach, S. 54.

hohe Leistungsfähigkeit ist auf Dauer nur mit einem „optimalen“ Gesundheitszustand möglich. Auch durch den demographischen Wandel wird die Gesundheit im Unternehmen einen immer größer werdenden Stellenwert einnehmen. Es liegt in der Natur des Menschen, dass die Krankheitsanfälligkeit mit höherem Lebensalter zunimmt. Junge und „gesunde“ Mitarbeiter werden dem Arbeitsmarkt in Zukunft weniger zur Verfügung stehen.[4] Um also die älteren Arbeitnehmer für das Unternehmen langfristig leistungsstark zu erhalten, bedarf es eines funktionierenden Gesundheitsmanagements im Unternehmen.

Die bislang größten Belastungsfaktoren durch physikalische, chemische oder physische Einwirkungen konnten durch gesetzliche Regelungen wie das Arbeitsschutz-, Arbeitssicherheits- oder Arbeitsplatzschutzgesetz und viele mehr erheblich reduziert werden. Während diese Belastungsfaktoren abnahmen, nehmen andere Einflüsse auf die Gesundheit stark zu. Hierzu gehören vor allem die psychosozialen Belastungsfaktoren.[5] Diese sind aber aufgrund ihrer schlechten Messbarkeit für viele Unternehmer nicht (wirtschaftlich) nachvollziehbar oder werden als unwesentlich betrachtet.[6]

Neben der schlechten Messbarkeit dieser gesundheitsbelastenden Faktoren wird aus wirtschaftlichen Gründen oder weitestgehend auch aus Unwissenheit der Gesundheitszustand im Unternehmen mit den Ausfallzeiten durch Arbeitsunfähigkeit definiert. Diese Betrachtung ist – wie im weiteren Verlauf aufgezeigt wird – für den Anspruch eines umfassenden Gesundheitsmanagements nicht ausreichend. Die möglichen Einwirkungsfaktoren auf den Gesundheitszustand der Beschäftigten sind groß. Hierbei kommt es nicht alleine auf die objektive Sicht an – *der Beschäftigte arbeitet* – sondern auf das subjektive Empfinden des Beschäftigten – *ich fühle mich gesund*. Stress, schlechtes Betriebsklima, ein situativ unangemessener Führungsstil, Umwelteinflüsse, z.B. schlechte Luft am Arbeitsplatz, oder auch nur eine sich anbahnende Krankheit und vieles mehr beeinflussen den Gesundheitszustand der Beschäftigten negativ und reduzieren die Leistungsfähigkeit oft erheblich, obwohl der Beschäftigte nicht als arbeitsunfähig gilt. Hinzu kommen Beeinflussungsfaktoren, die außerhalb des Arbeitslebens durch Freunde, Familie und Gesellschaft auf den Menschen einwirken. Diese Einflussfaktoren können auch positiv (Eustress, gutes Betriebsklima usw.) auf den Menschen und somit auf seine Leistungsfähigkeit einwirken.

In einem zufriedenen und gesunden Mitarbeiter liegt somit ein potenzieller wirtschaftlicher Nutzen für das ganze Unternehmen, der sich mittel- bis langfristig einstellen kann.[7] Hierfür bedarf es eines umfassenden Gesundheitsmanagements im Unternehmen.

---

[4] Vgl. hierzu vertiefend, Völpel, S. 18 ff; Krone/Krischausky, S. 24; Berssem/höfer, S. 28.

[5] Ulich/Wülser, S. 19, 22; Meifert/Kersting, S. 57-77; Badura/Hehlmann, 2003, S. 65.

[6] Allgemein zur fehlenden Integration von Gesundheitsschutz in unternehmerische Entscheidungen, Thiehoff, S, 53 ff.

[7] Kurtenbach, S. 55.

2 Definition von Gesundheit und (betrieblichem) Gesundheitsmanagement

2.1 World Health Organization (WHO) und die Ottawa-Charta der WHO

Die WHO (Weltgesundheitsorganisation) hat 1986 in Ottawa ihre Definition von Gesundheit konkretisiert und als Konsenspapier[8] (Ottawa-Charta) mit 240 Teilnehmern aus 35 Ländern verabschiedet. Grundlegende Intention der Ottawa-Charta ist, die Bevölkerung zu befähigen, selbstständig mit der Gesundheit und der gesundheitsförderlichen Gestaltung der Lebenswelt und den Gesundheitsdiensten umzugehen.

Die WHO definiert Gesundheit in ihrer Verfassung von 1946 als „Gesundheit ist der Zustand eines vollkommenen körperlichen, seelischen und sozialen Wohlbefindens und nicht nur die Abwesenheit von Krankheiten und Gebrechen"[9]. Dieser Gesundheitsbegriff wurde durch das Konzept der Gesundheitsförderung in der Ottawa-Charta von der WHO 1986 weiterentwickelt. Darin wird postuliert, dass zur Erreichung dieses Zustandes sowohl Einzelne als auch Gruppen ihre Bedürfnisse befriedigen, ihre Wünsche und Hoffnungen wahrnehmen und verwirklichen sowie ihre Umwelt meistern bzw. verändern können. In diesem Sinne wird Gesundheit als ein wesentlicher Bestandteil des alltäglichen Lebens verstanden und nicht als vorrangiges Lebensziel. "Gesundheitsförderung zielt auf einen Prozess ab, allen Menschen ein höheres Maß an Selbstbestimmung über ihre Gesundheit zu ermöglichen und sie damit zur Stärkung ihrer Gesundheit zu befähigen. [...] Die sich verändernden Lebens-, Arbeits- und Freizeitbedingungen haben entscheidenden Einfluss auf die Gesundheit. Die Art und Weise, wie eine Gesellschaft die Arbeit, die Arbeitsbedingungen und die Freizeit organisiert, sollte eine Quelle der Gesundheit und nicht der Krankheit sein. Gesundheitsförderung schafft sichere, anregende, befriedigende und angenehme Arbeits- und Lebensbedingungen."[10]

Grundbedingungen für die Gesundheit aus Sicht der WHO sind:

- ein stabiles Selbstwertgefühl,
- ein positives Verhältnis zum eigenen Körper,
- Freundschaft und soziale Beziehungen,
- eine intakte Umwelt,
- eine sinnvolle Arbeit und gesunde Arbeitsbedingungen,
- Gesundheitswissen und Zugang zur Gesundheitsversorgung,

---

[8] WHO, Ottawa-Charta zur betrieblichen Gesundheitsförderung von November 1986, S. 14.

[9] WHO, Verfassung vom 22. Juli 1946.

[10] WHO, Ottawa-Charta, ebd.

- eine lebenswerte Gegenwart und die begründete Hoffnung auf eine lebenswerte Zukunft.

Die Gesundheitsdefinition der WHO kann heute als fast vollständig akzeptierte Definition für Gesundheit bezeichnet werden.

Kritik erfährt[11] die Definition, weil sie Gesundheit als Zustand beschreibt. Gesundheit wird heute[12] nicht als Zustand sondern als dynamischer Prozess verstanden. Die „optimale" Gesundheit gibt es nicht oder nur selten. Wenn der „optimale Gesundheitszustand" als Gleichgewicht bezeichnet würde, so dient ein Gesundheitsmanagement dazu, den Menschen nach jeder Abweichung vom Gleichgewichtspunkt wieder möglichst nah an diesen zurückzuführen. Wenn die WHO Gesundheit erst bei „vollkommenem [...] Wohlbefinden" annimmt, so wird diese Situation wie oben gesagt, sehr selten oder gar nicht eintreten. Dass die WHO als international bekannteste Gesundheitsorganisation allerdings einen sehr hohen Anspruch auf das legt, was gesund zu sein heißt, ist verständlich.

2.2 Betriebliches Gesundheitsmanagement bzw. betriebliche Gesundheitsförderung

2.2.1 Luxemburger Deklaration

1997 haben die Mitglieder des europäischen Netzwerks für betriebliche Gesundheitsförderung folgende gemeinsame Definition für die betriebliche Gesundheitsförderung erarbeitet:

„Betriebliche Gesundheitsförderung umfasst alle gemeinsamen Maßnahmen von Arbeitgebern, Arbeitnehmern und Gesellschaft zur Verbesserung von Gesundheit und Wohlbefinden am Arbeitsplatz."

„Dies kann durch die Verknüpfung folgender Ansätze erreicht werden:

- Verbesserung der Arbeitsorganisation und der Arbeitsbedingungen
- Förderung einer aktiven Mitarbeiterbeteiligung
- Stärkung persönlicher Kompetenzen"13

Die EU will mit dieser Deklaration die Mitgliedsstaaten ermutigen, dem BGM einen höheren Stellenwert einzuräumen. Die EU ist an gesunden Mitarbeitern in gesunden Unternehmen interessiert. Die Europäische Kommission unterstützt deshalb eine Initiative zum Aufbau eines Europäischen Netzwerks für das BGM. Diese Initiative steht im Einklang mit Artikel 129 des Vertrages zur Gründung der Europäischen Gemeinschaft und dem Aktions-

[11] *Rudow*, S. 35; *Trojan/Legewie*, 2007.

[12] *Rudow*, S. 35; *Badura/Ritter/Scherf*, S. 24.

[13] Luxemburger Deklaration zur betrieblichen Gesundheitsförderung in der Europäischen Union in der Fassung vom Juni 2005.

programm der EU zur Gesundheitsförderung, -aufklärung, -erziehung und -ausbildung im Bereich der öffentlichen Gesundheit.[14]

2.2.2 Betriebliches Gesundheitsmanagement

Alle oben genannten Definitionen und Erklärungen zur Gesundheit oder zur betrieblichen Gesundheitsförderung könnten als Grundlage für dieses Buch herangezogen werden. Um dem Thema „Gesundheitsmanagement im Unternehmen“ eine spezielle Definition zuzuordnen und vor allem, um eine klare Trennung zwischen gesetzlichem Arbeits- und Gesundheitsschutz und dem freiwilligen darüber hinaus gehenden Gesundheitsschutz aufzuzeigen, wurde die folgende Definition als Grundlage für den weiteren Verlauf der erarbeitet:

„Alle Richtlinien, Gesetze und Verordnungen, die sich aus der Rahmenrichtlinie Arbeitsschutz (RL 89/391/EWG) und aus der Richtlinie Gesundheitsschutz (RL 92/58/EWG) ableiten sowie Richtlinien, Gesetzte und Verordnungen des Bundes die den sozialen Arbeitsschutz und den Umweltschutz betreffen, werden eingehalten (Gesundheitsmanagement im engeren Sinne), und es besteht darüber hinaus ein einheitliches Konzept zur betrieblichen Gesundheitsförderung mit Schwerpunkt im Bereich der gesundheitlichen Prävention, welches fortlaufend überprüft, verbessert und allen Mitarbeitern bekannt gemacht wird (Gesundheitsmanagement im weiteren Sinne)“.

Wenn im weiteren Verlauf von Gesundheit im engeren Sinne bzw. von Gesundheit im weiteren Sinne gesprochen wird, so ist damit die Gesundheitsförderung im Rahmen des „Gesundheitsmanagements im engeren Sinne bzw. im weiteren Sinne“ gemeint.

Der Übergang von Gesundheit im engeren Sinne zur Gesundheit im weiteren Sinne ist fließend und lässt sich grob in

- Arbeitssicherheit und Gesundheitsschutz nach den gesetzlichen Vorgaben (im engeren Sinne) und
- darüber hinaus gehende „freiwillige“, vorrangig präventive Gesundheitsförderung (im weiteren Sinne)

einteilen.

[14] Nr. 645/96/EG.

3 Vorschriften zum Gesundheitsschutz in Unternehmen

3.1 Gesetze zum Schutz der Gesundheit in Unternehmen

Zunächst werden die wesentlichen Gesetzte, die eine Grundlage für den betrieblichen Gesundheitsschutz bilden, kurz erläutert. Detailliert wird nur auf Vorschriften eingegangen, welche die Gesundheitsförderung „im weiteren Sinne“ betreffen. So z.B. der § 84 Abs. 2 SGB IX. Dieser stellt eine entscheidende Grundlage da und bringt aktuell den Willen des Gesetzgebers zum Ausdruck, verstärkt die Themen Gesundheit und Gesundheitsprävention in den Mittelpunkt aller betrieblichen Aktivitäten zu stellen. Es wird deutlich stärker auf die Arbeitgeberpflicht im Gegensatz zu den Arbeitnehmerpflichten eingegangen. Dies folgt aus der Tatsache, dass den Arbeitgeber die Hauptpflichten für die Organisation, Durchführung und Überprüfung des Gesundheits- und Arbeitsschutzes treffen und das Arbeitsschutzrecht im Wesentlichen den Arbeitnehmer schützen soll und deshalb auch als Arbeitnehmerschutzrecht bezeichnet wird.[15] Dennoch soll klargestellt werden, dass der Arbeitnehmer eine (Mit)Verantwortung für die Erhaltung seines Gesundheitszustandes sowie für die Einhaltung der Arbeitssicherheitsvorschriften hat. Dies folgt zum einen aus dem allgemeinen Grundsatz von Treu und Glauben gem. § 242 BGB, aus dem abgeleitet wird, dass die Rücksichtnahme, der Schutz und die Förderung des Vertragszweckes von jedem Vertragspartner immanenter Bestandteil eines jeden Schuldverhältnisses ist. Der Gesetzgeber bestätigt diesen Grundsatz durch § 241 Abs. 2 BGB. Zum anderen ergibt sich diese Verantwortung aus § 15 Abs. 1 und 2 ArbSchG.

Im Folgenden werden nationale Rechtsvorschriften behandelt, obwohl das deutsche Recht mittlerweile einer Fülle von europäischen Rechtsvorschriften unterliegt bzw. europäische Richtlinien in nationale Rechtsvorschriften umgesetzt wurden.

Gem. Art. 118 a EWGV in der Fassung der einheitlichen europäischen Akte hat die Europäische Union eine globale Rechtssetzungskompetenz auf dem Gebiet des Arbeitsrechts erlangt. Diese Bestimmungen sind heute in Art. 137 Abs. 1 EGV geregelt. Der Rat kann hier auf Vorschlag der Kommission mit qualifizierter Mehrheit Mindestvorschriften erlassen, wenn es darum geht, die Arbeitsumwelt zu verbessern und zu fördern und die Gesundheit der Arbeitnehmer zu schützen. Weitere Ermächtigungen ergeben sich aus Art. 95 EGV und Art. 71 EGV. Wenn für die folgenden nationalen Rechtsvorschriften europäische Richtlinien und Empfehlungen vorliegen, wird darauf regelmäßig innerhalb dieser Ausführungen Bezug genommen.

Mit den Ausnahmen der folgenden zwei Punkte, hat die Bearbeitungsreihenfolge der Gesetze keine Bedeutung hinsichtlich ihrer Priorität oder Einflussnahme.

---

[15] *Schaub*, § 152 Rn. 1; vgl. *Richardi*, Einf., XIV; Kaskel/*Dersch*, S. 26; *Nipperdey*, in: Festgabe, S. 206 f.;

Als wohl bedeutendste Grundlage für den Arbeitsschutz in Deutschland werden, das Arbeitsschutzgesetz als operativer Bestandteil und das Arbeitssicherheitsgesetz als organisatorischer Bestandteil vorne angestellt.

Den Abschluss bildet bei den Gesetzen das Sozialgesetzbuch IX. Es wird hinten angestellt, da der § 84 Abs. 2 eine aktuelle und entscheidende Änderung für den Gesundheitsschutz mit Sicht auf den Präventionsgedanken des Gesetzgebers ist.

3.1.1 Arbeitsschutzgesetz (ArbSchG)

3.1.1.1 Ziel und Zweck

In dem am 21.08.1996 in Kraft getretenen „Gesetz zur Umsetzung der EG-Rahmenrichtlinie Arbeitsschutz“ findet sich das „Gesetz über die Durchführung von Maßnahmen des Arbeitsschutzes zur Verbesserung der Sicherheit und des Gesundheitsschutzes der Beschäftigten in den Betrieben (Arbeitsschutzgesetz – ArbSchG)“ wieder. Dieses Gesetz, auch bezeichnet als „Grundgesetz des deutschen Arbeitsschutzes“, ist der „Allgemeine Teil“ des Arbeitsschutzrechts und trägt als wesentliche Grundlage zum Schutz von Leben und Gesundheit der in den Betrieben und Dienststellen Beschäftigten bei. Das Gesetz bezweckt auch die Erhaltung der Arbeitskraft sowie bestimmter elementarer Persönlichkeitsrechte.[16] Gem. § 2 ArbSchG sind damit alle Maßnahmen zur Verhütung von Unfällen bei der Arbeit, zur Verhütung arbeitsbedingter Gesundheitsgefahren und die menschengerechte Gestaltung der Arbeit gemeint.

Das ILO[17]-Übereinkommen Nr. 155 sowie viele andere internationale und europäische Rechtsvorschriften bilden einen umfassenden Arbeitsschutzansatz, der heutzutage verstärkt weg von dem pathogenen[18] Ansatz, hin zum salutogenen[19] Ansatz übergeht. In diesem Sinne wird der individuellen Konstitution von Gesundheit verstärkt Rechnung getragen. Über diesen Ansatz werden somit ressourcenorientierte Arbeitschutzmaßnahmen der Gesundheitsförderung geschaffen, die gesundheitsförderliche Arbeitsbedingungen in den Mittelpunkt stellen.[20] Der Arbeitsschutz ist heute also darauf ausgerichtet, ein präventives,

---

[16] Wlotzke, S. 147.

[17] Die Internationale Arbeitsorganisation (IAO) (englisch - International Labour Organization, **ILO**; französisch - *Organisation internationale du travail*, OIT).

[18] Pathogen (griechisch pathos = Leid(en), Krankheit; gennan = (er)zeugen) bezeichnet die Eigenschaft eines Objekts, als Krankheitserreger zu wirken.

[19] Die Salutogenese (zur Wortherkunft vergleiche Genese) bedeutet soviel wie „Gesundheitsentstehung“ oder „Ursprung von Gesundheit“ und wurde von dem israelisch-amerikanischen Medizinsoziologen Aaron Antonovsky (1923–1994) in den 1970er Jahren als Gegenbegriff zur Pathogenese entwickelt. Nach dem Salutogenese-Modell ist Gesundheit kein Zustand, sondern muss als Prozess verstanden werden.

[20] Vgl. *Braun/Kern*, S. 14, im Anschluss an *Antonovsky*, 1997; *Pieper/Vorath*, S, 18 ff.

vorausschauend verhütendes Arbeits- und Gesundheitskonzept darzustellen, welches unter Einbeziehung der Beschäftigten ständig den veränderten Bedingungen angepasst und optimiert wird.

Dieses kann mit dem in Art. 137 Abs. 1 erster Spiegelstrich, in Art. 95 Abs. 4 EGV und in dem ILO-Übereinkommen Nr. 155 verwendeten Begriff der „Arbeitsumwelt“ als Synonym für die ganzheitliche Zielsetzung eines zeitgemäßen Arbeitsschutzes zusammengefasst werden.

3.1.1.2 Bezug zum unternehmerischen Gesundheitsschutz

Die Ziele des § 1 Abs. 1 ArbSchG sind inhaltsgleich mit denen im Art. 1 Abs. 1 der „Rahmenrichtlinie Arbeitsschutz“[21]. Somit ist der Inhalt des Europäischen Rechts von Bedeutung, um die oben beschriebene Zielsetzung des Arbeitsschutzgesetzes zu erkennen.

Das ArbSchG gilt für alle Beschäftigten, unabhängig in welcher Branche, Berufsgruppe oder bei welchem Arbeitgeber sie tätig sind. Ausnahmen sind im § 1 Abs. 2 ArbSchG geregelt. Die Vorschriften des europäischen Rechts sind auch dann verbindlich, wenn sie nicht nach Ablauf der Umsetzungsfrist oder nur unzureichend umgesetzt wurden, obwohl sie inhaltlich unbedingt, klar und präzise sind.[22]

Mit der neuen Ausrichtung des Arbeits- und Gesundheitsschutzes nach den o.g. Vorschriften, kommt nicht nur den Arbeitgebern, sondern auch den Beschäftigten eine entscheidende Eigen- oder Mitverantwortung zu.[23] Ohne die Einbindung und aktive Mitgestaltung der Beschäftigten ist ein Arbeits- und Gesundheitsschutz aller Wahrscheinlichkeit nach nur suboptimal. Es ist nicht nur Aufgabe des Arbeitsgebers, den Mitarbeitern die Teilnahme an Entscheidungsprozessen bzw. an Maßnahmen gem. § 2 Abs. 1 ArbSchG zur betrieblichen Gesundheitsförderung zu ermöglichen, sondern die Mitarbeiter sollen selbst aktiv werden und von sich heraus die Beteiligung fordern, annehmen und Maßnahmen aktiv mitgestalten. Rechtliche Grundlage für die Verpflichtung der Beschäftigten in diesem Zusammenhang sind die §§ 15 und 16 ArbSchG.

Darüber hinaus umfasst das Arbeitschutzgesetz nicht mehr ausschließlich die Bereiche Hygiene, Sicherheit und Gesundheitsschutz im engeren Sinne, sondern alle materiellen, sozialen, psychischen und ergonomischen Belange der Arbeitnehmer.

Die in § 3 Abs. 1 ArbSchG geforderten „erforderlichen Maßnahmen“, die der Arbeitgeber bezogen auf die Sicherheit und Gesundheit treffen muss, werden unter anderem in ver-

---

[21] Richtlinie 89/391/EWG vom 12.06.1989; AblEG Nr. L 183, 1 = EG-Rahmenrichtlinie Arbeitsschutz.

[22] EuGH Urteil vom 19.01.1982 – Rs 8/81, NJW 1982, 499; EuGH Urteil vom 19.11.1991 – Rs C-6/90 u. 9/90, NJW 1992, 165.

[23] Vgl. *Jürgen/Blume/Schleicher/Szymanski*, S. 13 m.w.N; *Leube*, S. 1738.

schiedensten Verordnungen konkretisiert (Bildschirmarbeitsplatz-, Bildschirmgeräte-, PSA-Benutzungs-, Gefahrstoff-, Arbeitsstättenverordnung u.v.m.). Der Gesetzgeber verlangt gem. § 3 Abs. 1, Satz 2 vom Arbeitgeber eine ständige Überprüfung auf die Wirksamkeit der Maßnahmen sowie ggf. eine Anpassung an veränderte Gegebenheiten.

3.1.1.3 Sanktionen bei Verstößen

Dem Arbeitgeber können gem. § 22 Abs. 3 ArbSchG Maßnahmen von einer zuständigen Behörde angeordnet werden, z.B. welche Maßnahmen die verantwortlichen Personen oder Beschäftigten zur Erfüllung der Pflichten zu treffen haben oder welche Maßnahmen zur Abwendung von Gefahren für Leben und Gesundheit der Beschäftigten zu treffen sind. Des Weiteren kann durch nationale Rechtsverordnungen gem. § 18 ArbSchG bestimmt werden, welche Maßnahmen der Arbeitgeber zu treffen hat bzw. wie sich die Beschäftigten zu verhalten haben. Solche Rechtsverordnungen können auch internationale Vorschriften gem. § 19 ArbSchG sein.

Wird vorsätzlich oder fahrlässig gegen diese Paragraphen verstoßen, so liegt eine Ordnungswidrigkeit gem. § 25 ArbSchG vor, die gem. Abs. 2 mit Geldbuße von bis zu fünftausend Euro (Abs. 1, Nr. 1 und 2 Buchstabe b) oder mit Geldbuße bis zu fünfundzwanzigtausend Euro (Abs. 1, Nr. 2 Buchstabe a) geahndet werden kann.

Mit Freiheitsstrafe bis zu einem Jahr oder mit Geldstrafe wird bestraft, wer beharrlich wiederholt gegen § 25 Abs. 1, Nr. 2 Buchstabe a verstößt oder durch eine vorsätzliche Handlung gem. § 25 ArbSchG das Leben und die Gesundheit eines Beschäftigten gefährdet.

Das ArbSchG wendet sich überwiegend an den Arbeitgeber. Arbeitnehmer sind regelmäßig nur daran gehalten, sich dem Arbeitsschutz entsprechend zu verhalten. Verstößt der Arbeitnehmer gegen Vorschriften des Arbeitsschutzes, begeht er in bestimmten Fällen auch Ordnungswidrigkeiten. Mittelbar wird die Einhaltung des arbeitsschutzgerechten Verhaltens erzwungen durch:

- Erwachsen von Schadensersatzansprüchen gegen den Arbeitnehmer,
- Entlassung aus dem Arbeitsverhältnis,
- Ordnungsgelder der Berufsgenossenschaften.

Siehe zum grundlegenden Aufbau des nationalen und internationalen Arbeitsschutzrechts die Abbildungen 1 und 2 auf den folgenden Seiten.

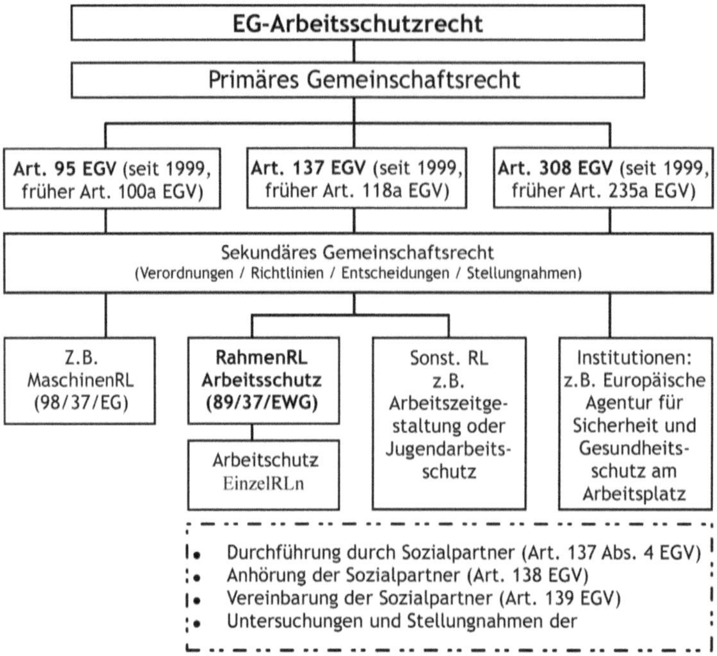

Abbildung 1: Aufbau des EG-Arbeitsschutzrechts.[24]

[24] Aus *Kittner/Pieper*, Einl. S. 60.

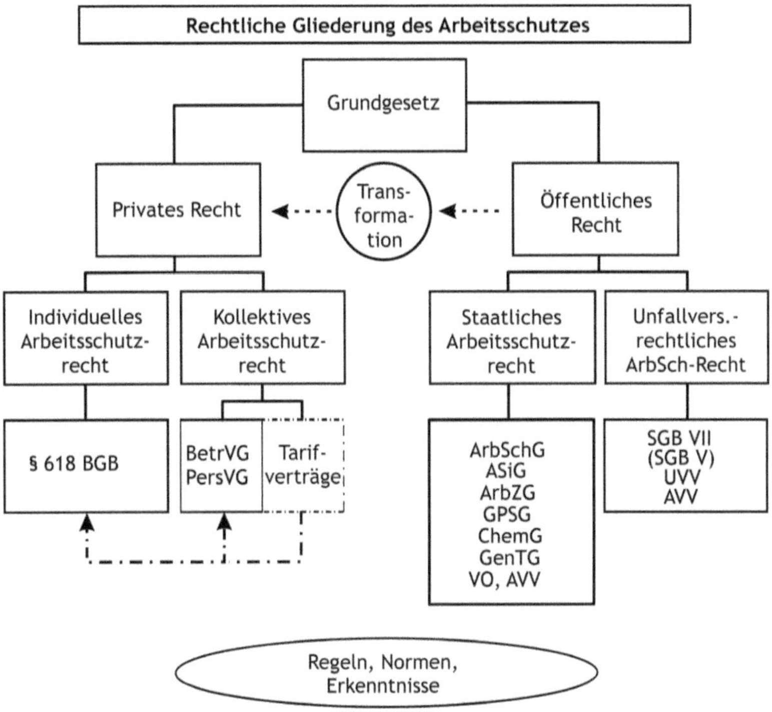

Abbildung 2: Aufbau des nationalen Arbeitsschutzrechts.[25]

[25] Ebd., S. 47.

3.1.2 Arbeitssicherheitsgesetz (ASiG)

3.1.2.1 Ziel und Zweck

Das Gesetz zielt nicht auf den Schutz vor oder die Beseitigung von definierten Unfall- und Gesundheitsgefährdungen in der Arbeitswelt ab, sondern es stellt die Grundlage für die Organisation eines wirksamen betriebsbezogenen Arbeitsschutzes dar.[26]

3.1.2.2 Organisatorische Grundlage für den gesetzlichen Gesundheitsschutz

Das SGB VII regelt in § 21 Abs. 1 die Pflicht des Unternehmers, „für die Durchführung der Maßnahmen zur Verhütung von Arbeitsunfällen und Berufskrankheiten, für die Verhütung von arbeitsbedingten Gesundheitsgefahren sowie für eine wirksame Erste Hilfe" im Betrieb zu sorgen. Der Arbeitgeber hat hierzu gem. § 1 ASiG Betriebsärzte und Fachkräfte für Arbeitssicherheit zu bestellen. Diese sollen den Arbeitgeber beim Arbeitsschutz und bei der Unfallverhütung unterstützen. Zum Arbeitsschutz und zur Unfallverhütung gehört alles, was den Gesundheitsschutz der Beschäftigten betrifft. Eine nicht abschließende Aufzählung von Aufgaben, die den Gesundheitsschutz betreffen, finden sich in den §§ 3 Abs. 1, Satz 2; 6 Satz 2 ASiG.

Der Arbeitgeber ist im Sinne des ASiG der Unternehmer.[27]

Der Arbeitgeber hat den Betriebsarzt und die Fachkraft für Arbeitssicherheit schriftlich zu bestellen und ihnen Aufgaben zur Unterstützung beim Arbeitsschutz sowie bei der Unfallverhütung zu übertragen.[28] Der Arbeitgeber kommt seiner Pflicht auch nach, wenn er gem. § 19 ASiG einen überbetrieblichen Dienst von Betriebsärzten und Fachkräften für Arbeitssicherheit mit der Wahrnehmung der Aufgaben aus den §§ 3 oder 6 ASiG verpflichtet. Diese müssen bestimmte Anforderungen erfüllen, um bestellt werden zu können.[29] Fehlt die erforderliche Fachkunde, so kann der Arbeitgeber mit Erlaubnis der zuständigen Behörde gem. § 18 ASiG im Ausnahmefall dennoch eine Person für diese Aufgaben bestellen, wenn diese innerhalb einer festzulegenden Frist entsprechend den genannten Anforderungen fortgebildet wird. Durch die Fachkräfte soll im einzelnen gewährleistet werden, dass jeweils die auf dem neusten wissenschaftlichen Stand zu erlassenden Vorschriften bezüglich des Arbeitsschutzes und der Unfallverhütung in den einzelnen Betrieben fachkundig und optimal an den Betrieb angepasst und umgesetzt werden. So kann für alle Maßnahmen ein möglichst hoher Wirkungsgrad erzielt werden.

---

[26] *Bieneck*, S. 465; vgl. *Anzinger/Bieneck*, Einf. Rn. 1 ff.

[27] *Aufhauser/Brunhöber/Igl*, § 1, Abschnitt 1, Rn. 6.

[28] Vgl. §§ 2, 3, 5 und 6 ASiG.

[29] Vgl. §§ 4 und 7 ASiG.

Die Betriebsärzte und Sicherheitsfachkräfte tragen nur für ihre fachliche Beratung Verantwortung. Eine unmittelbare Verantwortung für das Unfallgeschehen im Betrieb haben sie nicht, diese Verantwortung trägt der Arbeitgeber.[30] Sie haben im Wesentlichen die Aufgabe, den Arbeitgeber und die mit der Arbeitssicherheit beauftragten Beschäftigten zu beraten und zu unterstützen. Die Betriebsärzte und Fachkräfte für Arbeitssicherheit sind gem. § 8 Abs. 1 *„bei der Anwendung ihrer arbeitsmedizinischen und sicherheitstechnischen Fachkunde weisungsfrei*".

Gem. § 9 ASiG arbeiten die Betriebsärzte und die Fachkräfte für Arbeitssicherheit mit dem Betriebsrat zusammen. Sie beraten den Betriebsrat in Angelegenheiten des Arbeitsschutzes und der Unfallverhütung. Betriebsärzte und Fachkräfte für Arbeitssicherheit werden mit Zustimmung des Betriebsrates bestellt und abberufen. Für die Verpflichtung oder Entpflichtung eines freiberuflich tätigen Arztes oder einer freiberuflich tätigen Fachkraft für Arbeitssicherheit ist der Betriebsrat zu hören.

Der Arbeitgeber hat gem. § 11 Satz 1 ASiG, wenn in einer sonstigen Rechtsvorschrift nichts anderes bestimmt ist, in Betrieben mit mehr als zwanzig Beschäftigten einen Arbeitsschutzausschuss zu bilden. Dieser Ausschuss setzt sich zusammen aus:

- dem Arbeitgeber oder einem von ihm Beauftragten,
- zwei vom Betriebsrat bestimmten Betriebsratsmitgliedern,
- Betriebsärzten,
- Fachkräften für Arbeitssicherheit und
- Sicherheitsbeauftragten nach § 22 SGB VII.

Der Arbeitsschutzausschuss tritt mindestens einmal vierteljährlich zusammen und berät Anliegen des Arbeitsschutzes und der Unfallverhütung. Die Verpflichtung zur Beratung von Unfallverhütung- und Arbeitsschutzfragen ergibt sich aus dem Zusammenwirken der genannten Personen, Stellen und Einrichtungen durch das ASiG. Es soll präventiv und möglichst umfassend auf den Schutz von Leben und Gesundheit der in den Betrieben beschäftigten Personen eingewirkt werden.

3.1.2.3 Sanktionen bei Verstößen

Über die Einhaltung der Arbeitsschutzgesetze und –verordnungen wachen die Gewerbeaufsichtsämter. Verstöße gegen die bezeichneten Vorschriften können Geldbußen und bei Betriebs- und Personalratsmitgliedern deren Ausschluss aus dem Gremium und sogar die Auflösung des genannten Gremiums zur Folge habe. Berufsgenossenschaften und Unfallkassen können bei einer Nichtbefolgung einer Unfallverhütungsvorschrift über die Arbeitssicherheitsfachkräfte bzw. einer Durchführungsanordnung eine Geldbuße festsetzen.[31] Unter Umständen kommt auch eine strafbare Handlung nach dem StGB in Betracht. Hat

---

[30] vgl. *Kittner/Pieper*, ArbSchR, ASiG, Rn. 7 m.w.N.

[31] wie hier *Kittner/Pieper*, ArbSchR, ASiG, Rn. 140.

der Verstoß gegen eine Anordnung der zuständigen Behörde den Tod eines Beschäftigten zur Folge, so könnten die §§ 212, 222, 226 StGB greifen. Für den Fall einer Gesundheitsschädigung bei den Beschäftigten kommen ggf. die §§ 223, 225, 226 und 229 StGB in Frage.

3.1.3 Bürgerliches Gesetzbuch (BGB)

3.1.3.1 Wesentliche arbeitsrechtlich relevante Normen

Auf den Arbeitsvertrag als eine spezielle Ausgestaltung des in den §§ 611 ff. BGB geregelten Dienstvertrages finden insbesondere die §§ 611a, 611b, 612 Abs. 3, 612a, 613a, 618, 619a, 622, 623 BGB Anwendung. Ferner finden auf den Arbeitsvertrag die allgemeinen Vertragsgrundsätze, besonders die §§ 241, 242, 273, 305 ff., 314, 320 ff. BGB Anwendung sowie allgemeine Grundsätze des BGB, im Wesentlichen die §§ 133, 138, 157 BGB. Zudem treffen den Arbeitgeber Fürsorge- und Schutzpflichten, die sich aus dem Arbeitsverhältnis, Kollektivvertrag, Gesetz oder dem Grundsatz von Treu und Glauben ergeben können. Grundsätzlich anwendbare Vorschriften aus dem BGB werden im Arbeitsrecht häufig durch Spezialvorschriften wie dem ArbSchG, der ArbStättVO oder dem ASiG verdrängt. Eine Vielzahl der gesetzlichen Nebenpflichten im Arbeitsrecht wie z.B. das BUrlG, EFZG, MuSchG, JArbSchG sind öffentlich-rechtliche Schutzbestimmungen auf dem Gebiet des Gesundheitsschutzes und der Arbeitssicherheit und sind in der Mehrzahl Schutzgesetze i.S.d. § 823 II BGB.

3.1.3.2 Allgemeine Grundsätze zum Schutz der Gesundheit bei der Arbeit aus dem BGB

Gem. § 241 Abs. II BGB kann ein Schuldverhältnis – z.B. gem. § 611 BGB – „*nach seinem Inhalt jeden Teil zur Rücksicht auf die Rechte, Rechtsgüter und Interessen des anderen Teils verpflichten*". Diese Rücksichtnahmepflicht kann als Fürsorgepflicht bezeichnet werden und begründet im Arbeitsverhältnis Schutzpflichten, die der Arbeitgeber auch zum Schutz von Leben und Gesundheit der Arbeitnehmer zu beachten hat. Eine klassische Ausprägung gesetzlicher Schutzpflichten sind § 618 BGB sowie § 62 Abs. I HGB.

Der Arbeitgeber hat gem. § 618 Abs. 1 BGB unter Achtung der Gefahr für Leben und Gesundheit seiner Beschäftigten Räume, Vorrichtungen oder Gerätschaften, die diese zur ordnungsgemäßen Ausführung ihrer geschuldeten Arbeitsleistung benötigen, bereitzustellen und zu erhalten. Diese Fürsorgepflicht wird im letzten Halbs. des § 618 Abs. 1 BGB eingeschränkt. Die Fürsorgepflicht besteht nur insoweit, wie „*die Natur der Dienstleistung es gestattet*". Verursacht die Fürsorgepflicht Kosten für den Arbeitgeber, so ist sie auf den

Rahmen der Zumutbarkeit für den Arbeitgeber beschränkt.[32] Dienstleistungen, die der Arbeitgeber anordnet, hat er unter entsprechenden Vorgaben zu regeln.

Wenn Nebenpflichten des Arbeitgebers durch bestimmte Vorschriften konkretisiert werden, ist die Anwendung des allgemeinen Rechtsgedankens der Fürsorgepflicht regelmäßig ausgeschlossen.[33]

Der § 618 Abs. I BGB ist nach h.M.[34] kein Schutzgesetz i.S.d. § 823 II BGB. Der Gesetzgeber ist beim Verstoß gegen § 618 BGB nicht grundsätzlich von einer unerlaubten Handlung i.S.v. § 823 II BGB ausgegangen, da er im § 618 Abs. III BGB ausdrücklich auf die §§ 842 bis 846 verweist und eine Verweisung andernfalls nicht erforderlich wäre.[35]

Zu den Allgemeinen Schutzpflichten gehört auch der Schutz der Persönlichkeit. Ein in diesem Zusammenhang in der Rechtsprechung immer häufiger auftretendes Phänomen ist das sog. Mobbing, welches auch vom § 3 Abs. 3 AGG erfasst wird. Beim Mobbing handelt es sich weder um einen Rechtsbegriff, noch um eine Anspruchsgrundlage. Aus dem Persönlichkeitsrecht folgt ein allgemeines Schikaneverbot als Nebenpflicht.[36] Allerdings stellt nicht jede Konfliktsituation im Betrieb eine Persönlichkeitsrechtsverletzung dar[37] sowie auch ein Überschreiten des Direktionsrechts des Arbeitgebers nicht direkt „Mobbing“ darstellt.[38] Von Mobbing wird gesprochen, wenn ein Verhalten gegenüber Dritten über einen bestimmten längeren Zeitraum unter der Betrachtung aller Gesamtumstände mit den Begriffen, Schikane, Intrige, Psychoterror, Ausgrenzung, Diskriminierung, Ehrverletzung usw. umschrieben werden kann. [39] Für die arbeitsrechtliche Sichtweise hat das Bundesarbeitsgericht unter Mobbing das systematische Anfeinden, Schikanieren und Diskriminieren von Arbeitnehmern untereinander oder durch Vorgesetzte verstanden.[40] Mobbing (am Arbeits-

---

[32] BAG vom 18.12.1972, AP BAT § 611 Fürsorgepflicht Nr. 82; zur Verhältnismäßigkeit der Fürsorge vgl. *Kort,* NZA 1996, 854.

[33] BAG vom 27.7.1995, AP BAT § 40 Nr. 11 = NZA 1996, 708, 710.

[34] RAG vom 27.11.1935, ARS 26, 13 mit Anm. *Hueck*; RAG 19.4.1939, ARS 36, 34; *Hueck/Nipperdey,* I S. 400 Anm. 37; MünchKommBGB/*Lorenz,* § 618 BGB Rn. 76; a.A. RAG 12.10.1935, ARS 25, 115, 116.

[35] Vgl. *Schmiedel*, S. 57.

[36] *Grunewald,* S. 1071; MünchArbR/*Blomeyer,* § 53 Rn. 28 ff.; *Wolmerath*, 2001; *Benecke,* S. 225; LAG Rheinland-Pfalz 16.8.2001, ZIP 2001, 2298; LAG Baden-Württemberg 5.3.2001, AP BGB § 611 Mobbing Nr. 2; LAG Berlin 1.11.2002, NZA-RR 2003, 232; LAG Berlin 6.3.2003, LAGE GG Art. 2 Persönlichkeitsrecht Nr. 8.

[37] Vgl. nur BAG vom 13.12.2001, DB 2002, 1508; LAG Berlin 7.11.2002 – 16 Sa 938/02.

[38] LAG Nürnberg vom 2.7.2002; ZTR 2002, 540.

[39] Vgl. *Rudow*, Seite 161, Kasten 29; Ausführlich zu Mobbing siehe ebd. Seite 160 ff.

[40] BAG Beschluss vom 15.1.1997, NZA 1997 S. 781 f.

platz) kann eine Persönlichkeitsrechtsverletzung begründen und sich negativ auf den Gesundheitszustand des Betroffenen (Arbeitnehmers) auswirken und bis zur Arbeitsunfähigkeit führen.[41] Von den von Mobbing betroffenen Arbeitnehmern erkrankten 43,9% und ca. 20% waren länger als sechs Wochen arbeitsunfähig.[42]

Ebenso wie das Mobbing kann die sexuelle Belästigung am Arbeitsplatz negative gesundheitliche Auswirkungen hervorrufen. Der Tatbestand der sexuellen Belästigung als Persönlichkeitsrechtsverletzung wird indirekt vom § 823 Abs. 1 erfasst.[43] Zudem stellt der Persönlichkeitsschutz eine vertragliche Schutzpflicht des Arbeitgebers dar.[44] Grundsätzlich hat die Beurteilung, ob eine Verletzung der Persönlichkeit oder der Menschenwürde vorliegt, unter umfassender Güter- und Interessenabwägung und unter besonderer Berücksichtigung des Grundsatzes der Verhältnismäßigkeit zu erfolgen.[45] Hierbei ist insbesondere zu berücksichtigen, von welcher Dauer und Schwere die Schädigung ist, ob ein Eingriff in die Individual-, Privat- oder Intimsphäre vorliegt, und ob es für den Arbeitgeber motivierende betriebliche Interessen gab.

Zur Häufigkeit von Mobbing im Arbeitsleben soll die folgende Graphik aus dem Mobbing-Report 2002[46] einen Überblick verschaffen.

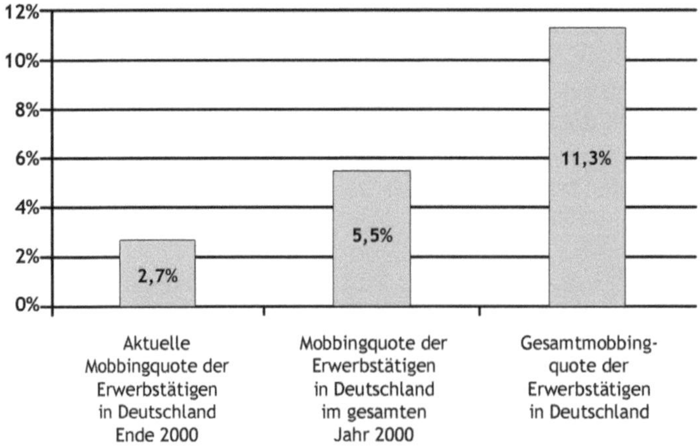

Abbildung 3: Mobbingquote in Deutschland

---

[41] Vgl. *Meschkutat/Stackelbeck/Langenhoff*, S. 3.

[42] Ebd.

[43] BGH vom 25.5.1954, Z 13, 334 st. Rechtsprechung umfangreiche Nachw. Z.B. bei Palandt/*Thomas*, § 823 Rn. 83 ff.

[44] *Wiese*, S. 279 f.; MünchArbR/*Blomeyer*, § 97 Rn. 1.

[45] BAG vom 15.7.1987, AP BGB § 611 Persönlichkeitsrecht Nr. 14; *Wiese*, S. 283.

[46] *Meschkutat/Stackelbeck/Langenhoff*, Der Mobbing-Report, Kurzfassung 2002.

3.1.3.3 Sanktionen bei Verstößen

Verletzt der Arbeitgeber Nebenpflichten wie z.B. Auskunfts-, Rechenschafts- und Aufklärungspflichten oder liegt eine Schutzpflichtverletzung vor, so ist regelmäßig ein Erfüllungs- und ggf. ein Unterlassungsanspruch begründet.

Auf erhebliche Pflichtverletzungen kann ein Arbeitnehmer mit dem sog. Zurückbehaltungsrecht gem. § 273 Abs. 1 BGB reagieren.

Ein Schadensersatzanspruch kommt nach den allgemeinen Vorschriften gem. §§ 280 ff. bei einer Pflichtverletzung und gem. §§ 823 ff. bei einer Deliktshaftung in Betracht.

Bei extremen Nebenpflichtverletzungen kann der Arbeitnehmer sein Recht zur fristlosen Kündigung aus wichtigem Grund nach § 626 Abs. 1 BGB geltend machen.

3.1.4 Betriebsverfassungsgesetz (BetrVG)

3.1.4.1 Ziel und Zweck

Das BetrVG regelt die Beteiligung der Arbeitnehmer in Betrieben und Unternehmen, und es ist vor allem Arbeitnehmerschutzrecht. Der durch das BetrVG verliehene Schutz der Arbeitnehmer liegt darin begründet, dass sie persönlich und wirtschaftlich vom Arbeitgeber abhängig sind. Zumindest typischerweise kann der Betriebsrat die Interessen der Beschäftigten besser wahrnehmen als jeder einzelne Arbeitnehmer.[47]

3.1.4.2 Gesundheitsschutz und betriebliche Mitbestimmung

Zum § 80 BetrVG:

Der § 80 Abs. 1 listet die allgemeinen Aufgaben des Betriebsrats auf. Er hat:

- gem. Nr. 1 „darüber zu wachen, dass die ..., geltenden Gesetze, Unfallverhütungsvorschriften, Tarifverträge und Betriebsvereinbarungen durchgeführt werden“,
- gem. Nr. 4 „die Eingliederung Schwerbehinderter und sonstiger besonders schutzbedürftiger Personen zu fördern“,
- gem. Nr. 6 „die Beschäftigung älterer Arbeitnehmer im Betrieb zu fördern“ und
- gem. Nr. 9 „Maßnahmen des Arbeitsschutzes und des betrieblichen Umweltschutzes zu fördern“.

Mit diesen Aufgaben ist die Gesundheit der Beschäftigten zumindest indirekt betroffen. Ein Bezug zum Gesundheitsschutz, der über die reine Arbeitssicherheit im Zusammenspiel mit den Unfallverhütungsvorschriften und dem Arbeitsschutz hinaus geht, könnte höchstens aus der Nr. 4 hergestellt werden. Die Eingliederung Schwerbehinderter und sonstiger besonders schutzbedürftiger Personen zu fördern, wird regelmäßig unter Beachtung der besonderen

[47] Wie hier *Fitting*, § 1, 1. Teil, Rn. 1.

gesundheitlichen Umstände vorgenommen werden. Hierzu gehören dann auch Präventivmaßnahmen, die besonders schutzbedürftigen Personen eine optimale Vorsorge vor Unfällen und gesundheitlichen Risiken insgesamt bieten.

Aufgaben, die speziell die präventive Gesundheitsförderung betreffen, sind im § 80 Abs. 1 BetrVG nicht aufgeführt. Die Aufzählung der Aufgaben im Abs. 1 ist nicht abschließend. Dem § 80 Abs. 1, Nr. 4 BetrVG kommt auch besonders unter den Vorgaben der §§ 81 bis 84 SGB IX ein hoher Stellenwert zu.

Zum § 81 Abs. 1 BetrVG:

Der Arbeitgeber hat den Arbeitnehmer gem. § 81 Abs. 1, Satz 2 BetrVG vor Beginn der Beschäftigung über die Unfall- und Gesundheitsgefahren, denen dieser bei der Beschäftigung ausgesetzt ist, sowie über die Maßnahmen und Einrichtungen zur Abwendung dieser Gefahren zu belehren. Der § 81 Abs. 1, Satz 2 verweist auf die durch § 10 Abs. 1, Satz 1 ArbSchG vom 07.08.1996 erweiterten Unterrichtungs- und Belehrungspflichten des Arbeitgebers. Der Arbeitgeber ist seit dem dazu verpflichtet, den Beschäftigten jene Arbeitnehmer zu benennen, die die Aufgaben der Ersten Hilfe, Brandbekämpfung und Evakuierung wahrnehmen.[48]

Die genaue und vollständige Unterrichtung der Arbeitnehmer über ihren Arbeitsplatz, die Arbeitsgeräte, die Art der Tätigkeit auch im Zusammenhang mit dem Endprodukt, die Bedienung und Wartung von Maschinen und Geräten, die Beschaffenheit von Arbeitsstoffen, evtl. besondere Verhaltensweisen sind wichtig, damit der Arbeitnehmer die gesundheitlichen Gefahren und Risiken richtig einschätzen kann. Zudem ist er nur so in der Lage, die Arbeitsschutzvorkehrungen richtig einzuhalten und anzuwenden. Zu der Unterrichtung gehört ebenso, die Arbeitnehmer über die Einrichtung zur Gefahrenabwehr zu informieren und zu deren Benutzung anzuhalten. Z.B. Gebrauchsvorführung von Sicherheitseinrichtungen, deren Bedienung und Wirkungsweise, sicherheitsgerechte Arbeiten an gefährlichen Maschinen, Benutzung persönlicher Schutzausrüstung (Helme, Brillen, Handschuhe, Rettungsgeräte), Belehrung über gefährliche Einwirkungen am Arbeitsplatz sowie Erläuterung von Warnsignalen. Für die Unterrichtung ist keine bestimmte Form vorgeschrieben, und sie ist mitbestimmungsfrei[49].

Die Unterrichtungs- und Belehrungspflichten im BetrVG werden durch die Unterweisungspflichten des Arbeitgebers im § 12 ArbSchG ergänzt.[50]

---

[48] *Richardi/Thüsing*, § 81, Rn. 5.

[49] Fitting, § 81, Rn. 8.

[50] Ausführlich zum ArbSchG, Gliederungspunkt C, I, 1.

Zum § 81 Abs. 3 BetrVG:

Die sog. arbeitsschutzrechtliche Rahmenrichtlinie 89/391/EWG des Rates vom 12.06.89[51] regelt die Anhörung der Arbeitnehmer in betriebsratslosen Betrieben zu Arbeitsschutzmaßnahmen. Diese Richtlinie wird durch den Abs. 3 des § 81 BetrVG umgesetzt und betrifft Mitarbeiter, denen kein Beteiligungsrecht nach dem BetrVG und kein individuelles Mitwirkungsrecht durch die §§ 81 ff. BetrVG zusteht.[52] Die Rahmenrichtlinie ist unabhängig von der Arbeitnehmerzahl auf alle Betriebe anzuwenden. Dies gilt auch in nicht betriebsratsfähigen Kleinbetrieben.[53] Im Gegensatz zu Abs. 1 und 2 erfasst der Abs. 3 des § 81 BetrVG nicht nur die Maßnahmen am konkreten Arbeitsplatz, sondern erstreckt sich auf alle Maßnahmen, die eine allgemeine arbeitsschutzrechtliche Relevanz aufweisen. Das kollektive Beteiligungsrecht in Betrieben mit Betriebsrat soll in betriebsratslosen Betrieben durch das allgemeine Anhörungsrecht der Arbeitnehmer in Fragen des Arbeitsschutzes ausgeglichen werden.[54] Durch den Abs. 3 wird die Transparenz des betrieblichen Arbeitsschutzes auch in Betrieb ohne Betriebsrat gefördert. Über die Beteiligung der Mitarbeiter können ihre Erfahrungen aus der täglichen Arbeit für eine sinnvolle Prävention genutzt werden.

Zum § 81 Abs. 4 BetrVG:

Der Abs. 4 regelt Unterrichtungs- und Erörterungspflichten des Arbeitgebers. Hiernach hat der Arbeitsgeber den Arbeitnehmer zu unterrichten, wenn Änderungen im Unternehmen geplant sind, die Auswirkungen auf seinen Arbeitsplatz, die Arbeitsumgebung sowie auf Inhalt und Art seiner Tätigkeit haben können. Werden derartige Veränderungen beschlossen und reichen die beruflichen Kenntnisse und Fähigkeiten des Arbeitnehmers nicht aus, um diesen gerecht zu werden, so muss der Arbeitgeber mit dem Arbeitnehmer erörtern, wie die Kenntnisse und Fähigkeiten zukünftig auf die betrieblichen Erfordernisse angepasst werden können.

Das Anpassen der Kenntnisse und Fähigkeiten an die veränderten Bedingungen kann durch Umschulung, betriebsinterne oder überbetriebliche Weiterbildungsmaßnahmen oder ähnliche Maßnahmen ermöglicht werden. Die Pflicht für den Arbeitgeber, eine solche Maßnahme durchzuführen, wird mit den Worten „im Rahmen der betrieblichen Möglichkeiten" beschränkt. Im Regierungsentwurf[55] sowie im Ausschussbericht[56] wird die Auffassung vertreten, dass für den Arbeitnehmer kein Rechtsanspruch für die Durchführung einer Um-

---

[51] ABl. EG Nr. L 183 S. 1.

[52] BT-Drucks. 13/3540 S. 22.

[53] *Kraft/Wiese/Kreutz/Oetker/Raab/Weber*, Rn. 18.

[54] *Richardi/Thüsing,* Vorbemerkung, § 81 Rn 5.

[55] BT-Drucks. 11/2503 S. 35.

[56] BT-Drucks. 11/3618 S. 9.

schulung oder Weiterbildung besteht.[57] Versäumt der Arbeitgeber seine Erörterungspflicht, so muss dem Arbeitnehmer ein verlängerter Zeitraum für den Erwerb der Kenntnisse und Fähigkeiten gegeben werden, bevor eine personenbedingte Kündigung in Betracht kommt.[58] Dies gilt auch, wenn der Arbeitgeber mögliche oder zumutbare Maßnahmen unterlässt. Zur Erörterung der beruflichen Leistung und Entwicklung kann der Arbeitnehmer ein Betriebsratsmitglied hinzuziehen.[59]

Durch diese Unterrichtung und Erörterung kann frühzeitig eine Überlastung des Arbeitnehmers sowie die falsche Anwendung und Bedienung von Anlagen vermieden werden. Diese Präventivmaßnahmen verhindern erhöhte Stresssituationen, Demotivation, erhöhtes Unfallrisiko und längere Arbeitsunfähigkeitszeiten sowie erhöhte Kosten für den Arbeitgeber.

Zum § 82 BetrVG:

Gem. § 82 Abs. 1 BetrVG hat der Arbeitnehmer – auch während der Arbeitszeit und unter Fortzahlung seines Arbeitsentgeltes –[60] ein Anhörungs- und Erörterungsrecht in betrieblichen Angelegenheiten, die seine Person betreffen. Diese Vorschrift ergänzt den § 81 BetrVG und dient dazu, dass der Mitarbeiter Eigeninitiative ergreifen kann, um Auskunft über seine Stellung im Betrieb und seine berufliche Entwicklung zu erhalten. Der Arbeitnehmer kann so auch einer Fehlbeurteilung entgegentreten.[61]

Aufgrund dieses Paragrafen kann ein Arbeitnehmer in Eigeninitiative neben anderen Themen auch auf die gesundheitlichen Belange, die ihn direkt oder indirekt betreffen, aufmerksam machen. Hierzu kann der Arbeitnehmer ein Betriebsratsmitglied zur Beratung heranziehen.[62]

Zum § 84 BetrVG:

Der § 84 BetrVG regelt das Beschwerderecht der Arbeitnehmer im Betrieb. Unter die typischen Beschwerdegegenstände fallen auch die Beschwerden, die den Arbeits- und Gesundheitsschutz (Lärm, Vibrationen, Geruch, Raumklima, Rauch) betreffen. Auch der Schutz vor Mobbing gehört zum Arbeitsschutz, und seine Folgen betreffen den präventiven Gesundheitsschutz. Dabei handelt es sich um ein über einen längeren Zeitraum hinweg stattfindendes systematisches Anfeinden, Schikanieren oder Diskriminieren der Arbeitnehmer

---

[57] *Kraft/Wiese/Kreutz/Oetker/Raab/Weber*, Rn 21.

[58] DKK/*Buschmann*, Rn 21; Erfurter Kommentar/*Kania*, § 81, Rn 16; *Löwisch*, S. 1954.

[59] DKK/*Buschmann*, Rn 12.

[60] *Kraft/Wiese/Kreutz/Oetker/Raab/Weber*, Rn 3; DKK/*Buschmann*, Rn 2.

[61] BAG 16.11.04, AP Nr. 3 zu § 82 BetrVG, 1972.

[62] DKK/*Buschmann*, Rn 12.

untereinander oder durch Vorgesetzte.[63] Mobbing kann bei den Betroffenen schwerwiegende Stresssymptome auslösen, die bis zur Arbeitsunfähigkeit führen können. Der Arbeitgeber kann auch gem. § 3, 4 und 5 ArbSchG verpflichtet werden, geeignete Schutzmaßnahmen gegen Mobbing am Arbeitsplatz zu ergreifen.[64]

Auch der Schutz vor sexuellen Belästigungen fällt unter den Arbeits- und Gesundheitsschutz und berechtigt zur Beschwerde. Das können strafbare sexuelle Handlungen und Verhaltensweisen, sonstige sexuelle Handlungen, Aufforderungen und Verhaltensweisen sein, die von den Betroffenen erkennbar abgelehnt werden.[65]

Das Beschwerderecht bei sexueller Belästigung wird zum § 84 BetrVG noch speziell im § 3 BSchG geregelt.

Die Betroffenen können zu ihrer Unterstützung ein Betriebsratsmitglied hinzuziehen.

Zum § 87 BetrVG:

Der § 87 BetrVG regelt die Mitbestimmungsrechte des Betriebsrates für bestimmte Angelegenheiten. In den Nrn. 1, 2, 3, 5, 6, 8 und 13 wird indirekt, zumindest im weitesten Sinne Bezug auf die Gesundheit der Beschäftigten genommen. Die Arbeitzeitgestaltung oder die Überwachung von Arbeitnehmern während der Arbeit kann Einfluss auf die Gesundheit der Beschäftigten nehmen.

Die Nr. 7 hingegen nimmt direkt Bezug auf die Gesundheit, indem von einem Mitbestimmungsrecht „über die Verhütung von Arbeitsunfällen und Berufskrankheiten sowie über den Gesundheitsschutz im Rahmen der gesetzlichen Vorschriften oder der Unfallverhütungsvorschriften" gesprochen wird. Diese Nr. 7 dient dem Schutz der Gesundheit und des Lebens der Arbeitnehmer und soll durch die Einbindung der Arbeitnehmerinteressen zu einer höheren Effizienz des Arbeits- und Gesundheitsschutzes im Betrieb beitragen.[66]

Der § 87 BetrVG kann nicht durch Tarifvertrag oder Betriebsvereinbarung eingeschränkt werden.[67] Es können aber auch freiwillige Betriebsvereinbarungen abgeschlossen werden, die über die Mitbestimmungsrechte im § 87 BetrVG hinausgehen.[68]

---

[63] BAG Beschluss vom 15.1.1997, NZA 1997 S. 781 f.

[64] Zum Mobbing-Begriff s. BAG 15.01.97, AP Nr. 118 zu § 37 BetrVG 1972; zum Rechtschutz gegen Mobbing, *Aigner,* S. 1354.

[65] LAG Hamm BB 97, 1485: Armumlegen bei Azubi; LAG Hamm NZA 97, 769: Schlag vor die Brust; BVerwG 15.11.96 AuA 97, 205: Postkarten an Kollegin mit Bemerkungen sexuellen Inhalts.

[66] *Wlotzke*, S. 426.

[67] *Kraft/Wiese/Kreutz/Oetker/Raab/Weber*, Rn 5; *Richardi*, Vormerkung § 87 Rn 12.

[68] BAG 14.08.01, AP Nr. 4 zu § 77 BetrVG 1972, Regelungsabrede; Erfurter Kommentar/*Kania*, Rn 2.

Zum § 88 BetrVG:

Im § 88 BetrVG sind die Bereiche aufgezählt, in denen der Betriebsrat freiwillige Betriebsvereinbarungen schließen kann. Diese Aufzählung ist nicht abschließend. Und sie sind im Gegensatz zu § 87 BetrVG nicht erzwingbar. Die Nrn. 1 und 1a betreffen Arbeitsunfälle, Gesundheitsschädigungen sowie den betrieblichen Umweltschutz.

Der Gesetzgeber möchte, dass die Betriebsparteien über Gesetze und Unfallverhütungsvorschriften hinaus Maßnahmen zum Ausbau der Arbeitssicherheit und des Gesundheitsschutzes vereinbaren können. Die freiwilligen Betriebsvereinbarungen betreffen qualitativ hochwertige Maßnahmen, zu denen der Arbeitgeber nicht gesetzlich verpflichtet ist.[69]

Zum § 89 BetrVG:

Zu einem umfassenden Gesundheitsmanagement gehört sicherlich auch der Umweltschutz, der in Nr. 1a berücksichtigt wird. Zum betrieblichen Umweltschutz regelt der § 89 Abs. 1 BetrVG Aufgaben und Verantwortung des Betriebsrates.

Um die Erhaltung von Leben und Gesundheit der Beschäftigten möglichst optimal sicherzustellen, gehört gem. § 89 Abs 1 BetrVG die Überwachung und Kontrolle der ordnungsgemäßen Durchführung des Arbeitsschutzes, der Unfallverhütung sowie des betrieblichen Umweltschutzes. Gem. Abs. 1, Satz 2 hat der Betriebsrat bei der Bekämpfung von Unfall- und Gesundheitsgefahren die für den Arbeitsschutz zuständigen Behörden, die Träger der gesetzlichen Unfallversicherung und sonstige in Frage kommende Stellen in Form von Beratung, Anregungen und Auskunft bezüglich der Gefahren zu unterstützen. Die genannten Stellen und der Arbeitgeber haben den Betriebsrat nach Abs. 2, Satz 1 zu Besichtigungen und Fragen über den Arbeitsschutz hinzuzuziehen und ihm nach Satz 2 Auflagen und Anordnungen, die den Arbeitschutz, die Unfallverhütung oder den betrieblichen Umweltschutz betreffen, mitzuteilen. Gem. Abs 4 nimmt der Betriebsrat an Besprechungen zwischen Arbeitgeber und dem Sicherheitsbeauftragten nach § 22 Abs. 2 SGB VII teil, und er erhält gem. Abs. 5 vom Arbeitgeber Niederschriften über Untersuchungen, Besichtigungen und Besprechungen, zu denen er nach Abs. 2 und 4 hinzuzuziehen ist. Außerdem muss der Arbeitgeber dem Betriebsrat gem. Abs. 5 eine Durchschrift der Unfallanzeigen aushändigen.

Diese Regelungen verdeutlichen, dass es dem Gesetzgeber wichtig war, einen Arbeits-, Unfall- und Gesundheitsschutz für die Beschäftigten zu ermöglichen, der durch eine zusätzliche, innerbetriebliche Kontrolle sichergestellt wird.

§ 89 BetrVG ergänzt die Bestimmungen der §§ 80 Abs. 1 Nr. 1 und Nr. 9, 81 Abs. 1, Satz 2, 87 Abs. 1 Nr. 7, 88 Nr. 1, §§ 90, 91 und § 115 Abs. 7, Nr. 7.[70]

---

[69] *Kraft/Wiese/Kreutz/Oetker/Raab/Weber*, Rn 14; Erfurter Kommentar/*Kania*, Rn 3.

[70] Hess/Schlochauer/Worzalla/Glock, Rn 1.

Zum § 90 BetrVG:

Um den Beschäftigten eine nach § 90 Abs. 2, Satz 2 „menschengerechte Gestaltung der Arbeit“ zu ermöglichen, hat der Arbeitgeber den Betriebsrat frühzeitig in die Planung der technischen und organisatorischen Gestaltung der Arbeitsplätze, des Arbeitsablaufs und der Arbeitsumgebung mit den erforderlichen Unterlagen zu unterrichten. Widerspricht eine geplante Maßnahme den Anforderungen einer „menschengerechten Gestaltung der Arbeit“ nach den gesicherten arbeitswissenschaftlichen Erkenntnissen, so kann der Betriebsrat gem. § 91 BetrVG „Maßnahmen zur Abwendung, Milderung oder zum Ausgleich der Belastung verlangen“. Werden diese Anforderungen nicht eingehalten, so wären die Beschäftigten in besonderer Weise belastet. Mit der Belastung sind solche gemeint, die das Maß der zumutbaren Belastungen und Beanspruchungen des Menschen übersteigen. Diese Belastung kann mittel- bis langfristig auch gesundheitliche Folgen wie z.B. psychische oder physische Erkrankungen nach sich ziehen.

Der Gesetzgeber trägt der Wichtigkeit dieser Vorschrift Rechnung, indem er für den Betriebsrat ein erzwingbares Mitbestimmungsrecht festlegt.

Sonstige Paragraphen aus dem BetrVG:

Darüber hinaus hat der Betriebsrat zumindest indirekt unter anderen über die §§ 94, 97, 98, 99 BetrVG weiter Rechte, die betriebliche Gesundheitsgestaltung mitzubestimmen. Gem. § 98 BetrVG könnte z.B. eine Bildungsmaßnahme mit Berücksichtigung von Gesundheitsthemen vereinbart werden.

Der Gesetzgeber hat im Arbeitssicherheitsgesetz organisatorische Voraussetzungen für einen funktionierenden Gesundheitsschutz festgelegt und ermöglicht darüber hinaus dem Betriebsrat, sich aktiv in die konkrete Umsetzung einzumischen und diese mitzugestalten.[71] Dieser Zweck wird durch Art. 11 der Richtlinie 89/391 zum allgemeinen Arbeitsschutz bekräftigt.[72] Zusätzlich zum vorgeschriebenen Mitbestimmungsrecht können auch freiwillige Betriebsvereinbarungen geschlossen werden. Hiermit können Arbeitgeber und Betriebsrat die betriebliche Gesundheitspolitik gestalten und den Arbeitnehmern kann die Wichtigkeit von Gesundheit und gesundheitsbewußten Verhaltens aufgezeigt werden.

3.1.4.3 Sanktionen bei Verstößen

Verstößt der Arbeitgeber gegen seine Pflichten aus § 81 BetrVG, so kann der Arbeitnehmer diese im Urteilsverfahren durchsetzten.[73] Sind diese Pflichten nicht erfüllt, so besteht für den Arbeitnehmer ein Leistungsverweigerungsrecht gem. § 273 BGB. Dies gilt insbesondere, wenn die Belehrung über Unfall- und Gesundheitsgefahren unterbleiben. Der Arbeit-

---

[71] MünchArbR/*Matthes*, Bd. 3, § 343 Rn. 2; *Bücker/Feldhoff/Kohte*, Rn. 70.

[72] Dazu *Kohte,* Rn. 74.

[73] DKK/*Buschmann*, Rn 21.

nehmer braucht somit keine Arbeitsleistung mehr zu erbringen[74], die Lohnzahlungspflicht des Arbeitgebers bleibt jedoch weiterhin gem. §§ 298, 615 BGB bestehen.

Der Arbeitnehmer kann auch auf ordnungsgemäße Einweisung klagen.[75] Ein entsprechendes Urteil würde gem. § 888 ZPO und § 85 Abs. 1 ArbGG durch Verhängung eines Zwangsgeldes als Beugemaßnahme vollstreckt.

Die Ansprüche gem. § 82 BetrVG sind im Urteilsverfahren vom Arbeitnehmer einklagbar.[76] Verweigert der Arbeitgeber die Anhörung endgültig, so steht dem Arbeitnehmer dennoch – kein – Leistungsverweigerungsrecht zu, weil es sich um eine Nebenpflicht des Arbeitgebers handelt.

Verstößt der Arbeitgeber oder ein anderer Betriebsangehöriger gegen § 84 Abs. 3 BetrVG, wird dieser schadensersatzpflichtig. Das Benachteiligungsverbot des § 84 ist ein Schutzgesetz i.S.d. § 823 Abs. 2 BGB.

Wird gegen ein zwingendes Mitbestimmungsrecht aus § 87 BetrVG verstoßen, kann das kollektivrechtliche Folgen haben. Eigene Beteiligungsrechte kann der Betriebsrat zunächst mit einem Unterlassungsanspruch, bezogen auf die beabsichtigten Maßnahmen, durchsetzen.[77] Der Betriebsrat kann auch auf Beseitigung klagen, wenn die Maßnahme durchgeführt wurde und fortbesteht.[78] Zudem kann der Betriebsrat auf Einhaltung einer Betriebsvereinbarung klagen.[79] Individualrechtliche Folgen aus der Verletzung des Mitbestimmungsrechts, weil das BetrVG ein Arbeitnehmerschutzrecht darstellt, sind umstritten[80]. Eine Folge könnte sein, dass die durchgeführten Maßnahmen rechtsunwirksam sind (Theorie der Wirksamkeitsvoraussetzung). Andererseits geht die „Theorie der lediglich erzwingbaren Mitbestimmung“ bei Wirksamkeit der Maßnahme davon aus, dass der Betriebsrat seine Mitbestimmung nur gerichtlich Einklagen kann.[81]

---

[74], MünchArbR/*Hoyningen/Huene*, § 303 Rn 13; DKK/*Buschmann*, Rn 21; *Kraft/Wiese/Kreutz/Oetker/Raab/Weber*, Vorbemerkung § 81 Rn 34.

[75] *Ebd.,* Vorbemerkung § 32, Rn 23.

[76] Richardi/Thüsing, Rn 18; DKK/Buschmann, Rn 15.

[77] Str. Rspr. des BAG, vgl. grundlegend BAG 03.05.1994, AP Nr. 23 zu § 23 BetrVG 1972; zuletzt 23.07.1996, AP Nr. 68 zu § 87 BetrVG 1972 Arbeitszeit; BAG 21.01.1997, AP Nr. 27 zu § 87 BetrVG 1972 Ordnung des Betriebes; 24.04.2001 – 1 ABR 37/00 – EwiR 02, 55; einschränkend *Richardi,* Rn 140.

[78] BAG Urteil vom 16.06.1998, AP Nr. 7 zu § 87 BetrVG 1972 Gesundheitsschutz; *Richardi,* Rn 138.

[79] BAG Urteil vom 13.10.1987, AP Nr. 2 zu § 77 BetrVG 1972 Auslegung; 10.11.1984, AP Nr. 24 zu § 77 BetrVG 1972.

[80] *Kraft/Wiese/Kreutz/Oetker/Raab/Weber*, Rn 119; DKK/*Klebe*, Rn 4; a.A. *Richardi,* Rn 116; Hess/Schlochauer/Worzalla/Glock, Rn 83ff.

[81] Siehe dazu *Zöllner/Loritz*, § 47 V.

Verstößt der Arbeitgeber gegen die Verpflichtungen aus § 90 Abs. 1, Abs. 2, Satz 1 BetrVG und gibt wahrheitswidrig, unvollständig oder verspätet Auskünfte an den Betriebsrat weiter, kann gegen ihn gem. § 121 BetrVG eine Geldbuße bis zu 10.000 Euro verhängt werden.

Wird der Betriebsrat an der Erfüllung seiner Aufgabe gem. § 89 BetrVG vorsätzlich behindert oder gestört, so ist dies gem. § 119 Abs. 1, Nr. 2 strafbar. Gem. § 209 SGB VII handelt ordnungswidrig, wer gegen Unfallverhütungsvorschriften verstößt. Er wird mit einem Bußgeld bis zu zehntausend Euro bestraft. Gem. § 323 StGB kommt eine strafrechtliche Verfolgung auch in Betracht, wenn ein Arbeitnehmer durch einen Unfall verletzt wird oder der Arbeitgeber die zur Unfallverhütung erforderlichen Maßnahmen schuldhaft unterlassen hat. In der Regel sind gem. der §§ 104 ff. zivilrechtliche Ersatzansprüche eines geschädigten Arbeitnehmers gegen den Arbeitgeber ausgeschlossen.

Eine grobe Pflichtverletzung des § 89 BetrVG durch den Betriebsrat kann gem. § 23 Abs. 1 BetrVG zu seiner Auflösung führen. Einzelne Mitglieder des Betriebsrates können des Amtes enthoben werden.

3.1.5 Arbeitszeitgesetz (ArbZG)

3.1.5.1 Ziel und Zweck

Das Arbeitszeitgesetz vom 6. Juni 1994[82] soll dem Arbeitnehmer die Sicherheit und den Gesundheitsschutz bei der Arbeitszeitgestaltung gewährleisten sowie die Flexibilität der Arbeitzeiten verbessern und Sonn- und staatlich anerkannte Feiertage als Tage der Arbeitsruhe und der seelischen Erhebung schützen.

Der Gesetzgeber verfolgt das Ziel, den Arbeitnehmern mindestens einen Ruhetag pro Woche und den Arbeitnehmern, die an Sonn- und gesetzlichen Feiertagen arbeiten, einen Ersatzruhetag und eine Mindestzahl freier Sonntage im Jahr sicherzustellen. Die wöchentliche kontinuierliche Mindestruhezeit umfasst regelmäßig nach dem ArbZG:

24 Std. pro freien Tag + **11** Std. Ruhezeit nach jedem Arbeitstag = **35** Std.

Mit dieser grundsätzlichen Regelung entspricht das ArbZG der EG-Richtlinie 2003/88[83] die pro Siebentagezeitraum eine kontinuierliche Mindestruhezeit von insgesamt 35 Stunden vorsieht. In der früheren, vom EuGH[84] für nichtig erklärten EG-Richtlinie 93/104 sollte dieser 35 Stundenzeitraum grundsätzlich einen Sonntag mit einschließen.

---

[82] Arbeitszeitgesetz vom 06.06.1994, BGBl. I S. 1170; zuletzt geändert am 24.12.03, BGBl. I S. 3002; BGBl. III/FNA 8050-21.

[83] EG-Richtlinie 2003/88 vom 21.11.2003 in Kraft getreten am 2.8.2004; vgl. auch die vom EuGH für nichtig erklärte EG-Richtlinie 93/104 vom 23.11.1993 über bestimmte Aspekte der Arbeitszeitgestaltung, geändert durch die EG-Richtlinie 2000/34 vom 22.6.2000.

[84] EuGH Urteil vom 12.11.1996, AP Nr. 1 zu EWG-Richtline Nr. 93/104 = NZA 1997, 23.

3.1.5.2 Arbeitszeit als Gesundheitsindikator

Eine Überbeanspruchung der Mitarbeiter, z.B. durch zu wenig oder zu kurze Pausen- und Ruhezeiten oder durch eine zu kurze Erholungszeit zwischen den Arbeitstagen, kann gesundheitliche Folgen hervorrufen. Zwar kann eine Überbelastung auch während der Arbeitzeit z.B. durch zu hohe Arbeitsverdichtung auftreten, dieses wird vom Arbeitszeitgesetz jedoch nicht berücksichtigt. Hierfür findet das Arbeitsschutzgesetz Anwendung. Das Arbeitszeitgesetz schützt den Arbeitnehmer auch vor sich selbst, indem er trotz Einigkeit mit dem Arbeitgeber nicht gegen das Arbeitszeitgesetz verstoßen darf. Diese Regelung dient dem Zweck, dass ein Arbeitnehmer nicht aufgrund einer erhöhten Vergütung seine Gesundheit gefährdet.

Obwohl die spezielle Arbeitszeitgestaltung den Tarifparteien überlassen ist, sieht das Gesetz Einschränkungen im Bereich der Nacht- und Schichtarbeit vor. Diese Eingriffe in den Art. 9 Abs. 3 GG sind mit Entscheidung[85] des Bundesverfassungsgerichts für zulässig erklärt worden und dies ist auch hM[86].

In den §§ 9 ff. ArbZG stellt das ArbZG Regelungen zur Sonn- und Feiertagsarbeit auf mit dem Ziel, dem Arbeitnehmer eine Mindesterholungszeit zu gewähren. Zudem ist ein regelmäßig arbeitsfreier Sonntag familienfreundlich, da ein für alle einheitlicher freier Tag pro Woche dazu geeignet ist, Unternehmungen mit der ganzen Familie oder Freunden zu planen. Das soziale Umfeld eines Menschen nimmt erheblichen Einfluss auf sein gesundheitliches Wohlbefinden.

3.1.5.3 Sanktionen bei Verstößen

Verstöße gegen das Arbeitszeitgesetz, z.B. gegen die tägliche Höchstarbeitszeit oder gegen die Nacht- und Schichtarbeit, können mit Bußgeld bis zu 15.000 € geahndet werden. Bei Verstößen gegen die in § 22 Abs. 1, Nr. 1 bis 3 und 5 bis 7 aufgelisteten Punkte könnte ein Straftatbestand erfüllt sein, der eine Freiheitsstrafe bis zu einem Jahr oder Geldstrafe bis zu 180 Tagessätzen zu Folge haben kann.

---

[85] BVerfG vom 03.05.1967; BVerfGE 22, 1 (20f.); Entsprechend auch zum § 5 BAZG BVerfG vom 17.11.1992, BVerfGE 87, 3363.

[86] *Anzinger* § 217 Rn. 9; *Baeck/Deutsch* § 1 Rn 11f.; *Buschmann/Ulber* § 1 Rn. 1f.; *Roggendorff* § 1 Rn. 3; *Schliemann* Rn 35.; *Zmarzlik* SD 240 Rn 39.

3.1.6 Mutterschutzgesetz (MuSchG)

3.1.6.1 Allgemeines zur Erwerbstätigkeit von Frauen

Erwerbspersonen[87] in 1000					
insgesamt		Männer		Frauen	
absolut	relativ	absolut	relativ	absolut	relativ
41771	100	22834	54,66	18936	45,33

***Tabelle 1: Anzahl aller Erwerbspersonen in Deutschland.*[88]**

Die Erwerbstätigkeit der Frauen nimmt in Deutschlang seit 1970 konstant[89] zu. Im Jahr 2007 waren ca. 18,9 Mio. Frauen erwerbstätig. Berechnet von den insgesamt im Jahr 2007 erwerbstätigen Männern und Frauen von 41,7 Mio., sind das 45,3 %.[90] Mit gut 50% machen die Frauen somit fast die Hälfte der Erwerbstätigen in Deutschland aus. Zwar arbeitet der überwiegende Anteil[91] der Frauen innerhalb eines Teilzeitbeschäftigungsverhältnisses, jedoch macht der hohe Anteil der Frauen an der Gesamterwerbstätigkeit deutlich, wie wichtig Regelungen zur Vereinbarkeit von Mutterschaft und Erwerbsleben sind. Schon das Grundgesetz garantiert gem. Art. 6 Abs. 4 für Mütter einen „Anspruch auf den Schutz und die Fürsorge der Gemeinschaft“.

Das Mutterschutzgesetz stellt nach einhelliger Auffassung[92] keinen Verstoß gegen das Gleichbehandlungsgebot von Männern und Frauen gem. Art. 3 Abs. 2 GG dar.

3.1.6.2 Ziel und Zweck

Mit dem Mutterschutzgesetz wird das Ziel verfolgt, die widerstreitenden Interessen zwischen Erwerbsleben und Mutterschaft im Interesse der Gesunderhaltung von Mutter und Kind auszugleichen.[93]

---

[87] Zu den Erwerbspersonen gehören: abhängig Beschäftigte, Selbstständige, mithelfende Familienangehörige und Arbeitslose

[88] Quelle: Statistisches Taschenbuch 2008.

[89] BMAS, Statistisches Taschenbuch 2008, Punkt 2,3 Erwerbspersonen, Erwerbsquote.

[90] Ebd. Punkt 2,5.

[91] Sozialpolitische Umschau 3.8.1998 Nr. 347; 12.4.1999 Nr. 131; 7.8.2000 Nr. 285; Nr. 17, 178/2001; Vgl. BAG AP 3 zu Art. 119 EWG-Vertrag = NJW 84, 2056; EuGH AP 10 = NJW 86, 3020.

[92] BVerfG vom 28.01.1987, E 74, 163 [179 m.w.N.]; *Maunz/Dürig*/Scholz, GG, Art. 3 Abs. 2 Rn 58 ff.; *Münch/Kunig*, GG 2000, Art. 3 Rn 80 ff.; *Sachs/Schmitt-Kammler*, GG 1999, Art. 6 Rn. 83.

[93] So BVerfG vom 23.04.1974, E 37 S. 121 = NJW 1974 S. 1461; BAG vom 09.08.1963, AP Nr. 3 zu § 10 MuSchG.

3.1.6.3 Mutterschutz als eine Form des gesetzlichen Gesundheitsschutzes

Aus gesundheitlichen Gründen ist die Frau während der Schwangerschaft – mit anschließender Schutzfrist – vor körperlichen Überbeanspruchungen zu schützen. Hierfür regelt das MuSchG ein Beschäftigungsverbot[94], geregelt in den §§ 3, 4 und 6 MuSchG.

Durch die Sicherung der wirtschaftlichen Existenzgrundlage trotz Schwangerschaft und Entbindung soll vermeiden werden, dass die Frau beruflichen und finanziellen Zukunftsängsten sowie Arbeitsplatzverlustängsten ausgesetzt ist, die auch psychisch nachteilige Wirkungen haben können. Trotz mutterschaftlicher Leistungsminderung oder Arbeitsunfähigkeit soll der Arbeitsplatz erhalten und die Lohnfortzahlung gesichert bleiben.[95] Dies wird durch die Entgeltfortzahlung gem. § 11 MuSchG und dem Kündigungsverbot gem. § 9 MuSchG sichergestellt.

Ansprüche aus dem Mutterschutzgesetz sind teilweise an bestimmte Voraussetzungen geknüpft. Leistungsansprüche wie auf Mutterschaftsgeld (§ 13 MuSchG), ärztliche Betreuung und Hebammenhilfe, Versorgung mit Arznei-, Verband- und Heilmitteln, stationäre Entbindung (§ 15 MuSchG) und andere werden an die Mitgliedschaft in einer gesetzlichen Krankenversicherung geknüpft.

Von einer Mitgliedschaft in einer gesetzlichen Krankenversicherung losgelöst, finden die Arbeitnehmerschutznormen aus dem Mutterschutzgesetz auf jede schwangere Frau Anwendung. Hierdurch wird sichergestellt, dass eine Frau keine Nachteile aufgrund einer fehlenden Krankenversicherung hat und somit die Gesundheit der Mutter und des Kindes durch eine gesundheitsgefährdende Arbeitsbelastung nicht besteht.

3.1.6.4 Sanktionen bei Verstößen

Der Verstoß gegen Vorschriften des Mutterschutzgesetzes kann sowohl eine Ordnungswidrigkeit wie auch eine Straftat sein.

Ordnungswidrigkeiten gem. § 21 Abs. 1 MuSchG können nach dem Abs. 2 mit einer Geldbuße bis zu 15.000 € geahndet werden. Straftaten gem. der Abs. 3 und 4 können bis zu einem Jahr Freiheitsstrafe oder eine Geldstrafe zur Folge haben.

Über die Einhaltung der Vorschriften des MuSchG wacht die nach Landesrecht zuständige Behörde[96]. Für die Überwachung ist das Grundrecht der Unverletzlichkeit der Wohnung gem. Art. 13 GG insoweit eingeschränkt, als den Behörden gem. § 139b GewO spezielle polizeiliche Rechte eingeräumt werden. Zu diesen Rechten gehören Besichtigungs- und Prüfungsrechte für Gebäude, Anlagen und Unterlagen.

---

[94] BAG vom 09.08.1963, AP Nr. 3 zu § 10 MuSchG.

[95] BAG vom 19.10.1960, AP Nr. 11 zu Art. 9 GG Arbeitskampf.

[96] Z.B. Gewerbeaufsichtsämter (GAA), Ämter für Arbeitssicherheit, Bergämter, in NRW sind dies, die staatlichen Ämter für Arbeitsschutz

3.1.7 Bundesurlaubsgesetz (BUrlG)

3.1.7.1 Ziel und Zweck

Das Bundesurlaubsgesetz verfolgt den Zweck, jedem Arbeitnehmer einen Mindesturlaub zu garantieren, um sich von der Arbeit physisch und psychisch erholen zu können. Das Bundesurlaubsgesetz konkretisiert Ansprüche der Arbeitnehmer, die sich unter anderem aus der Fürsorgepflicht des Arbeitgebers ableiten lassen. Gem. §§ 618 und 242 BGB hat der Arbeitgeber dafür zu sorgen, dass der Arbeitnehmer gegen Gefahren für Leib und Gesundheit geschützt ist. Hierzu zählt auch, dass der Arbeitnehmer einmal im Jahr unter Fortzahlung seines Arbeitsentgelts von der Arbeit freizustellen ist.[97] Nach allgemeiner Auffassung wird aber nicht in jedem Fall alleine durch den Fürsorgegedanken ein Rechtsanspruch gerechtfertigt sein.[98]

Europarechtlich wird das Bundesurlaubsgesetz von der EG-Arbeitszeitrichtlinie 2003/88/EG[99] beeinflusst, indem es z.B. die darin geforderte Mindesturlaubshöhe für Arbeitnehmer umsetzt.

3.1.7.2 Leistungsfähiger und gesünder durch Urlaub

Der Begriff „Erholungsurlaub", wie er sich im § 1 BUrlG wiederfindet, meint: die völlige Freistellung des Arbeitnehmers von allen Pflichten der Arbeitsleistung unter Fortzahlung der Vergütung. Der Arbeitnehmer soll die Möglichkeit bekommen, sich zu erholen, um gesundheitliche Folgen aufgrund einer Dauerbelastung über ein gesamtes Jahr zu vermeiden. Um dem Arbeitnehmer während des Urlaubes nicht einem psychischen Druck auszusetzen, indem er z.B. in finanzielle Schwierigkeiten aufgrund von Urlaub gelangt, erhält er einen gesetzlichen Anspruch auf Urlaubsgeld gem. § 11 BUrlG. Bei einem gesetzlichen Urlaubsanspruch von vier Wochen wird ihm in der Regel sein „normaler" Lohn weitergezahlt.

Zwar stellt der Urlaub für den Arbeitgeber einen Kostenpunkt dar, den er ohne direkte Gegenleistung vergüten muss, doch ist dies durch eine Interessenabwägung – die den Schutz der Gesundheit des Arbeitnehmers gegen die Kosten des Arbeitgebers abwägt – gerechtfertigt.

Zusätzlich zum gesetzlichen Urlaub wird ein arbeitsfreier Samstag – wenn er vorliegt – dem Urlaub hinzugerechnet.

---

[97] BAG vom 20.04.1956 = AP Nr. 6 zu § 611 BGB Urlaubsrecht; bestätigt im Urteil vom 07.02.1957 = AP Nr. 18 zu § 611 BGB Urlausrecht.

[98] Vgl. *Hueck* Anm. AP Nr. 6 zu § 611 BGB Urlaubsrecht; Lehrbuch I, 433 N 9; *Neumann*, S. 265.

[99] Die Richtlinie 2003/88/EG hat die vorherigen Richtlinien 93/104/EG sowie die Richtlinie 2000/34/EG mit erheblichen Veränderungen abgelöst.

Beispielrechnung:

24 Tage Urlaub bei einer **Fünftagewoche** ergeben somit inklusive der Samstage und Sonntage und exklusive der Feiertage[100] eine „Erholungszeit" für Arbeitnehmer pro Jahr von:

24 Tage Urlaub + (52 x 2) Wochenenden = 128 Tage Erholung pro Jahr

bei einer Sechstagewoche

24 Tage Urlaub + 52 Sonntage = 76 Tage Erholung pro Jahr

In besonderen Fällen haben Arbeitnehmer einen erhöhten gesetzlichen Urlaubsanspruch. Das SGB IX regelt z.B. für Schwerbehinderte oder denen gleichgestellte Personen einen erhöhten Erholungsurlaubsanspruch von einer Woche (fünf oder sechs Tage) oder gem. § 19 JArbSchG erhalten Jugendliche unter 18 Jahren einen in der Höhe gestaffelten erhöhten Urlaubsanspruch.

Urlaub kann nur in Ausnahmefällen durch Geldzahlung ausgeglichen werden, z.B. gem. § 7 Abs. 4 BUrlG bei einer Beendigung des Arbeitsverhältnisses. Diese Regelung dient dem Schutz des Arbeitnehmers und vor allem dem Schutz der Gesundheit. Der Arbeitnehmer kommt durch diese Regelung nicht in Versuchung, sich den Urlaub aus finanziellen Gründen „auszahlen" zu lassen, und der Arbeitgeber kann dies dem Arbeitnehmer nicht anbieten. In einem engen Zusammenhang mit dieser Regelung findet sich auch oft in Tarifverträgen die Vereinbarung wieder, dass Mehrarbeitsstunden regelmäßig durch Freizeit auszugleichen sind und nur in Ausnahmefällen eine Auszahlung stattfinden soll.

Zum Selbstschutz des Arbeitnehmers sowie zum Schutz des Arbeitgebers (dass er die volle Arbeitsleistung vom Arbeitgeber nach dem Urlaub erhält) ist im Bundesurlaubsgesetz gem. § 8 geregelt, dass der Arbeitnehmer während des Urlaubs keine Erwerbstätigkeit ausüben darf, die dem Erholungszweck zuwiderläuft.

Gem. § 9 BUrlG wird eine Erkrankung während des Urlaubs nicht auf den Erholungsurlaub angerechnet. Der Arbeitnehmer bekommt den Erholungstag, an dem er erkrankt ist, wieder gutgeschrieben. So auch gem. § 10 BUrlG bei Maßnahmen der medizinischen Vorsorge oder Rehabilitation.

3.1.7.3 Sanktionen bei Verstößen

Der Urlaubsanspruch ist ein privatrechtlicher Anspruch, auch wenn die Nichterfüllung teilweise mit Strafe bedroht ist. So werden Verstöße gegen Urlaubsregelungen im Jugendarbeitsschutzgesetz z.B. als Ordnungswidrigkeit geahndet.

[100] Feiertage sind den Erholungstagen hinzuzurechnen, werden hier aber nicht berücksichtigt, weil Feiertage auf Sonntage oder Samstage fallen können und somit für jedes Jahr gesondert berechnet werden müssen.

Grundsätzlich ergeben sich aus dem Bundesurlaubsgesetz keine Sanktionen für den Arbeitgeber, wenn er gegen Urlaubsansprüche verstößt. Der Arbeitnehmer muss seine Ansprüche aus dem Bundesurlaubsgesetz vor den Arbeitsgerichten geltend machen. Es kann jedoch ein Schadensersatzanspruch in Frage kommen, wenn der Arbeitnehmer an dem Urlaubszweck gehindert wird (immaterieller Schaden). Der Erholungsurlaub, der der Erhaltung der Arbeitskraft dient, stellt einen Vermögenswert dar. Durch die Vereitelung des mit dem Urlaub verfolgen Zwecks kann somit ein Vermögensschaden begründet werden.[101] Der Schaden kann auch in der verlorenen Ausnutzung der Freizeit bestehen.[102]

Ist der Arbeitgeber nicht Schädiger, so kann er Ersatz des Urlaubsentgelts als Schadensersatz verlangen, wenn der Arbeitnehmer den Urlaub wegen Arbeitsunfähigkeit nicht nehmen konnte und der Urlaub nach § 9 BUrlG erneut zu gewähren ist.

3.1.8 Teilzeit- und Befristungsgesetz (TzBfG)

3.1.8.1 Ziel und Zweck

Das Teilzeit- und Befristungsgesetz regelt zwei unterschiedliche Rechtsbereiche, das Teilzeitarbeits- und Befristungsrecht. Mit dem Bereich der Teilzeitregelungen will der Gesetzgeber „*die Akzeptanz bei Arbeitgeber und Arbeitnehmer für Teilzeitarbeit erhöhen, durch den Ausbau von Teilzeitarbeitsmöglichkeiten neue Beschäftigung schaffen, Diskriminierung von Teilzeitbeschäftigten verhindern und den Wechsel von einem Vollzeit- in ein Teilzeitarbeitsverhältnis erleichtern*“[103]. Die Teilzeitregelungen sollen zur Beschäftigungssicherung sowie zum Beschäftigungsaufbau dienen.[104]

Mit den Befristungsregelungen soll erreicht werden, dass die zuvor von der Rechtsprechung entwickelten, aber nur schwer verständlichen Grundsätze zur Befristung einheitlich in einem Gesetz zusammengefasst sind, um eine höhere Rechtssicherheit zu erzielen. Daneben soll die Beschäftigung von einem befristeten in ein unbefristetes Arbeitsverhältnis gem. den Vorgaben der Befristungsrichtlinie 1999/70/EG gefördert werden.[105]

---

[101] BGHZ 77, 116 = AP Nr. 22 zu § 249 BGB; BGH vom 25.031982 = AP Nr. 24 zu § 249 BGB; frühere Rechtsprechung – Zeitverlust ist kein Vermögensschaden – BAG vom 24.08.1967 = AP Nr. 7 zu § 249; OLG Celle MDR 1964, 413.

[102] BGH vom 23.09.1982, DB 1982, 2506.

[103] BT-Drucks. 14/4374, S. 11.

[104] Ebd.

[105] Ebd., S. 14.

3.1.8.2 Positive und negative Auswirkungen der Teilzeit- und Befristungsarbeit

Mit den Teilzeitregelungen, die auf der Richtlinie 97/81/EG beruhen, wird nur indirekt Einfluss auf die Gesundheit der Beschäftigten genommen. Teilzeitarbeit soll für Frauen und Männer erleichtert werden, z.B. um den Ruhestand vorzubereiten, die Vereinbarkeit von Familie und Berufsleben sowie die Nutzung von allgemeinen und beruflichen Bildungsmöglichkeiten zu verbessern.[106] Durch diese flexible Arbeitszeitgestaltung wird den Arbeitnehmern ermöglicht, die verkürzte Arbeitszeit bzw. die erhöhte Freizeit für die Familie zu nutzen. Der Arbeitnehmer wird mit der erhöhten Zeit bei seiner Familie überwiegend positivem Stress (Eustress) anstatt negativem Stress (Disstress) ausgesetzt sein. Hierdurch wird der Arbeitnehmer leistungsfreudiger und zufriedener sein, was den Gesundheitszustand positiv beeinflussen kann. Zu diesem Effekt kann es auch kommen, wenn der Arbeitnehmer durch eine Selbstbestätigung in Form von Fort- und Weiterbildungen seinen Leistungswillen und Zufriedenheitszustand verbessern kann. Diese Aspekte nehmen – wenn sie so auftreten – positiven Einfluss auf die Gesundheit.

Durch diese Möglichkeit wird den Arbeitnehmern auch die Arbeitsplatzangst genommen. Sie können aufgrund beliebiger privater Umstände ihre Arbeitszeit verkürzen und somit einer Arbeitsplatzaufgabe entgegenwirken.

Eine Befristung könnte sich hingegen negativ Auswirken, wenn der Beschäftigte sich unter zu hohen Druck gesetzt fühlt und verunsichert ist, ob er nach der Befristung entweder unbefristet übernommen, eine weitere Befristung oder keinen neuen Vertrag erhält. In Deutschland ist die Befristung gem. § 14 Abs. 2 TzBfG auf zwei Jahre ohne sachlichen Grund begrenzt. Somit ist der Mitarbeiter diesem Zustand nur in einer absehbaren Zeit ausgesetzt, sodass Auswirkungen auf die Gesundheit eher selten auftreten dürften. Wird ein Arbeitnehmer allerdings von mehreren Unternehmen hintereinander nur befristet eingestellt, so ist die Wahrscheinlichkeit einer Gesundheitsgefährdung (im psychischen Bereich) erhöht.

3.1.8.3 Sanktionen bei Verstößen

Verstößt eine Regelung oder Maßnahme gegen das arbeitsrechtliche Benachteiligungsverbot oder den Gleichbehandlungsgrundsatz, so ist sie rechtsunwirksam gem. § 134 BGB. Verstößt die Ausübung des Direktionsrechts gegen die beschriebenen Rechtsgrundsätze, so erlangt der Arbeitnehmer ein Leistungsverweigerungsrecht. Das Benachteiligungsrecht ist Schutzgesetz i.S. von § 823 II BGB.[107]

---

[106] Richtlinie 97/81/EG des Rates vom 15. Dezember 1997 zu der von UNICE, CEEP und EGB geschlossenen Rahmenvereinigung über Teilzeitarbeit, in: *Annuß/Thüsing*, Anhang 1, S. 592.

[107] BAG vom 25.4.2001 – 5 AZR 368/99, BAGE, 97, 350; 24.10.2001 – 5 AZR 32/00.

3.1.9 Beschäftigtenschutzgesetz (BeschSchG)

3.1.9.1 Schutz der Würde und Gesundheit

Das BeschSchG beruht auf einer Empfehlung der Kommission zum Schutz der Würde von Frauen und Männern am Arbeitsplatz.[108] Ziel des BeschSchG ist die Wahrung der Würde von Frauen und Männern durch den Schutz vor sexueller Belästigung am Arbeitsplatz. Das BVerfG definiert die Würde des Menschen wie folgt: *„Die Menschenwürde ist getroffen, wenn der konkrete Mensch zum Objekt, zu einem bloßen Mittel, zur vertretbaren Größe herabgewürdigt wird*".[109] Werden Arbeitnehmer von Arbeitnehmern, Vorgesetzten oder sonstigen Betriebsangehörigen sexuell belästigt, so kann sich dieses auf die Psyche und somit auf die Gesundheit des Belästigten auswirken. Gerade wenn eine Belästigung über einen längeren Zeitraum oder in besonders schwerem Maße vorliegt, besteht die Gefahr, dass gesundheitliche Folgen bis hin zur Arbeitsunfähigkeit auftreten. Weiter Ausführungen zur sexuellen Belästigung und Mobbing in Bezug auf die Gesundheit wurden in den vorher beschriebenen Gesetzen erläutert.[110]

3.1.9.2 Sanktionen bei Verstößen

Verstöße gegen das BeschSchG begründen Rechte aus den §§ 3 und 4 BeschSchG. Der Belästigte hat das Recht, sich bei seinem Vorgesetzten und Arbeitgeber zu beschweren. Diese müssen den Sachverhalt prüfen und entsprechende Maßnahmen treffen, um weitere Belästigungen zu unterbinden. Der Arbeitgeber muss ggf. arbeitsrechtliche Schritte wie Abmahnung, Versetzung des Belästigenden oder dessen Kündigung einleiten.

Führt der Arbeitgeber trotz gegebenem Anlass keine Abwehrmaßnahmen durch, so kann der Belästigte die Arbeitsleistung verweigern und braucht nicht am Arbeitsort zu erscheinen. Er behält aber seinen Entgeltanspruch weiterhin. Dieses sog. Zurückbehaltungsrecht ist nur schwer durchzusetzen. Der Belästigte muss darlegen, dass Maßnahmen offensichtlich unzulänglich sind. Außerdem wird er regelmäßig nicht erfahren, ob der Arbeitgeber dem Belästigenden eine Abmahnung ausgesprochen hat.

Regelmäßig werden sexuelle Belästigungen auch strafrechtliche Folgen haben. Hierzu zählen vor allem Straftaten gegen die sexuelle Selbstbestimmung nach §§ 174 bis 184c StGB.

Zudem kommt ein Schadensersatzanspruch gem. § 280 BGB in Betracht, wenn der Arbeitgeber seine Schutzpflicht nach § 2 BeschSchG verletzt. Es kann auch eine Verletzung des Persönlichkeitsrechts gem. § 823 I BGB vorliegen. § 2 I BeschSchG ist Schutzgesetz aus § 823 II BGB.

[108] EWG-Richtlinie 92/131 vom 27.11.1991 – Abl. EG Nr. L 49 vom 24.2.1992, S. 1.

[109] BVerfGE 50, 205/215 = NJW 79, 1040.

[110] Ausführungen zum „Bürgerlichen Gesetzbuch", Punkt C, I, 3.

3.1.10 Jugendarbeitsschutzgesetz (JArbSchG)

3.1.10.1 Gesundheitsschutz von Jugendlichen und Kindern

Das JArbSchG soll die Jugendlichen und Kinder vor Überbelastungen entsprechend ihres Alters schützen. Gerade in der Entwicklungsphase, in der sich Kinder und Jugendliche befinden, muss die Physis und Psyche, also die Gesundheit, vor bestimmten Tätigkeiten sowie vor übermäßig langen Arbeitszeiten geschützt werden. Schon in der Kindheit und im jugendlichen Alter auftretende gesundheitliche Folgen könnten sich ansonsten durch das ganze Leben hindurch fortsetzen.

Kinderarbeit ist grundsätzlich gem. § 5 JArbSchG verboten.

Zum Schutz der Gesundheit für Jugendliche ergeben sich aus dem JArbSchG folgende wesentliche arbeitsrechtliche Sondervorschriften:

- tägliche Höchstarbeitszeit von regelmäßig acht Stunden gem. § 8 sowie
- wöchentliche Höchstarbeitszeit von regelmäßig 40 Stunden,
- gem. § 11 dreißig Minuten Pause ab viereinhalb Stunden Arbeit sowie
- eine Stunde Pause ab sechs Stunden Arbeit,
- tägliche ununterbrochene Freizeit von mindestens 12 Stunden gem. § 13,
- Jugendliche dürfen gem. § 15 nur an fünf Tagen in der Woche beschäftigt werden,
- regelmäßig dürfen Jugendliche gem. §§ 16 und 17 an Samstagen und Sonntagen nicht beschäftigt werden,
- sie erhalten mindestens 30, 27 und 25 Tage Urlaub in der Reihenfolge ihres Alters von 15, 16 und 17 Jahren gem. § 19,
- Zudem dürfen sie nur beschäftigt werden, wenn sie regelmäßig zur gesundheitlichen Betreuung von einem Arzt untersucht werden gem. §§ 32 ff. sowie der Jugendarbeitsschutzuntersuchungsverordnung

3.1.10.2 Sanktionen bei Verstößen

Ordnungswidrig handelt, wer vorsätzlich oder fahrlässig gegen die in § 59 JArbSchG aufgeführten Paragrafen verstößt. Ordnungswidrigkeiten können mit einer Geldbuße von zweitausendfünfhundert Euro geahndet werden.

3.1.11 Fünftes Sozialgesetzbuch (SGB V)

3.1.11.1 Ziel des Gesetztes

Mit dem SGB V verfolgt der Gesetzgeber das Ziel, im Krankheitsfall auftretende finanzielle Belastungen der Versicherten (regelmäßig Arbeitnehmer und freiwillig gesetzlich Versicherte) und deren Familienangehörigen durch Versicherungsleistungen aufzufangen.

3.1.11.2 Krankenkassen als finanzieller Baustein der betrieblichen Gesundheitsförderung

Für das Sozialversicherungsrecht gilt, wie das BSG formuliert, der beherrschende Grundsatz, dass „Versicherungsfall das Ereignis im Leben des Versicherten ist, das bei seinem Eintritt spezifische Gefährdungen und Nachteile für den Versicherten mit sich bringt, gegen die die Versicherung Schutz gewähren soll".[111]

Im Laufe der Entwicklung des Sozialversicherungsrechts ist zunehmend die Einsicht gewachsen, dass sich die Leistungen der Krankenversicherung nicht auf Restitution und Kompensation bei Eintritt von Versicherungsfällen beschränken dürfen. Dieser Wandel resultiert zum einen daraus, dass heutzutage nicht überwiegend Infektionskrankheiten vorliegen, sondern Erkrankungen, die oft langandauernd sind und zeitaufwändige Therapien verlangen, wie z.B. Herz-Kreislauf-Erkrankungen, Erkrankungen des Geh- und Stützapparates sowie Krebserkrankungen.[112] Andererseits ist die Finanzierbarkeit der medizinischen Versorgung durch einen rapiden Anstieg des medizinischen Fortschritts an Grenzen gestoßen.[113] Diese Erkenntnisse haben dazu geführt, dass der Gesetzgeber die gesetzlichen Krankenkassen dazu anhält, einen substanziellen Beitrag zur Gesundheitsförderung, Prävention sowie auch speziell zur betrieblichen Gesundheitsförderung zu leisten.[114]

Seit Inkrafttreten des neuen § 20 SGB V am 1. Januar 2000 reichen ausschließlich verhaltensorientierte Maßnahmen, welche vorher den Schwerpunkt der Präventionsarbeit von Krankenkassen bildeten, nicht mehr aus. Die Krankenkassen sind nunmehr dazu aufgefordert, eine aktive Rolle als Partner im Arbeits- und Gesundheitsschutz einzunehmen. Durch das im November 1999 vom Bundestag verabschiedete Gesetz zur GKV Gesundheitsreform 2000 hat die von den Krankenkassen getragene Gesundheitsförderung auf der Grundlage des § 20 SGB V wieder einen erweiterten Handlungsspielraum erhalten.

Bei der Durchführung der ergänzenden Maßnahmen der betrieblichen Gesundheitsförderung gem. § 20 Abs. 2 SGB V arbeiten die Krankenkassen hinsichtlich der Verhütung arbeitsbedingter Gesundheitsgefahren mit den Trägern der gesetzlichen Unfallversicherungen zusammen.

Mit den wie oben beschriebenen Ausführungen zum § 20 Abs. 2 SGB V zeigte der Gesetzgeber seinen Willen zur Verbesserung der Prävention. Diese Intention verfolgt der Gesetzgeber mit dem neuen § 84 Abs. 3 SGB IX weiter, indem er Boni und Prämien in Aussicht stellt, die der Arbeitgeber bei der Durchführung des betrieblichen Eingliederungsmanagements von den Rehabilitationsträgern (Krankenkassen usw.) erhalten kann.

---

[111] BSG Urteil vom 29.4.1971 – Az. 3 RK 3/71, BSGE 32, 270, 272 f.

[112] BT-Drucks. – 11/2237 S. 307.

[113] Maydell/*Ebsen/Knieps*, S. 841 ff.

[114] vgl. BT-Drucks. – 14/1977 S. 2, Schulin/*Schneider*, § 21 Rn. 1 ff.

Weitere Gesetze im Zusammenhang mit dem gesetzlichen Krankenversicherungsrecht die in dieser Arbeit nicht beschrieben wurden, sind:

- das Gesundheitsstrukturgesetz (GSG),
- das gesundheits-Reformgesetz (GRG),
- GKV-Modernisierungsgesetz (GMG),
- die Risikostruktur-Ausgleichsverordnung (RSAV),
- die Arbeitsentgeltverordnung (ArEV),
- die Beitragsüberwachungsverordnung (BÜVO),
- die Beitragszahlungsverordnung (BZVO),
- die Beitragsberechnungs-Richtlinie und andere.

3.1.11.3 Sanktionen bei Verstößen

Es handelt sich beim gesetzlichen Krankenversicherungsrecht um einen Pflichtbeitrag[115], aus dem keine direkten Ansprüche gegen den Arbeitgeber entstehen, sondern gegen die jeweilige Krankenkasse (gesetzlicher Krankenversicherungsträger).

Der Arbeitgeber ist aber dazu verpflichtet, die Beiträge zur gesetzlichen Krankenversicherung abzuführen. Zumindest insoweit, wie keine freiwillige Versicherungspflicht oder Selbständigkeit beim Versicherten vorliegt. Führt der Arbeitgeber die Beiträge zur gesetzlichen Krankenversicherung nicht oder nicht ordnungsgemäß ab, verletzt er eine Hauptpflicht aus dem Arbeitsvertrag (gem. § 611 BGB „..., der andere Teil zur Gewährung der vereinbarten Vergütung verpflichtet"). Zu der Vereinbarten Vergütung zählen auch die gesetzlichen Sozialversicherungsbeiträge, die der Arbeitgeber für seine Arbeitnehmer an die jeweiligen Versicherungsträger abführt.

Eine Verletzung der arbeitsvertraglichen Hauptpflichten kann für den Arbeitnehmer ein Arbeitsverweigerungsrecht (gem. § 273 BGB), ein Kündigungsrecht (gem. § 626 BGB) sowie einen Schadensersatzanspruch (gem. § 280 ff. BGB) entstehen lassen.

3.1.12 Siebtes Sozialgesetzbuch (SGB VII)

3.1.12.1 Ziel und Zweck

Die gesetzliche Unfallversicherung ist im SGB VII geregelt und verfolgt das Ziel, Arbeitsunfälle und Berufskrankheiten zu verhüten, für eine wirksame Erste Hilfe zu sorgen, den Verletzten nach einem Versicherungsfall mit allen geeigneten Mitteln bei der Wiederherstellung seiner Erwerbsfähigkeit zu unterstützen, ihm die Verletzungsfolgen zu erleichtern und ihn, seine Angehörigen oder Hinterbliebenen durch Geldleistungen zu entschädigen.

[115] Sie können sich nur unter den eingeschränkten Voraussetzungen des § 8 SGB V bzw. § 4 KVLG 1989 von der Versicherung in der gesetzlichen Krankenversicherung befreien lassen.

3.1.12.2 Die erweiterte Zielsetzung im SGB VII zum Gesundheitsschutz

Gleichzeitig mit dem ArbSchG ist das SGB VII beschlossen worden, mit dem das Recht der gesetzlichen Unfallversicherung von der Reichsversicherungsordnung (RVO) in das SGB überführt und zugleich aktualisiert wurde. Das Buch ist am 01. Januar 1997 in Kraft getreten, während die Teile über die Prävention von Arbeitsunfällen, Berufskrankheiten und arbeitsbedingten Gesundheitsgefahren bereits zeitgleich mit dem ArbSchG am 21. August 1996 in Kraft getreten sind. Im betrieblichen Arbeitsschutz gilt jetzt:

Die Berufsgenossenschaften haben zusätzlich zur Unfall- und Berufskrankheitenverhütung die Aufgabe, arbeitsbedingten Gesundheitsgefahren vorzubeugen, den Ursachen solcher Gefahren nachzugehen und auf diesem Feld mit den Krankenkassen zusammenzuarbeiten. Der Präventionsauftrag der Berufsgenossenschaften wurde also stark erweitert.

Sie sollen damit in die Lage versetzt werden, konkretisierende und erweiternde Unfallverhütungsvorschriften zu den staatlichen Vorschriften erlassen zu können. Die Leistungen zur sozialen Rehabilitation und die sie ergänzenden Leistungen wurden als dritte Säule im umfassenden Rehabilitationsrecht der Unfallversicherung gleichwertig neben die medizinische und die berufliche Rehabilitation gestellt. Sie werden nunmehr unabhängig von diesen Rehabilitationsmaßnahmen erbracht.

Wie auch schon die Krankenkassen, stellen die Berufsgenossenschaften einen weiteren finanziellen Baustein betrieblicher Gesundheitsförderung da. Die Verknüpfung dieser und anderer Unterstützungsmöglichkeiten kann dazu beitragen ein betriebliches Gesundheitsmanagement relativ kostengünstig in ein Unternehmen einzubinden.

Finanzielle Bausteine für eine betriebliche Gesundheitsförderung können sein:

Finanzielle Bausteine	Beitrag zur Gesundheitsförderung
Krankenkassen	Finanzierung präventiver Gesundheitsmaßnahmen
Berufsgenossenschaften	Finanzierung präventiver Gesundheitsmaßnahmen
Unternehmer	Finanzierung präventiver Gesundheitsmaßnahmen
Agenturen für Arbeit	Finanzierung von Aus- und Weiterbildungsmaßnahmen zur Angleichung von Qualifikation und Leistungsanforderung. Vermeidung von Unter- und Überforderung.
Mitarbeiter	Finanzielle Eigenbeteiligung an Maßnahmen. Akzeptieren, richtiges Erkennen und richtiges Verhalten in Bezug auf Gesundheit allgemein und im Arbeitsprozess.
Sonstige wie das Integrationsamt, Servicestellen, Integrationsfachdienste, Rentenversicherungsträger	Sie können durch einen schnellen Informationsaustausch Zeitaufwand ersparen. Sie haben regelmäßig fachlich qualifizierte Beratungen. Sie können durch Umschulungsmaßnahmen positive Zukunftserwartungen schaffen. Sie können Schulungen durchführen.

Tabelle 2: Finanzielle Bausteine einer betrieblichen Gesundheitsförderung

3.1.12.3 Versicherungsschutz[116]

Die gesetzliche Unfallversicherung tritt nur für Unfälle, Berufskrankheiten und Wegeunfälle ein, die der Versicherte im Zusammenhang mit seiner beruflichen Tätigkeit erleidet. Seit 1971 erstreckt sich die gesetzliche Unfallversicherung außerdem auf Kinder während des Kindergartenbesuchs, Lernende während der Berufsausbildung und auf Schüler und Studenten während des Schul- und Hochschulbesuches.

Die Beiträge zur gesetzlichen Unfallversicherung werden ausschließlich von den Arbeitgebern getragen.

3.1.12.4 Sanktionen bei Verstößen

Es ergeben sich nur unwesendliche Abweichungen zu den Ausführungen zum SGB V. Somit wird an dieser Stelle auf diese Erläuterungen verwiesen.

3.1.13 Neuntes Sozialgesetzbuch (SGB IX)

3.1.13.1 Ziel und Zweck

Das SGB IX bezweckt den Schutz des einzelnen schwerbehinderten Beschäftigten sowie auch die Verbesserung der allgemeinen Arbeitsmarktsituation von Schwerbehinderten.

Das SGB IX erweitert im § 84 Abs. 2 seinen Geltungsbereich auf alle Beschäftigten[117] eines Unternehmens. Mit dieser Erweiterung verfolgt der Gesetzgeber das Ziel, das Arbeitsverhältnis durch eine dauerhafte Gesundheitsprävention zu sichern.[118] Zudem soll an die Stelle einer Kündigung zunächst die Rehabilitation des Mitarbeiters treten[119], um eine Eingliederung in den Betrieb zu ermöglichen und die Frühverrentung zu reduzieren oder zu vermeiden[120]. Ein weiteres Ziel ist, die Sozialversicherungssysteme zu entlasten.

Dieser Teil nimmt im Gesundheitsmanagement eine entscheidende Bedeutung ein, denn der Gesetzgeber bringt mit der Neuregelung des § 84 Abs. 2 SGB IX erneut die Ernsthaftigkeit des geforderten Gesundheitsschutzes mit Schwerpunkt der Prävention zum Ausdruck.

---

[116] Jäger/*Braun*, S. 218 ff.

[117] LAG Niedersachen, Urteil vom 29.03.2005, AZ: 1 Sa 1429/04 – BB 2005, 1682, 1684 a.A. ArbG Oldenburg vom 14.02.2006 – 2 Ca 400/05; Entwurf eines Gesetzes zur Stärkung der gesundheitlichen Prävention der Fraktionen SPD und Bündnis 90/Die Grünen vom 15.02.2005, BT-Drucks. 15/4833; Gaul/Kulejewski/Süßbrich, S. 308; *Rambach*, S. 474; *Hagemeister/von Steinau-Steinbrück*, S. 129; a.A. *Namendorf/Natz*, S. 162,163.

[118] BT-Drucks. 15/1783, B „Besonderer Teil“, zu Nummer 20 (§84).

[119] Siehe § 3 SGB IX.

[120] Siehe § 8 SGB IX.

Das SGB IX umfasst das gesamte Schwerbehindertenrecht. Das frühere Schwerbehindertengesetz, das den arbeitsrechtlichen Schwerbehindertenschutz regelt, sowie das Rehabilitationsangleichungsgesetz, das die Rehabilitation zum Inhalt hatte, wurden ab dem 19.06.2001[121] im SGB IX zusammengefasst. Beide Aspekte betonen die Prävention, und ihre Zusammenführung verdeutlicht diesen gemeinsamen Gedanken.

Mit dem „*Gesetz zur Förderung der Ausbildung und Beschäftigung schwerbehinderter Menschen*"[122] vom 23.04.2004 hat der Gesetzgeber einige Änderungen im SGB IX verabschiedet.[123]

Im engen Zusammenhang mit der Änderung des SGB IX steht auch die Änderung der Schwerbehinderten-AusgleichsabgabeVO durch VO vom 16.01.2004[124]. Die wesentlichen Änderungen des SGB IX sind:

- die dauerhafte Absenkung der Mindestbeschäftigungsquote auf 5%,
- Lockerungen im besonderen Kündigungsschutz bei Betriebsstillegung und Insolvenz sowie durch Verfahrensänderungen,
- die Einschränkung des Zusatzurlaubs,
- die Einführung eines betrieblichen Integrationsmanagements für Langzeitkranke,
- die Erweiterung der möglichen Inhalte einer Integrationsvereinbarung und
- den Ausbau der Beteiligungsrechte und Arbeitsbedingungen der Schwerbehindertenvertreter.

Diese Änderungen sollen den Arbeitgeber dazu motivieren, dass er Schwerbehinderte Menschen schneller einstellt[125] und ihnen einen optimalen Fürsorgeschutz (Integrationsmanagement, erweiterte Beteiligungsrechte der Schwerbehindertenvertreter usw.) während der Arbeit ermöglicht.

3.1.13.2 Betriebliches Eingliederungsmanagement und Prävention[126]

3.1.13.2.1 Zum § 84 SGB IX

Das im § 84 Abs. 2 geforderte „*Betriebliche Eingliederungsmanagement*" (BEM) ist eine Aufgabe des Arbeitgebers. Ziel des BEM ist es, Arbeitsunfähigkeit möglichst zu überwin-

---

[121] BGBl. I 1046.

[122] BGBl. I 606.

[123] Hierzu *Cramer*, S. 698; *Feldes/Kossack*, S. 453.

[124] BGBl. I 77.

[125] BT-Drucks. 15/1783, Begründung A „Allgemeiner Teil", I Notwendigkeit und Ziel des Gesetzes.

[126] Der folgende Abschnitt ist von der Bundesarbeitsgemeinschaft für Integrationsämter und Hauptfürsorgestellen (BIH) übernommen und an einigen Stellen durch eigene Darstellungen und Ausführungen ergänzt.

den, erneuter Arbeitsunfähigkeit vorzubeugen und den Arbeitsplatz des betroffenen Beschäftigten zu erhalten. Im weiten Sinne geht es um ein betriebliches Gesundheitsmanagement zum Schutz der Gesundheit der Belegschaft.

Prävention

Mit dem Gesetz zur Förderung der Ausbildung und Beschäftigung behinderter Menschen vom 23.04.2004 hat der Gesetzgeber das Erfordernis der betrieblichen Prävention im Rahmen des SGB IX weiter gestärkt. Prävention umfasst alle Maßnahmen, die der Wiederherstellung der Gesundheit der Beschäftigten dienen. Das BEM bezieht sich auf die gezielte Steuerung des Einsatzes dieser Maßnahmen nach einem festgelegten Vorgehenskonzept.[127]

§ 84 Abs. 2 SGB IX verpflichtet den Arbeitgeber, für Beschäftigte, die innerhalb eines Jahres länger als 6 Wochen arbeitsunfähig sind, ein BEM durchzuführen. Ob die Arbeitsunfähigkeit in einem ursächlichen Zusammenhang mit dem Arbeitsplatz steht, spielt dabei keine Rolle. Das betriebliche Eingliederungsmanagement setzt alle Maßnahmen ein, die geeignet sind, die Arbeitsunfähigkeit zu beenden und den Beschäftigten mit gesundheitlichen Problemen oder Behinderung möglichst dauerhaft auf einem geeigneten Arbeitsplatz einzusetzen.

Geltungsbereich

Im neuen § 84 Abs. 2 SGB IX ist die Rede von - „sind Beschäftigte innerhalb eines Jahres länger als sechs Wochen ununterbrochen oder wiederholt arbeitsunfähig, klärt der Arbeitgeber mit der zuständigen Interessenvertretung im Sinne des § 93, ..., wie die Arbeitsunfähigkeit möglichst überwunden werden und mit welchen Leistungen oder Hilfen erneuter Arbeitsunfähigkeit vorgebeugt und der Arbeitsplatz erhalten werden kann (betriebliches Eingliederungsmanagement)."

Hier stellt sich die Frage, ob mit „*Beschäftigte*" jeder Mitarbeiter gemeint ist, oder ob aufgrund der Rechtssystematik ein eingeschränkter Beschäftigtenbegriff[128] angenommen werden muss und somit der § 84 Abs. 2 SGB IX nur für Schwerbehinderte oder deren gleichgestellte Personen gilt. Rechtsprechung[129], Gesetzgebung[130] und die Mehrheit der Literatur[131] gehen bislang davon aus, dass der allgemeine und nicht der eingeschränkte Beschäftigtenbegriff gemeint ist. Aus dieser Begriffsauslegung könnte die Rechtsprechung

---

[127] Ebd.

[128] Hierzu *Namendorf/Natz*, S. 162,163.

[129] LAG Niedersachen, Urteil vom 29.03.2005, AZ: 1 Sa 1429/04 – BB 2005, 1682, 1684 a.A. ArbG Oldenburg vom 14.02.2006 – 2 Ca 400/05.

[130] Entwurf eines Gesetzes zur Stärkung der gesundheitlichen Prävention der Fraktionen SPD und Bündnis 90/Die Grünen vom 15.02.2005, BT-Drucks. 15/4833.

[131] *Gaul/Kulejewski/Süßbrich*, S. 308; *Rambach*, S. 474; *Hagemeister/von Steinau-Steinbrück*, S. 129.

folgern, dass das BEM ordnungsgemäß durchgeführt werden muss, um eine wirksame krankheitsbedingte Kündigung aussprechen zu können.

Argumentiert wird hier sinngemäß wie folgt: Kündigt ein Arbeitgeber dem Arbeitnehmer das Arbeitsverhältnis krankheitsbedingt, ohne ein betriebliches Eingliederungsmanagement durchgeführt zu haben, so hat der Arbeitgeber unter Umständen nicht das Erforderliche dafür getan, die Kündigung nach dem „*ultima-ratio-Prinzip*“ zu verhindern.[132] Siehe hierzu ausführlich unter „*Krankheitsbedingte Kündigung in Bezug zum BEM*“ in dieser Ausarbeitung.

Einführung des BEM

Das in § 84 Abs. 2 SGB IX normierte BEM ist ein spezielles Verfahren, mit dem die Ziele der Prävention wirksam gefördert werden sollen.

Bei der Einführung geht es um eine für die Beteiligten verbindliche Vorgehensweise, die sich an den betrieblichen Gegebenheiten orientiert und die dann im Einzelfall Anwendung findet. Das Konzept für ein BEM wird in einem Großbetrieb anders aussehen als in einem mittelständischen Betrieb oder in einem kleinen Handwerksbetrieb. In keinem Fall aber erfüllen lediglich Krankenrückkehrgespräche die Anforderungen.

Teamaufgabe

Folgende Personen oder Stellen sind in einem BEM zu integrieren:

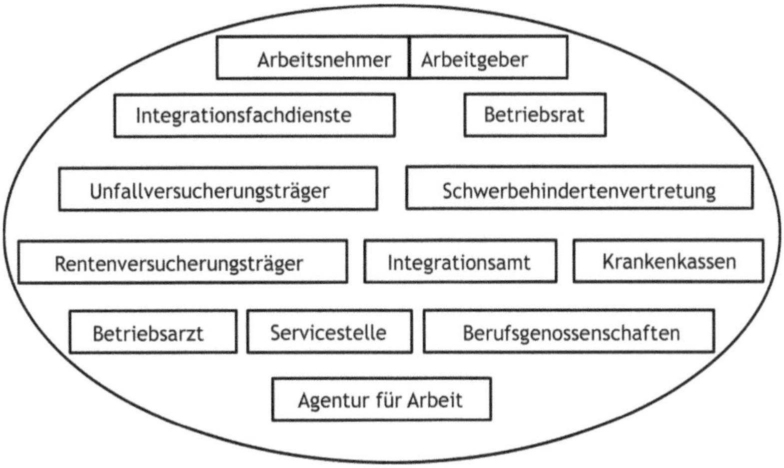

Abbildung 4: BEM ist eine Teamaufgabe

[132] Erklärend zur Einordnung: *Löw*, S. 608; *Rambach*, S. 474; *Brose*, S. 390, 393.

Das BEM ist eine Teamaufgabe. Der Arbeitgeber nimmt zunächst Kontakt mit dem Betroffenen auf, klärt mit ihm die Situation und bespricht die Ziele des BEM. Mit Zustimmung des Betroffenen schaltet der Arbeitgeber den Betriebsrat oder den Personalrat und bei schwerbehinderten und gleichgestellten behinderten Menschen die Schwerbehindertenvertretung sowie bei Bedarf den Betriebsarzt ein und klärt mit ihnen, mit welchen Hilfen eine schnelle Rückkehr in den Betrieb oder die Dienststelle möglich ist. An externen Partnern kann der Arbeitgeber die Rentenversicherungsträger, die Berufsgenossenschaften, die Krankenkassen, den Unfallversicherungsträger, die Agentur für Arbeit und bei schwerbehinderten und ihnen gleichgestellten Menschen das Integrationsamt und den Integrationsfachdienst hinzuziehen. Je nach Bedarf kann auch die gemeinsame Servicestelle eingeschaltet werden.

3.1.13.2.2 Kollektivrechtliche Voraussetzungen

Einbindung der zuständigen Interessenvertretung

Die Mitbestimmungspflicht bei der Einführung eines betrieblichen Eingliederungsmanagements kann sich aus den § 87 Abs. 1, Nr. 1, 7 BetrVG ergeben. Eine Entscheidung zur Mitbestimmung im konkreten Bereich gibt es nicht. Meinungen und Begründungen gehen hier auseinander.[133] Um keine rechtlichen Konsequenzen zu befürchten, sollte der Betriebsrat mit in die Einführung eines BME einbezogen werden.

3.1.13.2.3 Individualrechtliche Voraussetzungen

Zustimmung und Beteiligung der betroffenen Person

Innerhalb des BEM muss der Arbeitgeber für jeden Vorgang die Zustimmung des Arbeitnehmers zwingend einholen. Eine bestimmte Form für die Zustimmung ist nicht vorgesehen. Die Schriftform sollte aber aus Beweisgründen gewählt werden.

Einbeziehung des Werks- oder Betriebsarztes

Soweit es als erforderlich angesehen wird, ist der Werks- oder Betriebsarzt hinzuzuziehen. Wann es erforderlich ist, muss im Einzelfall entschieden werden. Hier sollten alle Beteiligten zusammen entscheiden. Die Zustimmung des Mitarbeiters ist zwingend erforderlich.

Hinweis auf die Ziele und auf Art und Umfang der für das BEM erhobenen Daten

Die jeweils betroffene Person oder ihr gesetzlicher Vertreter ist zuvor auf die Ziele des BEM sowie auf Art und Umfang der hierfür erhobenen und verwendeten Daten hinzuweisen.[134]

---

[133] Argumentation für eine Mitbestimmungspflicht: *Rambach*, S. 474; *Gaul/Kulejewski/Süßbrich*, S. 308, 310 f. a.A. *Balders/Lepping*, 864, 857;

[134] Entsprechende Formulierungsvorschläge wurden im Anhang beigefügt.

Heranziehung von Servicestellen und des Integrationsamts

Wenn für den Betroffenen Leistungen zur Teilhabe oder begleitende Hilfen im Arbeitsleben in Betracht kommen, so muss der Arbeitgeber die örtlichen Servicestellen oder bei schwerbehinderten Beschäftigten das Integrationsamt hinzuziehen. Deren Aufgabe ist es, darauf hinzuwirken, dass die erforderlichen Maßnahmen oder Hilfen unverzüglich durchgeführt und erbracht werden, gem § 14 Abs. 2, Satz 2 SGB IX spätestens innerhalb von drei Wochen.

3.1.13.2.4 Mindestanforderung an das BEM

Es gibt Mindestanforderungen[135] an ein BEM. Zur inhaltlichen Orientierung eignet sich das 5-Phasen-System. Danach wird Folgendes benötigt:

- ein System für das Erkennen von Problemen (Frühwarnsystem)
- Instrumente der Erfassung und Spezifizierung von Daten
- eine Schaltstelle im Unternehmen für die Verarbeitung, Entscheidung und Umsetzung
- die Umsetzung konkreter Maßnahmen
- eine Dokumentation und Evaluierung.

1. Ein System zum Erkennen von Problemen, d. h. dass ein „Frühwarnsystem" im Betrieb bestehen muss. Zufällig (z. B. sich aus Gesprächen ergebende) und routinemäßig ermittelte Daten (Fehlzeiten, Ergebnisse betriebsmedizinischer Untersuchungen, Ergebnisse aus Mitarbeiterbefragungen etc.) müssen - unter Wahrung der Persönlichkeitsrechte der Betroffenen - gesichtet, bewertet und auf bestehenden Klärungs- und Handlungsbedarf beurteilt und verarbeitet werden.

2. Instrumente der Erfassung und Spezifizierung. Häufig ist eine Verknüpfung der verschiedenen Daten erforderlich, um mögliche Handlungsbedarfe zu identifizieren. Weitere Maßnahmen zur Früherkennung und Erfassung sind denkbar.

3. Schaltstelle im Unternehmen für die Verarbeitung, Entscheidung und Umsetzung.

Die Zusammenarbeit der verschiedenen betrieblichen Akteure in einem gemeinsamen Integrationsteam als zentrale Schaltstelle muss geregelt sein. Das Integrationsteam ist die Sammelstelle für alle Informationen aus den Phasen 1 und 2. Die Daten müssen im Integrationsteam erörtert, verarbeitet und bewertet werden. Das Integrationsteam steuert die internen und externen Prozesse. Es trifft die Entscheidungen für allgemeine oder individuelle Maßnahmen und behält die Verantwortung für die Umsetzung und Qualitätssicherung der eingeleiteten Maßnahmen bis zur Nachsorge. Schließlich arbeitet das Integrationsteam auch mit den externen Partnern zusammen und sorgt hier für eine hinreichende Vernetzung.[136]

---

[135] Aufgestellt von der Bundesarbeitsgemeinschaft für Integrationsämter und Hauptfürsorgestellen (BIH) an die sich alle Integrationsämter halten.

[136] vgl. dazu grundlegend *Gagel*, S.1359, 1362.

4. Maßnahmen: Die Einleitung und Steuerung der einzelnen Maßnahmen liegt beim Integrationsteam.

5. Dokumentation und Evaluierung: Die Dokumentation ist eine Grundvoraussetzung für Ergebnissicherung, Verbesserungsprozesse, Auswertung und Erfolgskontrolle.

Um die Situation zu bestimmen, sollte die Prüfliste für das Integrationsteam z.B. folgende Fragen beinhalten:

- Seit wann ist der Mitarbeiter erkrankt?
- In welcher Form treten die Fehlzeiten auf? (langandauernd, häufige Kurzerkrankungen)
- Liegt eine Schwerbehinderung oder eine Gleichstellung vor?
- Findet eine kontinuierliche ärztliche Betreuung statt?
- Besteht ein Zusammenhang zwischen der Erkrankung und dem Arbeitsplatz?
- Sind medizinische Rehabilitationsmaßnahmen durchgeführt worden oder geplant?
- Liegen, bezogen auf den Arbeitsplatz, ein Anforderungs- und ein Fähigkeitsprofil vor?
- Kann die technische Ausstattung des Arbeitsplatzes optimiert werden?
- Können die Arbeitsbelastungen minimiert werden, z.B. durch organisatorische Veränderungen oder durch technische Verbesserungen?
- Gibt es geeignetere Einsatzmöglichkeiten für den Betroffenen?
- Gibt es Qualifizierungsbedarf?

3.1.13.2.5 Prämie für die Einführung eines BEM

Gem. § 84 Abs. 3 SGB IX kann der Arbeitgeber eine Prämien- und Bonivereinbarung mit Rehabilitationsträgern und Integrationsämtern treffen.

Unternehmen, die ein BEM einführen, können einen Teil der Kosten durch Prämien und Boni von Rehabilitationsträgern und Integrationsämtern erstattet bekommen. Langfristig dürfte sich zudem eine Reduktion der Kosten für die Lohnfortzahlung im Krankheitsfall einstellen.

Die gesetzgeberische Intention des § 84 Abs. 2 SGB IX kann sich somit positiv auf alle Beteiligten auswirken. Für:

- Arbeitnehmer, indem ihre Beschäftigungsfähigkeit wiederhergestellt bzw. verbessert wird,
- Arbeitgeber, indem ihnen langfristig qualifizierte Mitarbeiter erhalten bleiben und die Kosten für die Lohnfortzahlung im Krankheitsfall (z.B. im Jahr 2004 ca. 30 Mrd. Euro) reduziert werden,
- Rehabilitationsträger, indem diese ihre Leistungen effektiver erbringen können und damit zusammenhängend zur Stabilisierung ihrer Finanzen langfristig sozialversicherungspflichtige Beschäftigungs-verhältnisse erhalten bleiben.

Im Hinblick auf die arbeitsrechtlichen Implikationen empfiehlt es sich für Arbeitgeber, das betriebliche Eingliederungsmanagement einzuführen, um Rechtsnachteile zu verhindern.

In Bezug auf die zukünftige Beschäftigungsentwicklung in Deutschland[137] kann das BEM auch zu einem verbesserten Erhalt der Fachkräfte führen

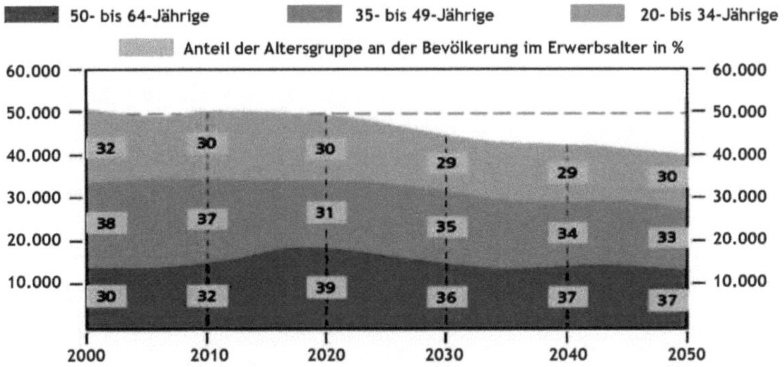

Abbildung 5: Altersstruktur der Erwerbsbevölkerung in Deutschland

Bei der momentan prognostizierten Beschäftigungs- und Erkrankungenentwicklung[138] in Deutschland ist es absehbar, dass das Erwerbspersonenpotenzial mehr und mehr zurückgehen wird. Unternehmen werden dadurch größere Probleme haben, geeignete Fachkräfte zu finden. Hier trägt das BEM im Idealfall dazu bei, dass das Beschäftigungspotenzial voll ausgeschöpft wird, indem erkrankte Mitarbeiter dem Arbeitgeber und dem Arbeitsmarkt erhalten bleiben. Unternehmen können sich durch die Einführung eines funktionierenden Wiedereingliederungsmanagements einen Wettbewerbsvorteil gegenüber Konkurrenten verschaffen.

3.1.13.2.6 Betriebs- und Integrationsvereinbarungen sowie Rechtsfolgen

Es empfiehlt sich, die genannten Regelungen in einer Betriebs- oder Integrationsvereinbarung festzuhalten. Zwar sieht das Gesetz keine unmittelbaren Konsequenzen bei Nichteinhaltung der Vorschrift vor, doch wurden mit der Vorschrift die Anforderungen an eine krankheitsbedingte Kündigung verschärft. Die Ziele des BEM bringen zum Ausdruck, dass eine Kündigung das letzte Mittel, die ultima ratio, sein soll. Bei der Wirksamkeitsprüfung einer krankheitsbedingten Kündigung ist die Pflicht des Arbeitgebers zur Durchführung

---

[137] *Ab 2002 Schätzwerte der 10. koordinierten Bevölkerungsvorausberechnungen. Variante 5 „mittlere" Bevölkerung: Mittlere Wanderungsannahme W2 (jährlicher Saldo von mindestens 200.000) und mittlere Lebenserwartungsannahme L2 (durchschnittliche Lebenserwartung 2050 bei 81 bzw. 87 Jahren); Statistisches Bundesamt 2003-15-0224.*

[138] *Rohmahn*, S. 55.

eines BEM zu untersuchen. Siehe hierzu unter „Krankheitsbedingte Kündigung in Bezug zum BEM“ in diesem Buch.

3.1.13.2.7 Krankheitsbedingte Kündigung in Bezug auf das BEM

Arbeitgeber sollten sich darauf einstellen, dass die Durchführung eines BEM in Zukunft zwar keine formelle Wirksamkeitsvoraussetzung für eine betriebsbedingte Kündigung darstellen wird, aber wohl eine erhöhte Darlegungs- und Beweislast an den Arbeitgeber im Kündigungsschutzprozess fordert.

Die Bedeutung des BEM für das Individualarbeitsverhältnis ist bislang vornehmlich im Zusammenhang mit krankheitsbedingter Kündigung thematisiert worden. Das Spektrum der Meinungen in der juristischen Fachliteratur reicht von dem Standpunkt, BEM sei Wirksamkeitsvoraussetzung für eine Kündigung bis hin zu Stimmen, die das BEM im Falle einer krankheitsbedingten Kündigung für bedeutungslos halten. Die hier ausgewerteten arbeitsgerichtlichen Entscheidungen gehen durchweg davon aus, dass das BEM keine formelle Wirksamkeitsvoraussetzung für eine Kündigung ist. Über die Bedeutung des BEM für den Kündigungsschutz gehen im Übrigen die Meinungen der Gerichte auseinander.

Das Arbeitsgericht Halberstadt[139] geht davon aus, dass das BEM, das in dieser Entscheidung auch als "Wiedereingliederungsmaßnahme" bezeichnet wird, nur dann für den Kündigungsschutz von Bedeutung ist, wenn ein entsprechender leidensgerechter Arbeitsplatz vorhanden ist. Das Gericht verkennt hiermit Gegenstand und Ziel des BEM. Durch das BEM sollen unter Beteiligung der in § 84 Abs. 2 SGB IX genannten - betriebsinternen und betriebsexternen - Akteure fachkundig alle Möglichkeiten geklärt werden, um eine nachhaltige Arbeitsfähigkeit zu erreichen. Mit der Annahme, dass kein leidensgerechter Arbeitsplatz für den Kläger vorhanden ist, nimmt das Arbeitsgericht ein denkbares Ergebnis des BEM vorweg, das möglicherweise am Ende des Klärungsprozesses des BEM stehen mag, aber keineswegs stehen muss.

Im zu entscheidenden Fall trug der Arbeitgeber vor, auf Nachfrage keine Informationen über die Wiederherstellung der Arbeitsfähigkeit erhalten zu haben. Es ist sehr zweifelhaft, ob dies für eine negative Gesundheitsprognose ausreichen kann. Möglicherweise wäre man in einem geordneten BEM-Verfahren - zu dem der Arbeitgeber rechtlich verpflichtet war - den Ursachen und auch den Abhilfemöglichkeiten der Arbeitsunfähigkeiten auf die Spur gekommen.

Einen anderen Ansatz verfolgten die Landesarbeitsgerichte Berlin[140] und Hamm[141]. Danach wird durch das BEM nach § 84 Abs. 2 SGB IX "*für den Fall der krankheitsbedingten Kün-*

---

[139] Arbeitsgericht Halberstadt Urteil vom 11.05.2005 - 3 Ca 114/05.

[140] LAG Berlin Urteil vom 27.10.2005 - 10 Sa 783/05.

[141] LAG Hamm Urteil vom 29.03.2006 – 18 Sa 2104/05.

digung das dem Kündigungsrecht ohnehin innewohnende „ultima-ratio-Prinzip“ verstärkend konkretisiert. Die in dieser Vorschrift genannten Maßnahmen geben dem Arbeitgeber mithin dasjenige Maß an Prüfung vor, das er zur Verhinderung der krankheitsbedingten Kündigung in den genannten Fällen zur Geltung bringen muss". Dem ist grundsätzlich zuzustimmen, wobei darauf hinzuweisen ist, dass nicht das BEM die im Vergleich zur Kündigung mildere Maßnahme ist. Das BEM konkretisiert und erhöht vielmehr die Anforderungen an die Darlegungs- und Beweislast des Arbeitgebers in Kündigungsschutzverfahren.

Diese Ansicht wird vom Bundesarbeitsgericht[142] bestätigt, indem es im genannten Urteil feststellt, dass das BEM kein formelles Wirksamkeitskriterium für eine krankheitsbedingte Kündigung ist.

Dies hat Auswirkungen auf die Erfolgsaussichten von Kündigungsschutzklagen. Der Arbeitgeber muss substantiiert darlegen, dass trotz fachkundiger Überprüfung und Beratung des Falles durch die in § 84 Abs. 2 SGB IX genannten Experten die Kündigung unvermeidbar ist. Gelingt dies dem Arbeitgeber nicht, scheitert die Wirksamkeit der Kündigung schon an der nicht hinreichend substantiierten Darlegung des Kündigungsgrundes. Keinesfalls kann sich der Arbeitgeber darauf zurückziehen, hiervon keine Kenntnis zu haben. Das Bundesarbeitsgericht[143] hat in einer neueren Entscheidung zum ähnlich gelagerten speziellen Präventionsverfahren für schwerbehinderte Menschen nach § 84 Abs. 1 SGB IX unmissverständlich klargestellt, dass sich der Arbeitgeber nicht auf Unwissenheit berufen kann. Da er - wie auch im Falle des BEM - gesetzlich zur Durchführung des Präventionsverfahrens verpflichtet ist, sind die entsprechenden Kenntnisse zu unterstellen.

Zu dem damit vom Arbeitgeber zu fordernden Sachvortrag dürfte es insbesondere gehören, qualifiziert darzulegen, ob und ggf. inwieweit die betrieblichen Gegebenheiten (mit)ursächlich für die Arbeitsunfähigkeit sind, dass der Arbeitsplatz den arbeitsschutzrechtlichen Mindestanforderungen genügt und warum durch Leistungen externer Stellen (Rehaträger, Integrationsamt) keine Abhilfe geschaffen werden kann.

---

[142] BAG Urteil vom 12.07.2007 – 2 AZR 716/06, Entscheidungen unter – http://www.Bundesarbeitsgericht.de.

[143] BAG Urteil vom 04.10.2005 – 9 AZR 632/04, BAGE, 116, 121.

Arbeitsgericht Halberstadt mit Urteil vom 11.05.2005 3 Ca 114/05	BEM (§ 84 Abs. 2 SGB IX) ist für den Kündigungsschutz nur von Bedeutung, wenn ein leidensgerechter Arbeitsplatz vorhanden ist.
Landesarbeitsgericht Berlin mit Urteil vom 27.10.2005 10 Sa 783/05	Das BEM (§ 84 Abs. 2 SGB IX) verstärkt das „ultima-ratio-Prinzip" im Kündigungsrecht.
Landesarbeitsgericht Hamm mit Urteil vom 29.03.2006 - 18 Sa 2104/05	
BAG mit Urteil vom 28.06.2007 6 AZR 750/06	Das BEM (§ 84 Abs. 2 SGB IX) stellt keine formelle Wirksamkeitsvoraussetzung für eine Kündigung dar.
BAG mit Urteil vom 12.07.2007 2 AZR 716/06	

Tabelle 3: Rechtsprechung zur Wiedereingliederung

Der Ansichten des LAG Berlin und Hamm sowie der BAG Urteile ist zufolgen. Das BEM ist somit keine formelle Wirksamkeitsvoraussetzung für eine krankheitsbedingte Kündigung, sondern es erhöht nur die Anforderungen an die Darlegungs- und Beweislast im Kündigungsschutzverfahren.

Diese Ansicht wird durch ein Urteil[144] vom 07.12.2006 verstärkt. Das BAG stellt fest, dass das Präventionsverfahren kein formelles Wirksamkeitskriterium darstellt. In diesem Urteil ist jedoch nicht der Abs. 2, sondern der Abs. 1 des § 84 SGB IX betroffen. Dieser Absatz betrifft somit nur schwerbehinderte Menschen. Die Tendenz der Rechtsentscheidungen deutet aber zumindest darauf hin, dass man diese Ansicht auch auf den Absatz 2 übertragen kann, und dies hat das BAG wie o.g. am 12.07.07 bestätigt.

Bundesarbeitsgericht mit Urteil vom 07.12.2006 - 2 AZR 182/06	Die Richter bewerteten das Präventionsverfahren (§ 84 Abs. 1 SGB IX) nicht als formelle Wirksamkeitsvoraussetzung für Kündigungen gegenüber Schwerbehinderten.

3.1.13.3 Sanktionen bei Verstößen

Das BEM kann von den zuständigen Interessenvertretungen gem. §§ 2a Abs. 1, Nr. 3a, 80 ArbGG in Verbindung mit §§ 95 Absatz 1, Ziffer 1, 84 Abs. 2, Satz 6 SGB IX im arbeitsge-

144 BAG Urteil vom 12.07.2006 – 2 AZR 182/06, Entscheidungen unter http://www.Bundesarbeitsgericht.de.

richtlichen Beschlussverfahren durchgesetzt werden.[145] Einige Autoren nehmen sogar an, dass das BEM von Arbeitnehmern eingeklagt werden kann.[146]

Auch Schadensersatzansprüche bei nicht durchgeführtem Eingliederungsmanagement sind nicht auszuschließen. In Betracht kommt hier z.B. eine Schadensersatzklage einer Krankenkasse auf Zahlung des Krankengeldes. Zudem kann eine vor Gericht angefochtene Kündigung für unwirksam erklärt werden.

3.1.14 Weitere Gesetze

Weitere Gesetze, die hier nicht weiter ausgeführt werden, da es den Rahmen dieser Arbeit sprengen würde, aber dennoch einen Bezug zum Gesundheitsschutz haben, sind:

3.1.14.1 Arbeitnehmerüberlassungsgesetz (AÜG)

Das AÜG kann hier genannt werden, jedoch ist das Ziel dieses Gesetzes nicht der Gesundheitsschutz. Aus dem häufigen Arbeitsplatzwechsel, denen die Leiharbeitnehmer regelmäßig innerhalb der ersten sechs Monate ausgesetzt sind, entsteht eine erhöhte Arbeitssicherheits- und Gesundheitsgefahr.[147] Dieser Auswirkungen sollten sich die Verleiher und Entleiher bewusst sein und entsprechende Maßnahmen vorsehen.

3.1.14.2 Allgemeines Gleichbehandlungsgesetz (AGG)

Auch das neue „Allgemeine Gleichbehandlungsgesetz (AGG)“ beinhaltet einzelne Bezüge zum Gesundheitsschutz. Diese sind aber nur indirekt ersichtlich und leiten sich aus dem Diskriminierungsverbot z. B. bezüglich des „Mobbings“ ab. In wieweit „Mobbing“ gesundheitliche Auswirkungen hat, wurde in den vorstehenden Ausführungen erläutert.

3.2 Verordnungen zum betrieblichen Gesundheitsschutz

Die folgenden Verordnungen wurden auf der Grundlage bestimmter oben aufgeführter Gesetze erlassen. Die beschriebenen Gesetze bilden die Grundlage für den arbeitsrechtlichen Gesundheitsschutz sowie für die Arbeitssicherheit. Aus dieser Tatsache folgt der Rückschluss, dass auch die Verordnungen einen Bezug zum Gesundheits- und Arbeitsschutz aufzeigen und bei ihrer Einhaltung zur Verbesserung des Gesundheitszustandes beitragen können und sollen.

Somit werden die nachstehenden Verordnungen nur kurz und allgemein beschrieben und ihre Bezüge zur Gesundheit werden nicht mehr ausführlich dagelegt. Die Verordnungen

---

[145] *Neumann/Pahlen/Majerski-Pahlen*, § 84 Rdnr. 16.

[146] *Gagel*, S. 1359, 1361.

[147] *Carl-Mattarocci,* Ein Kommen und Gehen; Arbeitschutz für Leiharbeitnehmer erfordert spezielle Maßnahmen, aus Akzente 3/2001.

konkretisieren regelmäßig die in den Gesetzen aufgestellten allgemeinen Grundsätze. Die Aufzählung der Verordnungen erfüllt nicht den Anspruch auf Vollständigkeit.

3.2.1 Unfallverhütungsvorschriften (UVV)

3.2.1.1 Allgemeines

Nach dem SGB VII sind die Berufsgenossenschaften Träger der gesetzlichen Unfallversicherung. Ihr Präventionsauftrag zielt auf die Verhütung von Arbeitsunfällen, Berufskrankheiten und arbeitsbedingten Gesundheitsgefahren sowie auf eine wirksame Erste Hilfe ab. Hierzu erlassen die Berufsgenossenschaften auf der Grundlage des § 15 SGB VII Unfallverhütungsvorschriften. Die Unfallversicherungsträger besitzen hiermit ein autonomes Recht, mit dem sie Schutzziele und Mindestnormen festlegen, die für Unternehmer und Versicherte verbindlich sind.[148] Die UVV der Berufsgenossenschaften sind keine Schutzgesetze i.S.v. § 823 II BGB, weil diese nicht die Allgemeinheit schützen, sondern nur die Unternehmer und die Versicherten.[149]

Es gibt eine Vielzahl an UVV, die zum Teil allgemein für alle gelten und großteils nur speziell für die jeweilige Branche. Grob sind die UVV wie folgt gegliedert:

A	Allgemeine Vorschriften Betriebliche Arbeitsschutzorganisation	**BGV A 1 ff.**
B	Einwirkungen	**BGV B 1 ff.**
C	Betriebsart/Tätigkeiten	**BGV C 1 ff.**
D	Arbeitsplatz/Arbeitsverfahren	**BGV D 1 ff.**

Zu jedem dieser Punkte (A bis D) gibt es weitere UVV. Einige davon sind durch weitere Vorschriften konkretisiert worden. Diese werden als BG-Regeln bezeichnet und mit „BGR“ beginnend abgekürzt. Zudem gibt es einige Durchführungsanweisungen (DA), die von den Unfallversicherungsträgern erlassen werden. Jede dieser Vorschriften ist eine UVV.

UVV betreffen immer den Arbeits- und Gesundheitsschutz und können aufgrund der Vielzahl der UVV nicht ausführlich und vollständig behandelt werden. Die Grundlegende und im Rahmen dieser Arbeit wesentliche UVV ist die BGV A1 und behandelt die Grundsätze der Prävention. Die Ziele und die grundsätzlichen Inhalte werden im folgenden Gliederungspunkt beschrieben.

---

[148] Vgl. *Kater/Leube*, § 15 SGB VII, Rn. 3, 4;

[149] BGH vom 2.6.1969, VerR 1969, 827.

3.2.1.2 BGV A1 „Grundsätze der Prävention“

Mit der BGV A1 führen die Berufsgenossenschaften den vom Gesetzgeber immer stärker in den Vordergrund gestellten Präventionsgedanken weiter aus, ergänzen diesen mit konkreten Anweisungen an den Unternehmer und erlassen die wesentlichen Bestimmungen über die Organisation des Arbeitsschutzes und über die im Betrieb zu treffenden Präventionsmaßnahmen. Durch diese Vorschrift wird die Umsetzung in die betriebliche Praxis erleichtert und dem Unternehmer werden Hilfestellungen zur Umsetzung der Präventionsmaßnahmen geboten.

Die Grundlagenvorschrift BGV A1 stellt eine enge Verknüpfung zwischen berufsgenossenschaftlichem Satzungsrecht und staatlichem Arbeitsschutzrecht dar. Die Verknüpfung ergibt sich aus § 2 Abs. 1 BGV A1, in der der Unternehmer verpflichtet wird, bei Präventionsmaßnahmen UVV und staatliche Arbeitsschutzvorschriften zu beachten.

In der offiziellen Begründung zur BGV A1 wird angenommen, dass der Unternehmer seiner Verantwortung für die Sicherheit und den Gesundheitsschutz der Versicherten nachkommt, wenn er die Grundlagenvorschrift sowie die BG-Regelwerke einhält bzw. zur Umsetzung heranzieht. Dem Unternehmer fällt die Verantwortung für die Durchführung der Präventionsmaßnahmen zu, wobei die Versicherten die Pflicht haben, ihn dabei zu unterstützen.

3.2.2 Arbeitsstättenverordnung (ArbStättV)

Die ArbStättV zielt im Kern ebenso wie das Arbeitsschutz- und das Arbeitssicherheitsgesetz auf den Schutz des Arbeitnehmers vor gesundheitlichen Gefahren und Gefährdungen des Arbeitslebens ab. Die ArbStättV vom 20.03.1975 ist am 25.8.2004 durch die neue ArbStättV[150] ersetzt worden. Die ArbStättV setzt die EG-Arbeitsstättenrichtlinie 89/654/EG[151] und die EG-Sicherheitskennzeichenrichtlinie 92/58/EWG in nationales Recht um.

Gem. § 3 ff. ArbStättV hat der Arbeitgeber die Arbeitsstätten so einzurichten, dass sie den allgemein anerkannten Anforderungen an sicherheitstechnischen, arbeitsmedizinischen und hygienischen Regeln sowie den sonstigen gesicherten arbeitswissenschaftlichen Erkenntnissen entsprechen. Dem Arbeitgeber wird somit auferlegt, sich um die allgemeinen Sicherheits- und Gesundheitsgefahren sowie um die besonderen Belange behinderter Arbeitnehmer zu kümmern. Zu den genannten Anforderungen gehören z.B., Sicherheitsbeleuchtung, Feuerlöscheinrichtungen, Signalanlagen, Notaggregate, die Einrichtung von

---

[150] BGBl. Teil I, Nr. 44 vom 24.8.2004, S. 2179 ff.

[151] Amtl. Anm.: Diese Verordnung dient der Umsetzung: 1. der EG-Richtlinie 89/654/EWG des Rates vom 30. November 1989 über Mindestvorschriften für Sicherheit und Gesundheitsschutz in Arbeitsstätten – ABl. EG Nr. L 393 S. 1; 2. der Richtlinie 92/58/EWG des Rates vom 24. Juni 1992 über Mindestvorschriften für die Sicherheits- und/oder Gesundheitsschutzkennzeichnung am Arbeitsplatz – ABl. EG Nr. L 245 S. 23.

Verkehrswegen, Fluchtwegen und Notausgängen und deren Freihaltung, dass Bereitstellen von Mitteln und Einrichtungen zur Ersten Hilfe, der Nichtraucherschutz sowie die Einrichtung von Sanitätsräumen, Pausen- und Bereitschaftsräumen.

Die Verordnung dient auch der praktischen Verwirklichung der in den Vorschriften des Betriebsverfassungsgesetzes und in den §§ 2, 3 ArbSchG enthaltenen Zielsetzung einer menschengerechten Gestaltung der Arbeit.

3.2.3 Lastenhandhabungsverordnung (LasthandhabV)

Die LasthandhabV setzt die EG-Richtlinie 90/269/EWG vom 19.5.1990 über Mindestvorschriften bezüglich der Sicherheit und des Gesundheitsschutzes bei der manuellen Handhabung von Lasten um. Insbesondere soll die Lendenwirbelsäule geschützt werden.[152] Diese Verordnung konkretisiert allgemeine Vorschriften aus dem ArbSchG in Bezug auf die Sicherheit und den Gesundheitsschutz.

Ziel der LasthandhabV ist die Erhaltung und Verbesserung von Sicherheit und Gesundheitsschutz der Beschäftigten im Umgang mit manuellen Handhabungen von Lasten, welche die Gesundheit gefährden könnten. Der Arbeitgeber hat bei der Durchführung von Arbeitsschutzmaßnahmen, im Hinblick auf das manuelle Handhaben von Lasten, den aktuellen Stand der Technik und sonstige gesicherte arbeitswissenschaftliche Erkenntnisse zu berücksichtigen. Die Verordnung schreibt ganz bewusst keine starren Regeln vor. Der Arbeitgeber hat so die Möglichkeit Arbeitschutzmaßnahmen auf die betrieblichen Gegebenheiten abzustimmen.[153] Die Verordnung legt besonderen Schwerpunkt auf die Wirbelsäule, da bestimmte Hebe- und Tragetätigkeiten schädigende Wirkung auf diese haben können. Aus diesem Grund sind seit dem 1.1.1993 bandscheibenbedingte Erkrankungen durch langjähriges Heben und Tragen schwerer Lasten als Berufskrankheit anerkannt.[154]

3.2.4 Betriebssicherheitsverordnung (BetrSichV)

Ziel der Betriebssicherheitsverordnung vom 27.9.2002 ist die Aufrechterhaltung und Verbesserung von Sicherheit und Gesundheitsschutz der Beschäftigten durch Maßnahmen des Arbeitsschutzes im Hinblick auf die Bereitstellung und Benutzung von Arbeitsmitteln einschließlich der Inbetriebnahme und des Betriebs überwachungsbedürftiger Anlagen[155] Ordnungspolitisch soll mit der BetrSichV ein einheitliches betriebliches Anlagensicherheitsrecht geschaffen werden, und zwar bei klarer Trennung von Beschaffenheit und Betrieb. Zugleich wird der Bereich der überwachungsbedürftigen Anlagen sowie das Verhältnis zwischen staatlichem Arbeitsschutzrecht und berufsgenossenschaftlichen Un-

---

[152] Abl. EG Nr. L 156 vom 21.6.1990, 9.

[153] *Wlotzke*, NJW 1997, 1472; vgl. *Doll*, SiS 1997, 9 sowie LfAS, 2004, S. 9, Rn 8.

[154] *Becker*, SozSich 1995, S. 100 ff; *Blome*, BG 1993, S. 426 ff; *Eilebrecht* BG 1993, S. 187 ff.

[155] Vgl. *Wilrich*, DB 02, 1553.

fallverhütungsvorschriften neu geordnet, um bestehende Doppelregelungen beseitigen zu können. Mit der Verordnung sind die zur Zeit über zahlreiche Verordnungen verstreuten Arbeitsschutzanforderungen für die Bereitstellung und Benutzung von Arbeitsmitteln und Anlagen, einschließlich des Betriebes überwachungsbedürftiger Anlagen zusammengefasst und an den aktuellen Stand des EG-Rechts angepasst worden.

3.2.5 Gefahrstoffverordnung (GefStoffV)

Im Rahmen einer Artikelverordnung zur Neufassung der Gefahrstoffverordnung sollen die durch das EG-Recht bedingten Rechtsvereinfachungen im Gefahrstoffbereich erfolgen. Die Novelle der Gefahrstoffverordnung konzentriert sich im Wesentlichen auf eine weitgehend inhaltsgleiche und sprachlich angepasste Umsetzung der einschlägigen EG-Richtlinien sowie auf die formale Angleichung des Aufbaus der Verordnung an das Arbeitsschutzgesetz. Anforderungen aufgrund der zu ratifizierenden ILO-Übereinkommen wurden in den Verordnungsentwurf eingearbeitet, soweit sie nicht bereits in den EG-Regelungen erkennbar enthalten sind. Die Art. 2 bis 16 dienen der Rechtsangleichung anderer Rechtsverordnungen an die novellierte Gefahrstoffverordnung. Kennzeichnend für die neue GefStoffV ist ein stärker gefährdungs- bzw. risikoorientierter Ansatz in Form eines sog. Schutzstufenmodells. Damit wird das Erfordernis eines systematischen Vorgehens auch beim Umgang mit Gefahrstoffen unterstrichen.

3.2.6 Sonstige Verordnungen

Einige weitere Verordnungen die die Arbeitssicherheit und den Gesundheitsschutz sichern und verbessern sollen:

- PSA-Benutzungsverordnung für Sicherheit und Gesundheitsschutz bei der Benutzung persönlicher Schutzausrüstungen – PSA-BV vom 4.12.1996, BGBl. I 1841.
- Bildschirmarbeitsverordung für Sicherheit und Gesundheitsschutz bei der Arbeit an Bildschirmgeräten – BildscharbV vom 4.12.1996, BGBl. I 1841.
- Verordnung über Sicherheit und Gesundheitsschutz bei der Benutzung von Arbeitsmitteln, AMBV vom 11.3.1997, BGBl. I 450.
- Mutterschutzrichtlinienverordnung zum Schutz der Mütter am Arbeitsplatz – MuSchRiV vom 15.4.1997, BGBl. I 782; BGBl. I 3758.
- Jugendarbeitsschutzuntersuchungsverordnung für die ärztlichen Untersuchungen nach dem Jugendarbeitsschutzgesetz – JarbSchUV vom 16.10.1990, BGBl. I 2221.
- Baustellenverordnung für Sicherheit und Gesundheitsschutz auf Baustellen – BaustellV vom 10.6.1998, BGBl. I 1283; BGBl. I, S. 3758.
- Biostoffverordnung zur Umsetzung von EG-Richtlinien über den Schutz der Beschäftigten gegen Gefährdung durch biologische Arbeitsstoffe bei der Arbeit – BioStoffV vom 27.1.1999, BGBl. I 50.
- Gewerbeordnung – GewO in der Fassung der Bekanntmachung vom 22. Februar 1999 BGBl. I S.202, zuletzt geändert durch Artikel 9 des Gesetzes vom 7. September 2007, BGBl. I S. 2246.

- Röntgenverordung – RöV Verordnung über den Schutz vor Schäden durch Röntgenstrahlen vom 30. April 2003, BGBl. I S. 604.
- Strahlenschutzverordnung – StrlSchV Verordnung über den Schutz vor Schäden durch ionisierende Strahlen vom 20. Juli 2001, BGBl. I S. 1714
- Störfallverordnung – StöV – BimSchV Zwölfte Verordnung zur Durchführung des Bundes-Immissionsschutzgesetzes vom 8. Juni 2005, BGBl. I S. 1598.
- Berufskrankheitenverordnung – BKV vom 31. Oktober 1997, BGBl. I S. 2623.
- Lärm- und Vibrations-Arbeitsschutzverordnung – LärmVibrationsArbSchV Verordnung zum Schutz der Beschäftigten vor Gefährdungen durch Lärm und Vibrationen vom 6. März 2007, BGBl. I S. 261.

4 Vorschläge für Gesundheitsmaßnahmen

Mit verschiedenen präventiv ausgerichteten Gesundheitsmaßnahmen können Krankheiten sowie die Schwere der Erkrankung reduziert oder sogar ganz verhindert werden. Bedarfsermittlungen[156] zeigen, dass folgende Krankheitsbilder von besonderer epidemiologischer Bedeutung sind:

- Herz-Kreislauferkrankungen (insbesondere Herzinfarkte, Schlaganfälle und Krankheiten des cerebro-vaskulären Systems),
- Diabetes mellitus, insbesondere Typ II,
- Bösartige Neubildungen,
- Krankheiten des Skeletts, der Muskel und des Bindegewebes,
- Krankheiten des Nervensystems und der Sinnesorgane sowie
- psychische/psychosomatische Krankheiten.

Um diesen Krankheitsbildern entgegenzuwirken, werden präventive Interventionen empfohlen[157]. Empfohlene Maßnahmen bzw. Verhaltensweisen haben regelmäßig einen positiven Einfluss auf mehrere Krankheitsbilder. Z.B. wird in vier der sechs Kategorien auf die Vermeidung von Übergewicht bzw. die ausgewogene Ernährung hingewiesen, in drei der sechs Kategorien speziell auf Bewegung und Kräftigung der Muskulatur. Bei der Planung, Einführung und Umsetzung einiger der folgenden Maßnahmen und speziell auch für die Beurteilung der Notwendigkeit von Maßnahmen für bestimmte Personengruppen sollte ein Betrieb bzw. Unternehmen mit den Krankenkassen zusammenarbeiten.

Regelmäßig werden Angebote zur Gesundheitsförderung und Prävention häufiger von Personen wahrgenommen, die eine geringere Gesundheitsgefährdung und einen höheren Sozialstatus aufweisen. Die Krankenkassen wurden deshalb vom Gesetzgeber gem. § 20 Abs. 1 SGB V aufgefordert, diesen Ungleichheiten entgegenzuwirken. Hierfür sieht jede Krankenkasse spezielle Budgets vor, mit denen auch die betriebliche Gesundheitsförderung als eine Einheit des „Settings[158]" gefördert werden kann und soll. Somit können im Betrieb gesundheitsförderliche Maßnahmen angeboten werden, die wenigstens teilweise von der Krankenkasse finanziert werden. Das Unternehmen erhält somit einen Vorteil durch die

---

[156] Statistisches Bundesamt (Hrsg) 1998: Gesundheitsbericht für Deutschland, Wiesbaden; Jahres- und Sondergutachten des Sachverständigenrats für die konzertierte Aktion im Gesundheitswesen, insbesondere die Jahrgänge 1994 bis 1997; Spezifische Expertisen der Bundeszentrale für gesundheitliche Aufklärung, Köln 1998, z.B. „Gesundheit von Kindern – Epidemiologische Grundlage".

[157] Statistisches Bundesamt (Hrsg.) ebd.

[158] Unter Settings werden soziale Systeme verstanden, die einen starken Einfluss auf die Gesundheit ausüben und in denen zugleich die Bedingungen von Gesundheit auch gestaltet und beeinflusst werden können.

ersparten Kosten sowie durch den langfristig verbesserten Gesundheitszustand der Mitarbeiter.

Die von den Krankenkassen finanzierten Maßnahmen stellen allerdings bestimmte allgemeine und spezielle Anforderungen an die Qualität und Durchführung der Maßnahmen.

Allgemeine Anforderungen sind z.B.:

- Ein Trainermanual sowie Teilnehmerunterlagen müssen vorliegen,
- angemessene räumliche Voraussetzungen müssen gegeben sein sowie
- eine angemessene Personenzahl, welche die Gruppe umfassen darf.

Spezielle Anforderungen sind z.B.:

- Es muss ein Bedarf bestehen.
- Es muss ein Gesamtkonzept vorliegen, in das die Maßnahmen eingebunden werden.
- Zielformulierung und Zielkonkretisierung
- Aufgabenverteilung
- Einigung über Qualitätsmanagement
- Durchführung
- Evaluation

In die Maßnahmen werden Fachkräfte mit einer entsprechenden staatlich anerkannten Ausbildung in Planung, Durchführung und Umsetzung mit einbezogen.

Bei der Einführung einiger der folgenden Gesundheitsmaßnahmen sind neben den allgemeinen arbeitsrechtlichen Vorschriften insbesondere entgeltrechtliche sowie steuerrechtliche Aspekte zu berücksichtigen.

4.1 Betriebsarztsystem

Zu einem umfassenden Gesundheitsmanagement gehört die Einbindung des Betriebsarztes in alle gesundheitlichen Maßnahmen, um eine fachliche und qualifizierte Beratung und Unterstützung zu gewährleisten. In Unternehmen mit mehr als einem Betrieb sollte die Vernetzung der einzelnen Betriebsärzte sichergestellt werden, um für einen guten Kommunikations- und Erfahrungsaustausch zu sorgen. Der Betriebsarzt sollte in ständiger Kommunikation und Abstimmung mit der Geschäftsführung zusammenarbeiten und einen regelmäßigen Plan für z.B. folgende Maßnahmen aufstellen:

4.1.1 Impfungen

Allgemein bekannt und auch mittlerweile für viele Personen Routine, ist der präventive Schutz vor Krankheiten durch Impfungen. Für einige Impfungen werden von den Krankenkassen die Kosten übernommen. Ein Betrieb kann durch die räumlich und fachlich bereitgestellten Ressourcen dazu beitragen, dass Mitarbeiter diese krankheitsvorbeugenden Maßnahmen durchführen. Die Impfung kann durch den Betriebsarzt im Behandlungszimmer durchgeführt werden. Die Kosten können entweder durch die Krankenkassen oder vom

Unternehmen bzw. teilweise vom Mitarbeiter und Unternehmen getragen werden. Die vom Gesetzgeber gem. § 20 SGB V aufgestellte Forderung, dass die Krankenkassen verstärkt Prävention betreiben, wird vermutlich zukünftig zu einer erhöhten Impfkostenübernahme führen. Die im Betrieb stattfindende Impfmöglichkeit kann während oder außerhalb der Arbeitszeit stattfinden. Zudem kann überlegt werden, ob die Impfung im Betrieb auch Familienangehörigen ermöglicht wird (Vereinbarkeit von Familie und Berufstätigkeit).

4.1.2 Sehtest, Hörtest, Allergietest, Screening für Bildschirmarbeitsplätze

In einigen Betrieben finden Untersuchungen wie Seh-, Hör- oder Allergietests in den Einstellungsuntersuchungen statt. Darüber hinaus könnte der Betriebsarzt diese regelmäßig wiederholen, um frühzeitig auf Veränderungen reagieren zu können. Gewerbliche Arbeitnehmer sind häufig einem erhöhten Lärmpegel ausgesetzt, der zu einer Hörschwäche führen kann, oder verschiedensten Schadstoffen, die Allergien auslösen können. Eine Sehstörung kann Haltungsschäden verursachen und somit langfristig Beschwerden im Bewegungsapparat auslösen, die im schlimmsten Fall zur Arbeitsunfähigkeit führen können. Um eine falsche Haltung am Bildschirmarbeitsplatz zu vermeiden, sind somit über die gem. der Bildschirmarbeitsplatzverordnung hinausgehenden Maßnahmen, wie z.B. ein Sehtest, wichtig.

4.1.3 Betriebsbegehung

Der Betriebsarzt könnte regelmäßige Betriebsbegehungen in seine Arbeit einbinden, um aus medizinischer Sicht Arbeitsplätze sowie die Arbeitsumgebung zu beurteilen. Die Betriebsbegehung könnte zur Effektivierung gemeinsam mit der Fachkraft für Arbeitssicherheit unternommen werden.

4.2 Sport und Fitness

Dem Gesundheitssport kommt durch Veränderungen im Anforderungs- und Belastungsbereich des Arbeitslebens, vor allem auch durch die Zunahme psychischer Anforderungen und Belastungen sowie durch einseitige körperliche Belastungen im Arbeitsprozess, eine besondere Bedeutung zu. Relativ viele Arbeitstätigkeiten sind nicht nur aus psychologischer Sicht, sondern auch ergonomisch[159] nicht optimal. Die Folgen sind Fehlregulationen von Organen oder Organsystemen (Herz-Kreislauf-, Magen-Darm-System etc.) sowie körperliche Verspannungen und Fehlhaltungen. Durch regelmäßiges, sportmethodisch fundiertes körperliches Training in Form von Gymnastik und Stretching, Bewegungen, Laufen, Wandern und Kraftübungen können insbesondere das Herz-Kreislauf-System und der Bewegungsapparat stabilisiert werden. Grundsätzlich trägt es zu einer Verbesserung der allgemeinen Kondition bei, die sich aus Ausdauer, Kraft, Schnelligkeit, Beweglichkeit und

[159] Vgl. *Fielding*, J.E. 1989

Koordination zusammensetzt. Gezielte sportliche Aktivitäten bieten also eine ideale Möglichkeit, gesundheitlichen Schäden vorzubeugen und die Gesundheit zu stärken.

4.2.1 Kooperation mit Fitnessstudios und Sportvereine

Ein Unternehmen kann für alle Betriebe einen Vertrag mit den jeweils am Betriebsort ansässigen Fitnessstudios und Sportvereinen schließen. Wesentlicher Vertragsinhalt sollte sein, dass das Unternehmen bzw. der Betrieb einen monatlichen oder jährlichen Beitrag an das Fitnessstudio oder an den Sportverein zahlt und somit Mitarbeitern Vergünstigungen beim Eintritt bzw. bei der Mitgliedschaft eingeräumt werden. Mit dieser Maßnahme kann das Unternehmen die Fitness und körperliche Leistungsfähigkeit seiner Mitarbeiter erhöhen und erhält somit als Nutzen einen gesteigerten Motivations- und Zufriedenheitsgrad der Mitarbeiter. Neben dem gesteigerten Wohlbefinden ist für das Unternehmen die damit einhergehende höhere Leistungsfähigkeit der Mitarbeiter ein wesentlicher Wirtschaftlichkeitsfaktor.

Alternativ zum monatlichen oder jährlichen Beitrag könnte das Unternehmen jedem Mitarbeiter, der einem Sportverein oder einem Fitnessstudio beitritt, den gesamten Beitrag oder einen Anteil erstatten. Eine Vereinsmitgliedschaft muss klar erkennbar dazu geeignet sein, positiv auf den Gesundheitszustand des Mitarbeiters Einfluss zu nehmen.

Vereine, die mehrere Sportmöglichkeiten und Sparten (Fitnessstudio, Tennisanlage, Sauna, Sport- und Gymnastikräume, usw.) gleichzeitig anbieten können, sind in dieser Hinsicht besonders geeignet.

4.2.2 Gesundheitsförderlicher Betriebssport / betrieblicher Fitnessraum

Unternehmen könnten durch unterstützende Ressourcen und evtl. Anreizmöglichkeiten Betriebssportarten anbieten und fördern. Es dient der Leistungsfähigkeit der Mitarbeiter und fördert die Kommunikation zwischen den Beschäftigten untereinander sowie die Verbindung zwischen den Beschäftigten und dem Unternehmen. Gesundheitsförderliche Betriebssportarten können z.B. sein: Schwimmen, Walken, Wandern, Joggen, Volleyball, Tennis, Radfahren, Training im Fitnessstudio usw. Diese Sportarten könnten vom Unternehmen auch abwechselnd, aber regelmäßig angeboten werden. Mit einer angemessenen Vorankündigung könnte unter anderem ein Betriebsfitnessstudiotag angeboten werden. Als besonderes Lockangebot kann der Arbeitgeber für eine regelmäßige (z.B. einmal pro Woche) Teilnahme am Betriebssport einen Teil der aufgewendeten Zeit als Arbeitszeit gutschreiben.

Die Planung und Organisation kann auch Mitarbeitern überlassen werden, die hierzu freiwillig bereit sind. Diese Mitarbeiter könnten hierfür eine kleine Unterstützung erhalten oder eine Freistellung von der Arbeit für die aufgewendete Zeit.

Die geplanten Maßnahmen sollten frühzeitig im Unternehmen über Aushänge, E-Mail und Belegschaftsversammlungen bekannt gegeben werden.

Für den Betriebssport könnte das Unternehmen Räumlichkeiten zur Verfügung stellen bzw. Hallen, Sportplätze usw. anmieten. Weitere Ressourcen, z. B. Geräte und ausgebildete Trainer, könnte das Unternehmen unterstützend anbieten.

Das Unternehmen bzw. der Betrieb kann eigene Fitnessräume einrichten, in denen sich die Mitarbeiter kostenlos oder gegen einen kleinen Betrag (Kostendeckung) zur Erhaltung ihrer Leistungsfähigkeit sportlich betätigen können.

4.3 Belegschaftsversammlungen nach einem Unfall

Um jedem Mitarbeiter die Wichtigkeit der Arbeitssicherheit und des Gesundheitsschutzes im Betrieb deutlich zu machen, könnte nach jedem schwereren Betriebsunfall eine Belegschaftsversammlung angesetzt werden. Ziel dieser Belegschaftsversammlung ist, eine Unfallanalyse aufzustellen sowie Verbesserungsvorschläge zu besprechen, damit Wiederholungen vermieden werden. In einer solchen Versammlung werden alle Mitarbeiter mit in die Auswertung des Arbeitsunfalls einbezogen. – dies wird bereit in einem Konzernunternehmen[160] praktiziert.

4.4 Die gesunde Kantine/Ernährung

Der Ernährung wird eine zentrale Rolle sowohl bei der Entstehung bestimmter Erkrankungen, als auch für die Erhaltung der Gesundheit zugeschrieben.

Vor diesem Hintergrund kann eine Kantine zur betrieblichen Gesundheitsförderung genutzt werden. Menüs sollten von einem Ernährungsberater auf einen abwechslungsreichen und ausgewogenen Speisenplan überprüft werden. So sollten z.B. fettreduzierte Gerichte, Fitness-Menüs, vegetarische Gerichte, Vollwert- und Trennkostgerichte sowie Gemüse, Salat, Obst und Säfte keine Seltenheit im Speiseplan sein. Der Ernährungsexperte sollte sich mit der Kantinengeschäftsführung beraten, wie in einem langfristigen Menüplan positiv auf die gesunde Ernährung Einfluss genommen werden kann. Das Unternehmen müsste hierfür finanzielle Mittel zur Verfügung stellen, damit ein Ernährungsberater bestellt werden kann und damit die tendenziell eher teureren „gesunden Menüs“ auch noch zu einen angemessenen und anlockenden Preis für die Mitarbeiter zu bekommen sind.

[160] Das Unternehmen aus dem Konzern hat 60 Beschäftigte und führt nach jedem mindestens schweren Unfall eine Belegschaftsversammlung zur Unfallaufarbeitung durch.

Kurzfristig	Langfristig
Leistungsabfall	Übergewicht
Konzentrationsschwäche	Fettstoffwechselstörungen
Kopfschmerzen	Diabetes mellitus
Kreislaufstörungen	Bluthochdruck
Verdauungsbeschwerden	Herz-Kreislauferkrankungen
	Gicht
	Erkrankungen der Bauchspeicheldrüse
	Erkrankungen der Leber

Tabelle 4: Risiken ungünstiger Ernährungsgewohnheiten

In der Kantine sowie im Unternehmen könnten Informationsbroschüren und Kontaktadressen zur Ernährungsberatung oder Diät-Kochkursprogramme ausgelegt werden und Unternehmer könnten ihre Mitarbeiter finanziell oder im Rahmen der Arbeitszeitgestaltung unterstützen, solche Kurse zu besuchen.

In Unternehmen und Betrieben ohne Kantine empfiehlt es sich, Arbeitnehmerumfragen bezüglich ihres Essverhaltens durchzuführen, um nach einer Auswertung Empfehlungen und Verbesserungsvorschläge aufzuzeigen. Getränke- und Verpflegungsautomaten könnten auf gesundheitsbewusste Ernährung abgestimmt und befüllt werden.

4.4.1 Richtig essen bei Schichtarbeit

Alle Körperfunktionen des Menschen unterliegen einem angeborenen Tages- und Nachtrhythmus (Zirkadian-Rhythmus), der auch als innere Uhr bezeichnet wird und nur schwer zu beeinflussen ist. So schaltet der Körper am Tage auf Leistungsbereitschaft und in der Nacht auf Erholung und Ruhe. Während der Nacht sinken Puls und Blutdruck sowie die Produktion der gesamten Verdauungssekrete und die Leberleistung; das Wärmebedürfnis ist dagegen deutlich erhöht. Die meisten biologischen und psychischen Vorgänge im Körper unterliegen diesem Zirkadian-Rhythmus, der vom Gehirn aus gesteuert wird und eng an Lichtreize auf die Augen geknüpft ist. Wird dem Körper durch die Umgebungshelligkeit ein typischer Tag-Nacht-Rhythmus suggeriert, kann sich die Ausschüttung von Verdauungsenzymen auf die Nacht anpassen. Der Körper findet seinen "neuen Rhythmus" jedoch erst nach längerer Einstellung auf diese Nachtarbeit wieder.

Viele Nachtschichtarbeiter klagen über Schlafprobleme, Müdigkeit, Appetitstörungen oder über Magen-Darm- und Herz-Kreislauf-Erkrankungen. Dauerhaft zu wenig Schlaf führt zu erhöhter Reizbarkeit, Kopfschmerzen und schlechter Laune. Nachtschicht bedeutet somit ein Arbeiten gegen den biologischen Rhythmus. Dies hat zur Folge, dass die Leistungsfähigkeit am Abend und während der Nacht nicht der entspricht, die am Tage vorhanden ist. Die Konzentrationsfähigkeit nimmt nachts ab, das absolute Leistungstief stellt sich gegen ca. 3 Uhr nachts ein. Zu diesem Zeitpunkt sinken die Aufmerksamkeit, die Konzentrationsfähigkeit und das Durchhaltevermögen merklich. Fehler werden zu dieser Zeit am häufigsten begangen. Im Hinblick auf die Leistungsfähigkeit, aber auch bezüglich der häufig diagnostizierten Störungen im Magen-Darm-Bereich sowie im Herz-Kreislauf-System, kommt der Ernährung eine erhebliche Bedeutung zu. Besonders wichtig ist die Einnahme der Mahlzeiten zum richtigen Zeitpunkt und in der richtigen Zusammensetzung. Durch eine regelmäßige Nahrungsaufnahme lassen sich Appetitlosigkeit und Magen-Darm-Störungen weitgehend reduzieren.[161]

4.4.2 Ernährung bei Nachtarbeit

Die typische Arbeitszeit bei Nachtschicht liegt zwischen 22 Uhr und 6 Uhr. Die Nachtverpflegung sollte möglichst leicht bekömmlich sein, da der gesamte Verdauungstrakt sich nachts im Ruhezustand befindet und nicht darauf vorbereitet ist, größere Mengen schwer verdauliche Nahrung zu verarbeiten. Kohlenhydratreiche Mahlzeiten vermitteln ein Gefühl der Wachheit; fette und kalorienreiche, üppige Mahlzeiten dagegen verstärken die Müdigkeit zusätzlich. Optimal für Nachtarbeiter sind also Mahlzeiten mit hohem Anteil an Eiweiß (Milch- und Milchprodukte, mageres Fleisch oder Fisch) und Kohlenhydraten (Kartoffeln, Vollkornprodukten, Reis, Nudeln), ungünstig sind fettreiche, schwer verdauliche und frittierte Speisen. [162]

4.5 Personalwasser

Jeder Arbeitnehmer könnte zur Verbesserung der Gesundheit und speziell der Leistungsfähigkeit Personalwasser zur Verfügung gestellt bekommen.

Warum?:

Flüssigkeitsverluste von nur 2 % des Körpergewichts senken bereits spürbar die körperliche und geistige Leistungsfähigkeit in Beruf und Freizeit. Es drohen Kopfschmerzen und Konzentrationsstörungen. Wer sich körperlich anstrengt, verbraucht mehr Flüssigkeit.

Der Körper verliert täglich 2,5 bis 3 Liter Flüssigkeit, die er über Haut, Nieren, Darm und Lunge ausscheidet. Durch die Nahrung wird täglich etwa ein Liter Flüssigkeit wieder zugeführt. Die Differenz – also 1,5 bis 2 Liter – müssen mit Getränken ausgeglichen werden – am besten mit Wasser.

Durst ist ein Alarmsignal

Grundsätzlich gilt: Nie so lange warten, bis man durstig ist! Durst ist ein Alarmsignal - dann ist unser Flüssigkeitspegel bereits unter das erforderliche Maß gesunken! Problematisch wird es, wenn das Warnsignal auf Grund eines verminderten Durstgefühls nicht wahrgenommen wird, wie das häufig bei älteren Menschen der Fall ist. Aber auch bei Ablenkung durch konzentriertes Arbeiten oder bei langen Autofahrten wird das Durstgefühl

---

[161] Institut für betriebliche Gesundheitsförderung BGF GmbH, IN-Nachrichten Ausgabe 2/2003.

[162] Ebd.

schon einmal unterdrückt oder von anderen Reizen überlagert. Um einen ausgeglichenen Flüssigkeitshaushalt sicherzustellen, ist es wichtig, regelmäßig zu trinken – auch wenn man keinen Durst verspürt. Trinken sollte - wie Essen - ganz selbstverständlich in den Alltag integriert werden, damit der Flüssigkeitsverlust des Körpers kontinuierlich ersetzt wird und Durst gar nicht erst entsteht.[163]

4.6 Sozialberatung

Immer deutlicher wird die Zunahme von psychomentaler Belastung im privaten wie auch im beruflichen Alltag. Aus diesem Grund ist der Arbeitgeber verstärkt gefordert, eine aktive Rolle bei der Sozialberatung zu übernehmen.

Im Idealfall werden dem Mitarbeiter qualifizierte Psychologen, Psychotherapeuten und Sozialpädagogen angeboten, bei denen er sich anonym in privaten wie beruflichen sozialschwierigen Situationen beraten lassen kann. In solch einem Konzept müssen auch Angehörige oder Lebensgefährten sowie Freunde die Möglichkeit haben, an diesen Beratungen teilzunehmen. Vertiefend hierzu im folgenden Punkt VIII „Stressbewältigung und Entspannung.

4.7 Sucht und Suchtprävention

Suchtmittelkonsum beeinträchtigt auf vielfältige Weise auch im Beruf die individuelle Leistungsfähigkeit, Arbeitsqualität und Arbeitssicherheit. Dabei spielen eine Vielzahl unterschiedlicher Rausch- und Suchtmittel eine Rolle. Um der Bedeutung dieses Themas und dem Wunsch der Personalleitung des unten dargestellten Unternehmens Rechnung zu tragen, wird dieses Thema nachstehend in einem eigenen Kapitel beschrieben.

4.8 Stressbewältigung und Entspannung

4.8.1 Belastung und Beanspruchung

Innerhalb der deutschsprachigen Arbeitswissenschaft[164] sowie in der DIN EN ISO 10075 werden die Begriffe „Belastung" und „Beanspruchung" einheitlich definiert. Belastung ist danach *„die Gesamtheit der erfassbaren Einflüsse, die von außen auf den Menschen zukommen und auf ihn psychisch einwirken"*[165]. Beanspruchung wird definiert als *„die individuelle, zeitlich unmittelbare und nicht langfristige Auswirkung der auf den Menschen, in*

[163] Ebd., Ausgabe 2/2006.

[164] Als Basismodell für die arbeitswissenschaftliche Belastungs-Beanspruchungsforschung gilt das Konzept von *Rohmert*, S. 193-200.

[165] Definition der psychischen Belastung und Beanspruchung in DIN EN ISO 10075-1 (2001).

Abhängigkeit von seinen individuellen Voraussetzungen und seinem Zustand einwirkenden Belastungen, bezeichnet"[166].

Die folgende Abbildung 6 zeigt den Zusammenhang zwischen dem Arbeitsleben und den Belastungen und Beanspruchungen:

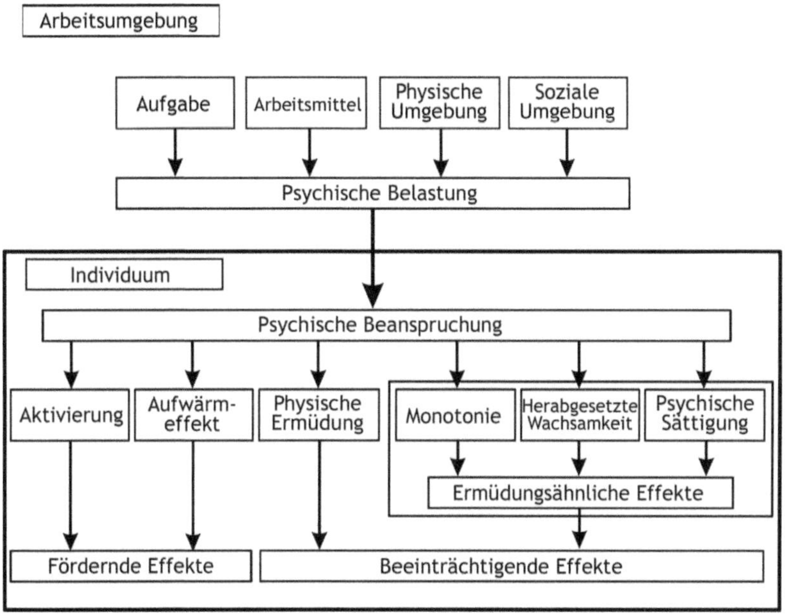

Abbildung 6: konzeptuelle Zusammenhänge zwischen Belastung und Beanspruchung nach DIN EN ISO 10075-1:2000-11[167]

Um die Belastungen zu analysieren, können folgende sechs Hauptkriterien betrachtet werden:[168]

- ihre Herkunft,
- ihre Qualität,
- die Möglichkeit, sie zu beeinflussen,
- die Möglichkeit, ihr Auftreten vorherzusehen,
- ihre zeitliche Struktur,
- die Art ihrer Auswirkungen auf die Betroffenen.

---

[166] Ebd.

[167] *Nachreiner*, S. 520; vgl. Ulich/*Schäffer-Poeschel*, Zur Unterscheidung von psychischer Ermüdung, Monotonie und psychischer Sättigung, 2001.

[168] *Schönpflug*, S. 144 ff.

An dieser Aufzählung wird deutlich, dass durch verschiedenste Umgebungsbedingungen dieselbe Belastung hervorrufen werden kann, die dann Beanspruchungen zur Folge hat. Beanspruchungen können in ihrer Folge negativ oder positiv sein. Negativ sind sie dann, wenn sie psycho- und physiologische Symptome hervorrufen, die gesundheitsschädlich sind. Als positiv gelten die Beanspruchungen, wenn sie nützliche, lohnende und persönlichkeits- sowie gesundheitsförderliche Auswirkungen haben.[169]

Beanspruchungen haben auch immer eine sog. Auslösefunktion. Folgt auf eine bestimmte Belastung eine Beanspruchung (z. B. Ermüdung), so wird ein Bewältigungsprozess ausgelöst.[170] Das hat also zur Folge, dass der Mensch lernt wie er die Beanspruchung überwinden und wie er sich zukünftig vorbeugend verhalten kann. Somit geht die Auslösefunktion regelmäßig mit einer Lernfunktion einher. Eine Beanspruchung ist also Voraussetzung für das Lernen.[171]

Arbeitsbedingte Belastungen können im Unternehmen auf unterschiedlichste Weise beeinflusst werden, z. B. durch:

- Führungsverhalten,
- Kommunikation,
- Aufgabenverteilung,
- Gesundheitsmaßnahmen,
- Arbeitsorganisation (z. B. Gruppenarbeit),
- Qualifizierungsmaßnahmen.

Mit Hilfe dieser Möglichkeiten, könnten Belastungen so beeinflusst werden, dass sie überwiegend positive Beanspruchungen auslösen.

4.8.2 Stress

In neusten Untersuchungen[172] ist festgestellt worden, dass 50 bis 75 Prozent aller Arztbesuche durch psychische Überbelastungen hervorgerufen wurden. Die Verordnung von Medikamenten wie Antidepressiva oder Schlafmittel nimmt konstant zu. Vermehrt werden diese Medikamente von Patienten verlangt. In Seminaren können Techniken erlernt werden, mit denen sich Stress verhindern lässt oder mit denen man besser umzugehen lernt.

Der Begriff *Stress* ist von den soeben beschriebenen Begriffen *Belastung* und *Beanspruchung* nur schwer abzugrenzen. Stress wird zwar anders definiert, gleicht aber in seiner Erklärung zu großen Teilen den Ausführungen zur Belastung und Beanspruchung.

---

[169] Wieland-Eckelmann, S. 28.

[170] *Nitsch/Udris*, S. 12.

[171] Ebd.

[172] SKOLAMED newsletter, 1/2006.

Stress kann beschrieben werden als, „ein tatsächlich vorhandenes oder auch nur subjektiv wahrgenommenes Ungleichgewicht zwischen Zielen und Möglichkeiten bzw. zwischen Bedürfnissen und Angeboten“.[173]

Greif unterscheidet sechs theoretische Aspekte, die nach subjektiver Bewertung Auslöser von Stress sein können:[174]

- „Die subjektive Wahrscheinlichkeit der Aversität[175] der Situation,
- die Intensität der Aversität der Situation,
- der Grad der Kontrollierbarkeit der Situation,
- die Wichtigkeit für die Person, die Situation zu vermeiden,
- die zeitliche Nähe der Situation und
- ihre erwartete Dauer.“

Folgen von länger andauerndem Stress, deren Stressoren[176] subjektiv als nicht bewältigbar erscheinen, können neben Beeinträchtigungen von Befinden, Leistung und Erkrankung[177] auch *„Störungen im Sozialverhalten und in der Persönlichkeitsentwicklung“*[178] sein.

Meinungen in der Literatur[179] diskutieren den Begriff *„Herausforderung“* kontrovers im Zusammenhang mit Stress. In dieser Diskussion geht es um die Frage, ob Stress eine Herausforderung sein kann, die leistungsfördernd ist. Die Wirkungsweise von Stress, kann so zwei Verläufe haben:

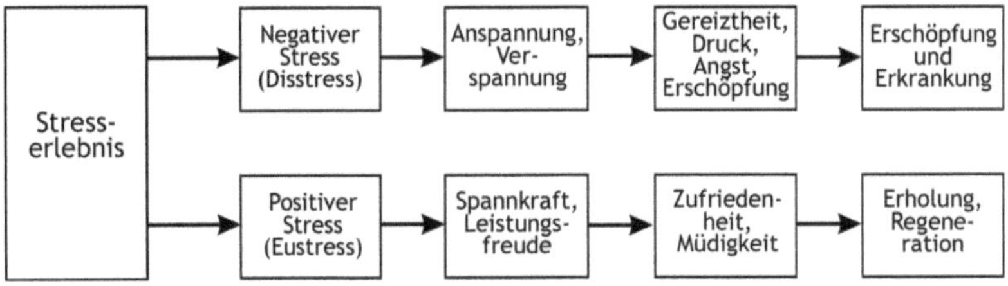

Abbildung 7: Wirkungsweise von Stress[180]

[173] *Schuler, H/Semmer/Udris*, S. 172.

[174] *Greif*, S. 434 ff.

[175] Aversion: Abneigung, Widerwillen.

[176] Z.B. Zeitdruck oder Unberechenbarkeit eines Vorgesetzten.

[177] *Greiner*, S. 18.

[178] *Hacker/Richter*, S. 78.

[179] *Thoits*, S. 143 - 159; *Schuler, H* /Semmer/Zapf, 2004; Semmer/McGrath/Beehr, 2004; *Nitsch*, S. 213 – 259.

[180] *Gäbel*, BKK-Broschürre, Selbstbestimmt Leben – aktiv erholen, Entspannung kontra Stress, Artikel-Nr. 500012-8/04, S. 5.

Für die betriebliche Praxis ergibt sich daraus, dass mit dem Delegieren von Aufgaben und Verantwortung in Art, Menge, Häufigkeit und Erwartungshaltung, Einfluss auf das subjektive Empfinden der Mitarbeiter genommen werden kann. Stress als Herausforderung zu betrachten, darf unter gesundheitlichen Aspekten, nicht dazu führen, dass eine zu hohe Arbeitsbelastung damit gerechtfertigt wird, dass sie „herausfordernd" ist.[181]

4.8.3 Maßnahmen zur Reduzierung von Disstress

Möglichkeiten dem Disstress entgegenzuwirken können sein:

4.8.3.1 Fünfzehn Minuten Mittagsschlaf

Aus medizinisch, biologischen Gründen befindet sich die Leistungsfähigkeit der Menschen nach dem Mittag in einem Tief. Die höchste Leistungsfähigkeit, welche regelmäßig am Vormittag erzielt, wird üblicherweise am Nachmittag nicht mehr erreicht werden. Nach dem Mittag sinkt die Leistungsfähigkeit nach Maßgaben des abnehmenden Grenznutzens.[182] Hinzu kommt, dass die Körperfunktionen des Menschen, nach dem Essen, „*umgeschaltet*" werden. Der Körper konzentriert sich auf die Verdauung des Essens. Diese Tatsache hat Müdigkeit zur Folge und reduziert somit auch die Leistungsfähigkeit. Wenn in dieser Phase nicht für eine ausreichende Erholungszeit (Verdauungsprozess) gesorgt wird, kann sich der Ermüdungszustand über mehrere Stunden hinziehen. Neben der damit verbundenen Leistungsminderung, bestehen aufgrund der geringeren Konzentrationsfähigkeit unsichere Situationen (meist in der Produktion). Eine Folge daraus können eine erhöhte Anzahl an Unfällen und somit erhöhte Kosten für das Personal und langfristig erhöhte Berufsgenossenschaftsbeiträge sein.

Nach einheitlicher Meinung reichen zehn bis fünfzehn Minuten absolute Entspannung und Ruhe oder Schlaf aus, um im Anschluss deutlich Leistungsfähiger arbeiten zu können. Fünfzehn Minuten sollten nicht überschritten werden, da der Körper ansonsten in eine weitere Schlafphase eintritt und die positiven Effekte aufhebt. Ob die Pausenzeiten für eine solche Maßnahme ausreichen werden ist unterschiedlich. Unabhängig von dem Zeitaufwand den Arbeitnehmer oder Arbeitgeber dafür aufbringen müssen, nützt der positive Effekt jedem Beteiligten.

4.8.3.2 Entspannungstechniken und Stressbewältigungskurse

Aus der Vielzahl von Ursachen die zu Stress führen, lassen sich auch eine Vielzahl von Stressbewältigungskursen ableiten. Der Umgang mit Zeitdruck als Stressor kann beispielsweise in einem Seminar über Zeitmanagement erlernt werden. Führt ein Mitarbeiter Arbeiten aus, die eine höhere Qualifikation erfordern und fühlt er sich deshalb überfordert, so kann eine Weiterqualifizierung Abhilfe schaffen. Fehlende oder falsche Kommunikation

---

[181] *Locke/Latham*, S. 3 – 25.

[182] Siehe hierzu vertriefend: *Bontrup*, S. 396.

könnten auch als Stressoren Ursache von Stress sein. Dem kann mit Kommunikationskursen entgegengewirkt werden.

Die genannten Stressbewältigungskurse vermitteln in der Regel theoretisches Wissen das helfen kann, Situationen stressfreier zu erleben.

Unterstützend zu solchen Stressbewältigungskursen, könnten auch Kurse besucht werden, in denen Entspannungstechniken erlernt werden. Hierzu gehören auch die Tiefenmuskelentspannung, das autogene Training und Yoga.

Tiefenmuskelentspannung

Die Tiefenmuskelentspannung wird auch als progressive Relaxation bezeichnet und „nutzt die Wechselwirkung zwischen psychischer und muskulärer Entspannung aus: Sind wir unruhig und gestresst, verspannen sich auch die Muskeln. Umgekehrt bringt die Lockerung der Muskulatur eine psychische Beruhigung. Entspannung kann folglich auch durch vorhergehende Anspannung erzielt werden“. [183]

Bei täglichen Entspannungsübungen können folgende positive Folgen eintreten:

- Die Funktionen des Herz-Kreislauf-Systems normalisieren sich,
- Bluthochdruck kann abgebaut werden,
- das Immunsystem wird gestärkt,
- Magen-Darm-Beschwerden, Spannungskopfschmerzen und Schlafstörungen lassen sich beheben.

Autogenes Training

Das autogene Training ist ein didaktisch klar gegliedertes Verfahren zur *„konzentrativen Selbstentspannung*". Es wurde in den 20er Jahren aus systematischen Beobachtungen an hypnotisierten Patienten von dem Nervenarzt I.H. Schultz (1932/87) entwickelt, basiert aber im Gegensatz zur Hypnose ausschließlich auf Auto-(Selbst-) Suggestionen.

Innerhalb der Grundstufe läßt sich mit den Komponenten der Schwere- und Wärmewahrnehmung nach mehrwöchigem Training eine psychovegetative (organismische) Gesamtumschaltung erreichen. Zusätzliche Komponenten (Organübungen) vertiefen die Körperwahrnehmung. Formelhafte Vorsatzbildungen bereichern die therapeutische Arbeit. Die Oberstufe des autogenen Trainings basiert auf Imaginationen, die in der selbstinduzierten Trance systematisch „eingestellt" werden. Im Sinne einer Stabilisierung und Umschaltung des Vegetativums werden die unwillkürlichen Körperreaktionen beeinflußt und die parasympathischen Reaktionen gefördert. Die Anwendung der erlernten Übungen ermöglicht eine raschere Entspannung in Streßsituationen.

---

[183] *Gäbel*, ebd. S. 17.

Yoga

Die Wissenschaft des Yoga widmete sich immer der physischen, geistigen und spirituellen Gesundheit der Menschheit. Lange Zeit haben jedoch Menschen im Osten wie im Westen Yoga als Wissenschaft des Okkulten, des Mystizismus, der Schwarzen Magie, der Hexerei missverstanden, und viele haben sie der religiösen Dimension des Lebens zugeordnet. Wegen dieser fehlerhaften Deutung blieb Yoga außerhalb des Bereiches wissenschaftlicher Forschung und Untersuchung und konnte nicht in das allgemeine menschliche Leben integriert werden.

Die traditionelle Bedeutung des Wortes Yoga ist die „*Vereinigung*", die Union des jivatma oder der individuellen Seele mit Paramatma, der kosmischen Seele. Yoga bedeutet auch die spirituelle Wissenschaft, die zur Erkenntnis und Verwirklichung dieser Vereinigung führt. Doch im praktisch-konkreten Kontext ist Yoga die Wissenschaft, die zu ausgewogenem, harmonischem und integralem Persönlichkeitswachstum führt.

Yoga ist eine Wissenschaft der „*Selbst-Kultur*" und der „*Selbst-Entwicklung*". Mit Hilfe verschiedener systematischer Techniken und Disziplinen, welche auf körperlicher, mentaler und emotionaler Ebene angewendet werden, bewirkt Yoga in allen Bereichen unseres Wesens – ob grobstofflich, subtil oder kausal – ein harmonisches Gleichgewicht.

4.8.3.3 Intrinsische Faktoren

Intrinsische Faktoren werden auch Contentfaktoren genannt und können Zufriedenheit erzeugen, da sie die motivationalen Aspekte während der Tätigkeit ansprechen. Schon bei der Personalauswahl sollte darauf geachtet werden, dass Bewerber ein hohes Maß Interesse an der eigentlichen Tätigkeit aufweisen. Aus der Tatsache, dass „wenn ein Mensch seine Arbeit gerne macht, wird er sie gut machen"[184] kann auch abgeleitet werden, dass ein Mensch bei einer solchen Arbeit weniger stressanfällig ist. Ist ein Mensch motiviert und zufrieden, wird er auf Belastungen positiver reagieren. Er befindet sich somit in einem Prozess der „*progressiven Zufriedenheit*", auch bezeichnet als „schöpferische Unruhe" und strebt nach weiteren Verbesserungen.[185] Der Arbeitgeber kann die intrinsischen Faktoren einsetzten oder ausnutzen und den Arbeitnehmer in seiner Stressempfindung positiv beeinflussen. Dieser positive Effekt kann auch über den richtigen Einsatz weiterer intrinsischer Faktoren erzielt werden. Hierzu zählen auch:[186]

- Leistung,
- Anerkennung,
- Arbeitsinhalt,

---

[184] *Bontrup/Pulte*, S. 200.

[185] Ebd. S. 201.

[186] Ebd. S. 210.

- Verantwortung,
- Aufstieg und Entfaltung.

4.8.3.4 Extrinsische Faktoren

Die bei den intrinsischen Faktoren beschriebenen positiven Aspekte können auch mit den extrinsisch motivierenden Faktoren erzielt werden. Der Arbeitgeber hat also die Möglichkeit, durch den strategisch richtigen Einsatz extrinsischer Faktoren die Motivation der Mitarbeiter zu verbessern. Zu den extrinsischen Faktoren zählen:[187]

- Gehalt,
- Untergebene,
- Status,
- Vorgesetzte,
- Kollegen,
- Unternehmenspolitik,
- Führung,
- Arbeitsbedingungen,
- Persönliches und
- Arbeitsplatzsicherheit.

4.8.3.5 Anmerkung

Dem Arbeitgeber stehen eine Reihe von Möglichkeiten zur Verfügung, die Motivation und Stressanfälligkeit zu verbessern. Er sollte sich nicht auf eine dieser Möglichkeiten konzentrieren, sondern eine für seine Mitarbeiter „optimale" Mischung aus Entspannungstechniken, intrinsischen und extrinsischen Faktoren anstreben. Denn z. B. das Erlernen von Entspannungstechniken und Stressbewältigungsmethoden kann die Stressempfindung zwar positiv beeinflussen, sie können aber nicht jeden Arbeitsanfall, Leistungsdruck, Mobbing, usw. kompensieren.

Der verstärkte Einsatz von Informations- und Kommunikationstechnologien führt zu einer Intensivierung menschlicher Arbeit und ist vielfach verbunden mit Arbeitsverdichtung und hohem Zeitdruck.[188] Der Staat und auch Unternehmer sollten diesem Trend gemeinschaftlich entgegenwirken, in dem sie Angebote wie geeignete Arbeitszeitmodelle, kostengünstige Kinderbetreuungsangebote und Tagesschulen schaffen. Somit sind in Bezug auf die Wirkungen für Befinden und Gesundheit neben den Belastungen und Beanspruchungen vermehrt Fragen nach den Möglichkeiten für Erholung zu thematisieren.

---

[187] Ebd.

[188] *Richter/Debitz/Schulze*, S. 68 - 76; *Sparks/Faragher/Cooper*, S. 489 - 509; *Ulich/Schäfer-Poeschel*, 2001.

Entspannungstechniken könnten speziell bei den leitenden Angestellten von größerer Bedeutung sein. Leitende Angestellte verzeichnen eine bedeutend höhere Wochenarbeitszeit als „normale“ Angestellte. Ihnen verbleibt somit auch weniger Erholungszeit nach der Arbeit. Die Entspannung von einer vorgehenden Anstrengung ist von entscheidender Bedeutung für die gesundheitliche Entwicklung des Menschen.[189] Um also langfristig leistungsstark und motiviert „leiten“ zu können, sind Entspannungsübungen und Erholung sowie Pausen notwendige Voraussetzungen.

[189] Siehe hierzu vertiefend zum sog. Burnout als psychische Beanspruchungsfolge, *Ulich*, S. 73 und 109 ff.

5 Sucht im Betrieb

Das Kapitel „*Sucht im Betrieb*“ wurde in dieses Buch eingefügt, da das Thema ein häufig unterschätztes oder unerkanntes Problem im Unternehmen darstellt. Zudem ist von der Personalleitung der Wunsch nach diesem Kapitel geäußert worden. Suchterkrankungen haben häufig erhebliche gesundheitliche Auswirkungen und können bis zum Tode führen. In den nachstehenden Ausführungen sollen deshalb die Ursachen und Folgen von Sucht beschrieben und mögliche Vorbeugungsmaßnahmen sowie Verhaltensweisen im Betrieb aufgezeigt werden.

5.1 Warum ist Sucht ein unternehmerisches Thema?

Sucht ist als Krankheit anerkannt[190] und ihr kann im Unternehmen strategisch vorgebeugt und den bereits an einer Sucht erkrankten Mitarbeitern kann mit geeigneter Mithilfe ein Weg aus der Sucht ermöglicht werden. Die Sucht an der ein Mitarbeiter erkrankt ist, kann für das Unternehmen in verschiedenster Weise negative sein und meist kostenintensive Folgen haben. Folgen von Alkoholismus während der Arbeitszeit senken die Leistungsfähigkeit der Mitarbeiter bis hin zum Totalausfall und verschlechtern häufig auch die „*Arbeitsmoral*“ sowie das Image des Unternehmens. Fachinstitute schätzen die finanzielle Belastung der Unternehmen durch alkoholkranke Mitarbeiter auf 25% der betrieblichen Gesamtkosten.[191] Der Schaden für Staat und Wirtschaft beträgt allein durch die Fehlzeiten im Betrieb, geringere Leistung sowie Unfälle jährlich ca. 40 Milliarden Euro.[192]

Unter Alkoholismus leidende Mitarbeiter

- fehlen 16-Mal häufiger als gesunde,
- sind 2,5-Mal so lange krank,
- verursachen 4-Mal so hohe Entgeltfortzahlungskosten (ca. 25%),
- sind 3,5-Mal häufiger in Arbeitsunfälle verwickelt als gesunde Arbeitskollegen.[193]

Betriebliche Kosten entstehen insbesondere durch:

- suchtmittelbedingte Fehlentscheidungen auch im Management,
- alkoholbezogene Arbeitsunfälle,
- Schädigung anderer durch alkoholbedingte Fehler,
- Reklamationen,

---

[190] *Schanz/Gretz/Hanisch/Justus*, S. 36 ff; vgl. auch BSG vom 18.06.1968, BlStSozArbR 1968, S. 285.

[191] *Fuchs/Petschler*, S. 56.

[192] *Heinze/Reuß*, S. 19.

[193] *Fuchs/Petschler*, Ebd.; *Berger/May*, S. 145 ff.; Arbeitshefte Führungspsychologie, Band 26, S. 22.

- deutliche qualitative und quantitative Minderung der Arbeitsleistung,
- erhöhte Krankenfehlzeiten,
- krankheitsbedingte Ausfälle,
- kurz- und längerfristigen Personalersatz,
- Kosten durch Disziplinarmaßnahmen,
- intensive Betreuungsmaßnahmen durch Vorgesetzte,
- Umorganisation der Arbeit durch Vorgesetzte,
- Versetzung an einen anderen Arbeitsplatz.

Andere Suchterkrankungen, wie Tabaksucht, Spielsucht, Drogensucht (illegale Drogen), werden ähnliche Störungen im Unternehmen auslösen.

Beispielrechnung[194] bezogen auf alkoholkranke Arbeitnehmer:

„Ein alkoholkranker Facharbeiter wies eine betriebliche Ausfallzeit von 56 Tagen im Jahr auf. Dadurch entstand dem Betrieb mit und ohne Lohnfortzahlung ein Verlust von rund 15.215€. Legt man diese betrieblichen Kosten für ein Unternehmen mit 2.000 Beschäftigten zugrunde, wovon angenommenermaßen 5% alkoholbedingt krank sind und dadurch jeweils 56 Ausfalltage jährlich entstehen, summiert sich der Verlust auf 1.521.451€. Die Investition von 10% dieses Betrages in die Prävention von Sucht, kann über einen Zeitraum von fünf Jahren eine Wirtschaftlichkeit von 300% ergeben."

Die Sucht lässt sich allgemein wie folgt definieren:

„Sucht ist das seelische Verlangen nach Wiederholung eines entsprechenden Verhaltens (regelmäßiger Konsum von Drogen oder Drang nach bestimmten Handlungen) und ein Nicht-Mehr-Aufhören-Können."

Eine Sucht hat zur Folge, dass der Mensch einen Kontrollverlust erleidet, er seine Dosis erhöhen muss oder Entzugserscheinungen eintreten, wenn die Droge oder Handlung nicht eingenommen bzw. praktiziert werden kann. Sucht lässt sich in zwei Arten unterteilen. In die stoffgebundene Sucht, welche durch (illegale) Drogen, Alkohol, Tabak, Medikamenten, aber auch von Koffein und Schokolade und in die nicht stoffgebundene Sucht, welche beim Glücksspiel, beim Konsum (Einkaufssucht) oder bei der Arbeit (Workaholic) auftreten können.

Die reinen Kosten von Suchtkranken in Unternehmen und die damit verbundenen Störungen im Betriebsablauf zeigen die Bedeutung für das Thema „*Sucht im Unternehmen*" auf.

5.2 Ursachen von Suchterkrankungen

Für die Ursachen von Sucht können die drei Faktoren genetisch, biologisch und sozial genannt werden. Eine Sucht kann ebenso durch eine der drei Faktoren alleine ausgelöst wer-

---

[194] Arbeitshefte Führungspsychologie, Band 26, S. 22.

den, wie auch durch ein Konglomerat von Symptomen aus diesen Faktoren. Genetisch kann der Mensch vorbelastet sein oder er hat aufgrund seiner gesamten individuellen Konstitution eine Anfälligkeit für Süchte. Biologisch besteht die Möglichkeit, dass Krankheiten den Menschen so stark belasten, dass er suchtanfällig wird oder dass die Einnahme von Medikamenten ungewollt aber unabwendbar zur Sucht führt. Die zwei beschriebenen Faktoren sind nur schwer zu beeinflussen und bieten für ein Unternehmen kaum Handlungsmöglichkeiten. Ein Unternehmen wird dem erkrankten Mitarbeiter nur mit Hilfestellungen und Verständnis zur Seite stehen können.

Den größten Einfluss kann ein Unternehmen beim dritten Faktor - dem sozialen - nehmen. Leistungsanforderungen (Über- und Unterforderungen), Betriebsklima, Mobbing, Arbeitsplatzverlustängste, u.v.m., stellen für einen Mitarbeiter Belastungen und Beanspruchungen dar, denen er im schlechtesten Falle durch die Einnahme von suchtfördernden Mittel entgegenzuwirken versucht. Der Mensch versucht durch suchtfördernde Mittel (diese wirken in der Regel entspannend und beruhigend) seine vorhandenen oder potenziellen Probleme zu lösen. Es können drei Ebenen unterschieden werden, auf die eine Suchtanfälligkeit zurückzuführen ist.

Auf der ersten Ebene handelt es sich um den persönlichen Bereich, in dem eine Vielzahl von Symptomen ursächlich für eine Sucht sein könnte. Z.B.: mangelndes Selbstwertgefühl, Unselbstständigkeit, Teilnahmslosigkeit, Neigung zur Sofortbefriedigung, nicht mit Enttäuschung oder Negativerlebnissen fertig werden, geringe Problemlösungsfähigkeit, ständige Unterforderung, übertriebene Leistungsanforderung an sich selbst.

Auf der zweiten Ebene im zwischenmenschlichen Bereich können für die Sucht ursächlich sein: Probleme in Freund- und Partnerschaften, mangelnde Erholungs- und Rückzugsmöglichkeiten, übertriebene Leistungsanforderung.

Im sozialen und gesellschaftlichen Bereich als dritte Ebene kommen in Betracht, Leitbilder und Wertordnungen, die Maßstäbe für Erfolg oder Versagen setzen und besondere berufliche Beanspruchungen.

Anzeichen dafür, dass die genannten Faktoren vorliegen, können sein:

- Passivität und Unselbstständigkeit,
- mangelndes Selbstvertrauen,
- fehlende Bereitschaft Konflikte durchzustehen,
- geringe Fähigkeiten Probleme zu bewältigen,
- überzogene Leistungsforderung an sich selbst,
- Schwierigkeiten Kontakte zu finden.

5.3 Suchtverlauf

Ein Suchtverlauf ist von Fall zu Fall unterschiedlich. Für mehr oder weniger alle Suchtarten kann dennoch ein grober Verlauf beschrieben werden, der aus verschiedenen Phasen besteht.[195]

5.3.1 Erste Vorphase

Der Mitarbeiter bedient sich einer bestimmten illegalen Droge, Alkohol, Tabak oder Medikamenten um Kontakt zu bekommen, Spannungen zu lösen oder Unruhezustände zu dämpfen. Alternativ kann er auch zu nicht stoffgebundenen Mitteln greifen, um gleiche Zustände zu erreichen (Spielsucht, Konsumtrieb). Der Mitarbeiter greift zukünftig regelmäßiger, zwischen einigen Monaten bis zu zwei Jahren, auf diese Dinge zurück und empfindet es als Erleichterung. Es kann schon in dieser Phase zu plötzlichen Gedächtnislücken kommen. In diesem Zustand nimmt der Betroffene sein Verhalten nicht als gestört war.

5.3.2 Zweite Vorphase

In der zweiten Vorphase wird das Verhalten des Betroffenen für ihn zur Gewohnheit. Seine Erinnerungslücken häufen sich (außer bei nicht stoffgebundener Sucht). Der Betroffene fühlt sich schuldig und nimmt beispielsweise sein Alkohol nicht mehr öffentlich ein. Seine heimliche Befriedigung lässt ihn paradoxerweise in der Öffentlichkeit als *„kontaktfreudigen und aufgeschlossenen Menschen"* dastehen. Die Sucht wird somit von anderen nicht erkannt und der Betroffene ist in dieser Phase auch noch in der Lage, seine Befriedigungssituationen und Zeitabstände zu kontrollieren.

5.3.3 Kritische Phase

Die kritische Phase geht ohne vorherige Warnsignale mit einem Kontrollverlust einher. Der Süchtige empfindet nun ein unwiderstehliches Verlangen nach seinen suchtfördernden Mitteln. Die Gewohnheit ist in dieser Phase zur Abhängigkeit geworden. Zu diesem Zeitpunkt verändern sich auch die Reaktionen vom sozialen Umfeld und der Gesellschaft. Da der Süchtige keine Kontrolle mehr über sein Verhalten hat, übt er es auch öffentlich aus und wird von seinem Umfeld dafür verachtet. Die dadurch auftretenden Konflikte und Diskriminierungen verstärken das Suchtverhalten des Betroffenen. Die Sucht ist jetzt Mittelpunkt in seinem Leben. Vorher gehabte Interessen sowie Kleidung und Ernährung verlieren fast komplett an Bedeutung. Entzugserscheinungen treten mittlerweile schon nach einer nächtlichen Pause ein und signalisieren den Beginn der chronischen Phase.

5.3.4 Chronische Phase

Die Chronische Phase ist durch den erheblichen seelischen, körperlichen und sozialen Abbau gekennzeichnet. Der Süchtige befindet sich in tagelangen Rauschzuständen, die sein

---

[195] Vgl. *Feuerlein/Küfner/Soyka*, S. 66.

sittliches Empfinden oder die Unterscheidung zwischen Gut und Böse verloren gehen lassen. Zudem hat die chronische Phase sehr große Auswirkungen auf den beruflichen Alltag, da die Merk-, Konzentrationsfähigkeit und das Denkvermögen stark abbauen.

5.4 Sucht im Bewerbungsverfahren

Während des Bewerbungsverfahrens und besonders im Vorstellungsgespräch entstehen für den Einsteller (potenzieller Arbeitgeber) und dem Bewerber Aufklärungs- und Mitteilungspflichten, die sich aus dem vorvertraglichen Schuldverhältnis gem. der §§ 311, 241 Abs. 2 BGB ergeben. Der Bewerber hat demnach Umstände von sich heraus zu offenbaren, die der Einsteller nicht ohne weiteres erkennen kann, aber ein negativer Einfluss auf das potenzielle Arbeitsverhältnis vorliegt. Hinzu kommt, dass der Bewerber auf bestimmte Fragen wahrheitsgemäß antworten muss, auch wenn ihm die wahrheitsgemäße Beantwortung zunächst nachteilig erscheint.

5.4.1 Offenbarungspflichten

Trifft den Bewerber eine Offenbarungspflicht bedeutet das, dass der Bewerber den Einsteller über bestimmte, meist persönliche Dinge aufzuklären hat, ohne dass eine entsprechende Frage vom Einsteller gestellt wurde. Die Pflicht über eine bestimmte Tatsache aufzuklären besteht nur, wenn sie für das Arbeitsverhältnis von Bedeutung ist. Davon ist auszugehen, wenn der Bewerber mit der zu offenbarenden Tatsache als ungeeignet für die offene Stelle gilt.[196] Tatsachen die einen Bewerber als ungeeignet einstufen, können, zumindest wenn sie das Arbeitsverhältnis betreffen, insbesondere sein:

- ein bestimmter schlechter Gesundheitszustand[197],
- eine chronische Erkrankung[198],
- ein laufendes Strafverfahren,
- eine Vorstrafe[199],
- der Antritt zu einer Strafhaft[200] oder
- der Antritt zu einem Krankenhaus- oder Kuraufenthalt.

Obwohl eine Suchterkrankung auf kurz oder lang in einem andauernden Arbeitsverhältnis zu betrieblichen Störungen und Kosten führt, wird in der Literatur[201] die Auffassung vertreten, dass Offenbarungspflichten bezüglich einer Sucht nur bedingt, ohne entsprechende

---

[196] *Schaub,* § 25, Rn 15.

[197] BAG vom 28.3.1974, EzA § 119 BGB Nr. 5.

[198] BAG vom 7.2.1964, EzA § 123 BGB Nr. 5.

[199] *Schaub*, ebd.

[200] BAG vom 18.8.1987, AP Nr. 32 zu § 123 BGB.

[201] *Bengelsdorf*, S. 37; vgl. *Schaub,* § 26, Rn. 14; *Spiecker*, S. 21.

Frage des Einstellenden, bestehen. Eine solche Pflicht besteht demnach nur, wenn der Bewerber tatsächlich ungeeignet ist. Später im Arbeitsverhältnis auftretende Kosten und betriebliche Störungen reichen somit nicht aus, um eine Offenbarungspflicht zu begründen.

An dieser Stelle sei der Hinweis gestattet, dass aus medizinisch-psychologischer Sicht eine andere Interessenabwägung erdenklich ist. Der entscheidende Schritt für einen Suchtkranken, seine Sucht zu überwinden bzw. mit ihr „gesund" zu leben, ist die Einsicht des Betroffenen süchtig zu sein. Regelmäßig erlangen Süchtige diese Einsicht erst, wenn sie seelisch, körperlich und sozial die unterste und gesundheitlich kritischste Phase erreicht haben. Eine Einstellung in ein Arbeitsverhältnis kann einer solchen Einsicht verzögernd entgegenwirken. Der Süchtige fühlt sich in seinem Verhalten bestätigt, da er es geschafft hat einen Arbeitsplatz zu bekommen und somit weiterhin am „normalen" Leben teilnimmt. Es ist allerdings nicht auszuschließen, aber unüblich, dass eine Einstellung auch positiven Einfluss auf den Suchtverlauf und die Einsichtsfähigkeit nehmen kann.

Arbeitsrechtlich[202] gilt eine Suchterkrankung als überwunden, wenn der Süchtige zwei Jahre ohne Einnahme von Suchtmitteln oder ohne Suchtverhalten gelebt hat oder eine erfolgreiche Therapie stattgefunden hat. Medizinisch kann eine Sucht nicht ausheilen, sie lässt sich lediglich stoppen.

Praktisch ist jedoch Vorsicht geboten. Der Betreffende weiß häufig nicht, dass bei ihm bereits das Suchtstadium erreicht ist oder will es sich selbst nicht eingestehen.

5.4.2 Fragerecht

Die Möglichkeit des Einstellenden, durch Fragen weitere Informationen vom Stellenbewerber zu erlangen, besteht nicht unbeschränkt. Die Grenze bilden verfassungsrechtlich geschützte Positionen, gesetzliche Regelungen und Wertungen.[203] Es dürfen nur für das Arbeitsverhältnis bedeutsame Auskünfte eingeholt werden, die nicht in geschützte Rechte des Betreffenden eingreifen.[204]

Gem. § 81 Abs. 2 Nr. 1 SGB IX[205] ist die Frage nach einer Schwerbehinderteneigenschaft nicht zulässig[206]. Ein Alkoholkranker, der wegen seines Leidens als schwer behinderter Mensch anerkannt ist, muss den Umstand der Sucht nicht offen legen. Der Arbeitgeber könnte in diesem Fall nach einer chronischen Erkrankung fragen. Eine solche Frage hat der

---

[202] Vgl. BAG vom 11.11.1987, EzA § 1 LohnFG, Nr. 88.

[203] BAG vom 1.8.1985, EzA § 123 BGB Nr. 26; BAG vom 7.9.1995, EzA § 242 BGB Auskunftspflicht Nr. 4.

[204] Recht auf informationelle Selbstbestimmung; BVerfG vom 15.12.1983, NJW 1984, S. 419; BVerfG vom 8.1.1998, NZA 1998, S. 418.

[205] Umsetzung der EG-Richtlinie 2000/78/EG vom 27.11.2000.

[206] ErfK/*Rolfs*, § 81 SGB IX Rn. 6 m.w.N.; Düwell, S. 1527, 1529; abl. *Schaub,* § 26 Rn. 24.

Bewerber wahrheitsgemäß zu beantworten, denn hierbei handelt es sich um bedeutsame Umstände, die einem störungsfreien Arbeitsverhältnis stets entgegenstehen.[207] Eine erst seit kurzem überwundene Suchterkrankung erfüllt auch die Voraussetzungen für eine wahrheitsgemäße Beantwortung.

Die Frage, ob jemand Raucher oder Nichtraucher ist braucht nicht wahrheitsgemäß beantwortet zu werden.[208] Es besteht keine entscheidende Bedeutung für das Arbeitsverhältnis.

5.4.3 Arbeitsrechtliche Folgen bei verletzter Offenbarungspflicht oder Lüge

5.4.3.1 Kündigung

Die Verletzung der Offenbarungspflicht oder die Falschbeantwortung einer zulässigen Frage ist ohne Einfluss auf das Recht und die Möglichkeit des Arbeitgebers, das Arbeitsverhältnis unter Einhaltung der entsprechenden Frist zu kündigen. Die Lüge des Stellenbewerbers auf eine zulässige Frage begründet nur im Ausnahmefall eine außerordentliche Kündigung gem. § 626 BGB. Dieser ist gegeben, wenn es dem Arbeitgeber nicht zumutbar ist, das Arbeitsverhältnis bis zum Ende der Kündigungsfrist fortzusetzen. Ein solcher Fall liegt vor, wenn die verschwiegenen Suchtprobleme, einem unfallfreieren Einsatz auf dem konkreten Arbeitsplatz entgegenstehen.

5.4.3.2 Anfechtung

Für den Arbeitgeber besteht die Möglichkeit, sein Angebot zum Abschluss eines Arbeitsvertrages wegen Irrtum oder arglistiger Täuschung anzufechten. Die Irrtumsanfechtung kann nach § 119 Abs. 2 BGB angesichts fehlender verkehrswesentlicher Eigenschaft von gewisser Dauer in Betracht kommen, wenn sich z. B. nach Einstellung des Betreffenden eine bereits bei der Einstellung vorgelegene Suchterkrankung erweist. Denn die Gesundheit des Arbeitsnehmers ist jedenfalls dann eine wesentliche Voraussetzung für dessen Einstellung, wenn deren Fehlen den konkret beabsichtigten Einsatz erheblich beeinträchtigt oder gar ausschließt.[209] Arglistig getäuscht hat der Mitarbeiter dann, wenn er entweder zulässige Fragen falsch beantwortet oder bei der Einstellung bedeutsame Tatsachen nicht offenbart.

Bei der Anfechtung muss der Arbeitgeber weder Kündigungsfristen beachten noch einen Betriebsrat anhören. Er hat sie jedoch in Irrtumsfällen gem. § 121 Abs. 1 BGB ohne schuldhaftes Zögern nach Kenntnis des Anfechtungsgrundes zu erklären. Das BAG hält die

---

[207] BAG vom 6.9.1989, DB 1990, S. 428; BAG vom 7.6.1984, EzA § 123 BGB Nr. 24.

[208] Vgl. BAG vom 19.1.1999, EzA § 87 BetrVG, 1972 Ordnung des Betriebes Nr. 24; *Künzl*, S. 531, 533 f; *Leßmann*, S. 228.

[209] *Schaub*, § 36, Rn 34.

Anfechtungserklärung innerhalb von zwei Wochen ab Kenntnis vom Anfechtungsgrund noch für unverzüglich.[210]

In der Praxis führt die Anfechtung den Arbeitgeber oftmals jedoch nicht weit, denn sie setzt voraus:

- Bestehen einer Offenbarungspflicht/zulässige Frage,
- bewusste Verletzung der Offenbarungspflicht bzw. Falschbeantwortung,
- Erkennbarkeit der Bedeutung der Offenbarung bzw. der Frage,
- Nichteinstellung bei Offenbarung.

Der Arbeitgeber schuldet den Nachweis einer bewussten Verletzung der Offenbarungspflicht. Diesen wird er zumeist nicht erbringen können. Denn einem Suchtkranken fehlt häufig die Kenntnis der Sucht oder zumindest die Einsicht krank zu sein.

5.4.4 Einstellungsuntersuchung

Eine bestehende Sucht oder eine entsprechende Gefährdung des Bewerbers lässt sich bei einer ärztlichen Untersuchung feststellen. Der Betroffene muss aber seine Einwilligung zur Untersuchung erteilen. Ansonsten würde ein Eingriff in die körperliche Unversehrtheit vorliegen.[211] Für die Bereiche, in denen jedoch eine medizinische Untersuchung von Stellenbewerbern vorgeschrieben ist, kann der Arbeitgeber nicht nur den vorherigen Gesundheits-Check verlangen, sondern muss ihn sogar durchführen lassen. In allen anderen Fällen gilt:

Die Untersuchung kann dem Bewerber nicht aufgrund einer Betriebsvereinbarung zwischen Arbeitgeber und Betriebsrat auferlegt werden. Die Betriebspartner sind nicht befugt, körperliche Eingriffe in die Gesundheit anderer festzulegen oder zu rechtfertigen.

Eine Untersuchung ist nur mit Einwilligung des Bewerbers statthaft. Eine wirksame Einwilligung setzt voraus, dass der Bewerber über die Tatsache der Untersuchung, deren Anlass und Umfang informiert worden war und in allen Punkten zugestimmt hatte.

Soweit der Arbeitgeber generell eine Einstellungsuntersuchung vornehmen lassen will, stellt dies eine mitbestimmungspflichtige Maßnahme i.S.d. § 95 BetrVG dar.[212]

Ist eine Untersuchung vorgeschrieben oder erklärt sich der Bewerber mit ihr einverstanden, kann der künftige Arbeitgeber diesen grundsätzlich nicht hinsichtlich des zu wählenden Arztes binden. Der Grundsatz der freien Arztwahl bleibt zu beachten. Zudem hat der Mediziner keine weitreichenderen Aufklärungsmöglichkeiten. Er darf keine Fragen an den Ar-

[210] BAG vom 21.2.1991, NJW 1991, S. 2726; kritisch hierzu *Picker*, S. 1, 15.

[211] LAG Düsseldorf vom 2.8.1971, DB 1971, S. 2071; Künzl, S. 1581, 1583 m.w.N.

[212] LAG Baden-Württemberg vom 13.12.2002, AuR 2003, S. 158.

beitnehmer stellen, die der Arbeitgeber nicht selbst vorlegen dürfte[213], und auch nur objektiv für das künftige Arbeitsverhältnis erhebliche Umstände untersuchen. Daneben unterliegt der Arzt, auch der Betriebsarzt gem. § 8 Abs. 1 Satz 2 ASiG, der Schweigepflicht. Nur wenn der Arbeitnehmer ihn von ihr entbunden hat, darf er bestimmte festgestellte Umstände an den Arbeitgeber weitergeben.

5.5 Umgang mit der Sucht im Unternehmen

Nach dem bei einem Arbeitnehmer die für eine Sucht typischen Anzeichen auftreten, sollten die für den Betrieb bestehenden Folgen dem Mitarbeiter konkret benannt werden. Anzeichen bei denen ein Arbeitgeber aufmerksam werden sollte sind z. B.:

- Nachlassen der Arbeitsleistung,
- Unpünktlichkeit,
- Überempfindlichkeit gegen Kritik,
- körperliche Beschwerden,
- erfinden von Alibis für die Zunahme von Suchtmitteln,
- finanzielle Schwierigkeiten,
- verlängerte Fehlzeiten.

Kollegen und vor allem Vorgesetzte müssen aufhören, den Betroffenen als einen charakterschwachen, haltlosen, labilen Menschen anzusehen. Er ist vielmehr ein hilfsbedürftiger Kranker. Diese Sichtweise lässt den Vorgesetzten ihre diesbezügliche Verantwortung erkennen und ermöglicht Hilfe. Der Arbeitsplatz hat für den Süchtigen einen hohen Stellenwert, denn Arbeitslosigkeit wird von ihm zumeist als schwerere Belastung empfunden, als etwa das Zerbrechen der Familie. Daher kommt dem Betrieb eine Schlüsselfunktion bei der Einflussnahme zu.

Wichtig sind Gespräche mit dem Betroffenen, der so konkret erfahren muss, wie es wirklich um ihn steht und was die nähere Arbeitswelt von ihm hält. Das ist der erste Schritt, die eigene Krankheit zu erkennen und zu akzeptieren. Deshalb müssen ihm die Beanstandungen ebenso klar vor Augen geführt werden, wie die ihm drohenden gesundheitlichen und arbeitsrechtlichen Konsequenzen aus der Fortsetzung seines Verhaltens. Dem Betroffenen sollte gleichzeitig Hilfsmöglichkeiten unterbreitet werden. Die Gefahr des Arbeitsplatzverlustes kann z. B. die entscheidende Motivation für die Inanspruchnahme einer professionellen Therapie sein.

[213] Bengelsdorf, S. 37.

5.6 Präventive Maßnahmen zur Vermeidung von Suchterkrankungen

Gespräche, Gesprächsangebote und immer wieder erfolgende Aufklärung über die Gefahren und Risiken des Konsums von Suchtmitteln, sowie das rechtzeitige Erkennen von Anzeichen bei Mitarbeitern durch Vorgesetzte und Kollegen, können den Suchtgefährdeten vor der Erkrankung bewahren.

An besonders gefahrträchtigen Arbeitsplätzen kann der Arbeitgeber, gerade auch um seiner Pflicht nachzukommen Beschäftigte vor Gefahren und Schäden durch Suchtmittel zu schützen, den Alkoholkonsum soweit möglich auszuschließen. Einfluss kann er vor allem nehmen mittels ständiger Aufklärung über Unfallgefahren im Zusammenhang mit Suchtmitteln und über die Unfallverhütungsvorschriften sowie durch Zurverfügungstellen von alkoholfreien Gertränken und dem Abschluss einer Betriebsvereinbarung zum Suchtmittelverbot.

Die Betriebspartner sind befugt, durch Betriebsvereinbarung[214] ein betriebliches Rauchverbot zu erlassen, um Nichtraucher vor den Gesundheitsgefahren und Belästigungen des Passivrauchens zu schützen. Dabei ist aber zu beachten, dass gem. § 75 Abs. 2 BetrVG i.V.m. Art. 2 Abs. 1 GG der Verhältnismäßigkeitsgrundsatz eingehalten wird, weil die Regelung die allgemeine Handlungsfreiheit der Raucher beeinträchtigt.[215]

Der Arbeitgeber kann sich zudem in einer Betriebsvereinbarung[216] dazu verpflichten, die Einhaltung eines mit dem Betriebsrat vereinbarten Alkoholverbots nur mit den ebenfalls in der Betriebsvereinbarung genannten Mitteln zu überwachen.[217] Vereinbarte Kontrollmittel könnten z. B. Kontrolle durch den Vorgesetzten oder freiwillige Alkoholtests durch den Werksarzt sein.

Erkennt der Arbeitgeber, dass ein Mitarbeiter unter Alkohol- oder Drogeneinfluss steht, so hat er den Betreffenden vom Arbeitsplatz zu entfernen. Der Transport des unter Rauschmittel stehenden Mitarbeiters nach Hause oder ins Krankenhaus ist vom Arbeitgeber sicherzustellen und ggf. kann die Polizei eingeschaltet werden. Der Entschluss, einen offensichtlich unter Suchtmitteleinfluss stehenden Mitarbeiter vom Arbeitsplatz zu entfernen, ist losgelöst von der Entscheidung über die arbeitsrechtlichen Konsequenzen zu betrachten. Arbeitsrechtliche Konsequenzen sollten dem Mitarbeiter klar aufgezeigt werden. Wenn er sich nicht in Therapie begibt oder eine Wiederholung stattfindet, sollte eine Abmahnung ausgesprochen werden. So kann dem Arbeitnehmer die wirkliche Lage seiner Situation bewusst gemacht werden.

---

[214] Siehe hierzu im Anhang die Musterbetriebsvereinbarung „Betriebsvereinbarung-Nichtraucherschutz am Arbeitsplatz".

[215] Vgl. zu diesem Thema BAG vom 19.01.1999 – 1 AZR 499/98, BAGE, 90, 316.

[216] Siehe hierzu im Anhang die Musterbetriebsvereinbarung „Fürsorge-Betriebsvereinbarung".

[217] BAG Beschluss vom 10.11.1987 – 1 ABR 55/86, BAGE, 56, 313.

Wird vom Vorgesetzten eine Leistungsstörung oder ein betriebliches Fehlverhalten festgestellt, und hat er aufgrund objektiver Anhaltspunkte den Verdacht, dass dies mit dem Konsum von Suchtmitteln zusammenhängt, sollte unverzüglich ein sachliches und offenes Gespräch mit dem Betroffenen geführt werden. Das Gespräch sowie ggf. Folgegespräche sollten drei Zielrichtungen haben:[218]

Dem Mitarbeiter sind die festgestellten und nachweisbaren betrieblichen Störungen und Fehlverhaltensweisen klar aufzuzeigen.

Beim Betreffenden soll die Bereitschaft gefördert werden, sich einem Fachmann anzuvertrauen, um sich durch dessen Vermittlung einer Behandlung zu unterziehen.

Der Mitarbeiter muss wissen, dass ihm einerseits Hilfe vermittelt werden soll und die Verantwortlichen bereit sind, verständnisvoll auf ihn einzugehen, dass das Unternehmen aber andererseits die Vernachlässigung von Pflichten grundsätzlich nicht dulden kann. Es muss deutlich werden, dass seine Erkrankung keinen Freibrief darstellt, der auch auf längere Sicht vor arbeitsrechtlichen Konsequenzen schützt.

Je früher die Gespräche geführt werden, umso eher kann sich beim Betroffenen die Krankheitseinsicht einstellen und, umso eher ist der Krankheitsverlauf zu stoppen. In den Gesprächen muss der Mitarbeiter den Eindruck gewinnen, dass sein Zustand Krankheitswert hat. Bis dahin gilt es, einen konstruktiven Leidensdruck aufzubauen und intensiv auszuüben, bis er wirklich bereit ist, sich helfen zu lassen. Dazu bedarf es

- klare Regelungen und Botschaften,
- des sachlichen Aufzeigens von Ursachen für das Fehlverhalten,
- konkreter Vereinbarungen zum Vermeiden weiterer Vorfälle,
- des Aufzeigens von Konsequenzen bei Nichteinhaltung der Absprachen und
- des Hinweises auf (auch innerbetriebliche) Beratungsangebote.[219]

Die auf Arbeitgeberseite an den Gesprächen teilnehmenden Personen könnten von dem „betrieblichen Gesundheitsförderungsausschuss“ wie er im praktischen Teil dieser Arbeit beschrieben ist, festgelegt werden. Alternativ, könnte auch das in dieser Arbeit unter dem Punkt „Neuntes Sozialgesetzbuch (SGB IX)“ beschriebenem Konzept als Verfahrensanleitung dienen.[220]

---

[218] Siehe hierzu im Anhang das Formular „Interventionsgespräche“.

[219] *Heinze*/Reuß, S. 97; *Bengelsdorf*, S. 26 ff.

[220] Siehe hierzu im Anhang das Formular „Prozessablaufplan“.

6 Der wirtschaftliche Nutzen des betrieblichen Gesundheitsmanagements

6.1 Vorbemerkung

Wenn in der Praxis von Gesundheitsmanagement und dessen wirtschaftlichem Nutzen gesprochen wird, beinhalten diese Gespräche häufig nur die Betrachtung von Arbeitsunfähigkeitszahlen und –kosten. Die Reduzierung des wirtschaftlichen Nutzens von Gesundheitsmanagement auf die Analyse von Arbeitsunfähigkeit wird voraussichtlich daraus abzuleiten sein, dass die Arbeitsunfähigkeitskosten im Unternehmen leicht messbar[221] sind und deren Reduzierung oder Erhöhung statistisch gut auszuwerten ist. Gesundheit, gesunde Mitarbeiter oder die *„optimal"* zu erbringende Arbeitsleistung sind nicht gleichzusetzen mit dem Begriff „Arbeitsfähigkeit". Als gesund wird in der Praxis häufig – unrichtigerweise – derjenige bezeichnet, der am Arbeitsplatz erscheint und seine Arbeit verrichtet. Ist ein Mitarbeiter arbeitsfähig, so bedeutet das nicht gleichermaßen, dass der Mitarbeiter die *„optimale"* Arbeitsleistung erbringt oder sich objektiv wie subjektiv bester Gesundheit erfreut.[222]

Gesundheit und somit auch der wirtschaftliche Nutzen von tatsächlich gesunden Mitarbeitern ist zunächst losgelöst von dem im Unternehmen bestehenden Krankenstand bzw. den Arbeitsunfähigkeitszeiten zu betrachten. Grundsätzlich kann gesagt werden, dass ein funktionierendes Gesundheitsmanagement geeignet ist, um Mitarbeiter in ihren gesundheitlichen Gleichgewichtszustand zu versetzen bzw. sie darin zu halten.

---

[221] *Ulich*, S. 136.

[222] Ebd. S. 136 ff.

Mit der folgenden Abbildung soll gezeigt werden, wie Privat- und Arbeitsleben miteinander verbunden sind und Einfluss auf die Gesundheit nehmen können:

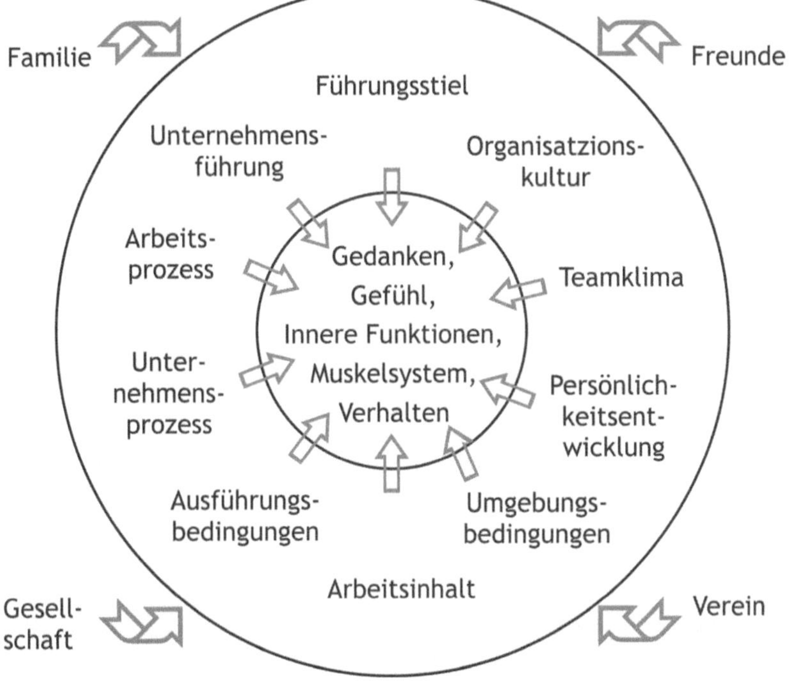

Abbildung 8: Einflüsse auf den Gesundheitszustand[223]

6.2 Praktisches Beispiel

Ein Mitarbeiter hat z.B. Rückenschmerzen, die Erholung und Schonung verlangen bzw. keine großen Belastungen erlauben. Der Mitarbeiter hat z.B. nur phasenweise Schmerzen und diese sind auch noch nicht im „sehr schmerzhaften Bereich". Der Mitarbeiter geht aber weiterhin zur Arbeit, um seine Vorgesetzten nicht zu verärgern bzw. seine Kollegen nicht mit Mehrarbeit zu belasten.[224] Die Arbeitsleistung wird ab diesem Zeitpunkt deutlich reduziert sein, und der Gesundheitszustand (Rückenschmerzen) wird sich mit hoher Wahrscheinlichkeit verschlimmern. Wird dieser Prozess über einen längeren Zeitraum fortgesetzt, so wird der Mitarbeiter voraussichtlich in die Arbeitsunfähigkeit gehen müssen,

---

[223] Verändert aus: *Nagel* 2004 in Toolbox psy.Risk.

[224] *Ulich*, S. 135; Vgl. eine repräsentative Umfrage der Bertelsmann Stiftung, Mehrheiten der Deutschen arbeiten auch im Krankheitsfall, http://www.dnbgf.de/index.php?id=247#711, Stand 25.Sebtember 2007.

um nun einen erheblichen Rückenschaden auszukurieren. Die Arbeitsunfähigkeit wird – auch ohne Krankenhausaufenthalt – wesentlich länger sein, als sie es mit rechtzeitiger Ruhe und ärztlicher Behandlung gewesen wäre. Folgen daraus sind:[225]

- Der Mitarbeiter hat eine Zeit lang keine „normale“ Arbeitsleistung erbringen können (Produktivitätsrückgang).
- Der Mitarbeiter fiel für eine längere Zeit aus, als es „nötig“ gewesen wäre (erhöhter Personalaufwand, Kosten für eine Ersatzkraft bzw. für Mehrarbeitsleistungen anderer).
- Der Produktions- oder Arbeitsablauf wurde gestört (Produktivitätsrückgang).
- Evtl. Schwierigkeiten in der Termineinhaltung (Konventionalstrafen, unzufriedene Kunden).

6.3 Nutzen für jeden Unternehmensbeteiligten[226]

Ein Gesundheitsmanagement im Unternehmen nützt Arbeitgebern, Arbeitnehmern, Kunden des Unternehmens sowie im weiteren Sinne den Rehabilitationsträgern, den Familienangehörigen der Arbeitgeber und Arbeitnehmer und der Volkswirtschaft.

Arbeitnehmer ziehen aus einem Gesundheitsmanagement den positiven Nutzen, indem ihr Erkrankungsrisiko verringert bzw. ihr Gesundheitszustand erhalten bleibt oder verbessert wird.[227] Regelmäßig ist mit einem hohen Gesundheitszustand eine hohe Lebensqualität verbunden. Durch ein Gesundheitsmanagement kann die Arbeitszufriedenheit, die Motivation der Beschäftigten gesteigert und das Betriebsklima sowie die Produktivität gefördert werden. Außerdem kann die Fehlzeitenquote gesenkt werden.[228] *Aldana*[229] berichtet auf der Basis quasi-experimentell gewonnener Untersuchungsergebnisse über Reduktionen der Fehlzeiten zwischen 12 und 36% bei denjenigen Personen, die an Gesundheitsförderungsprogrammen teilgenommen hatten. In der gleichen Untersuchung zeigte sich eine Verringerung der mit Fehlzeiten verbundenen Kosten von ca. 34%. Der ROI in Bezug auf Krankheitskosten lag in den genannten Studien zwischen 1:2,3 und 1:5,9.

Der wirtschaftliche Nutzen resultiert unter anderen aus:[230]

- geringere Überstundenzeiten,
- geringere Entgeltfortzahlungskosten,
- geringerer Einsatz von Aushilfskräften,

---

[225] *Ulich*, Ebd.

[226] *Kurtenbach*, ebd. S. 54 und 55.

[227] *Hartmann*, S. 8.

[228] *Ramsauer*, S. 1.

[229] *Aldana*, S. 296 – 320.

[230] *Bedner*, S. 167; vgl. auch die im Punkt F, V entwickelte Gewinnformel mit Erläuterungen.

- langfristig geringere Krankenkassenbeiträge (Lohnnebenkosten),
- Reduzierung von Arbeitsunfällen und evtl. Produktionsausfällen.

Wie unten im Punkt V näher beschrieben, wirkt sich ein Gesundheitsmanagement positiv auf die Personalfluktuation bzw. auf den Personalkoordinierungsaufwand aus. Daraus leiten sich positive Folgen für die Prozess- und Produktqualität ab und steigern sowohl Produktivität, Qualität, Wirtschaftlichkeit wie auch die Wettbewerbsfähigkeit.[231] Die Gesundheit der Mitarbeiter kann somit als strategischer Faktor in Unternehmensprozessen verstanden und integriert werden.[232] Unternehmen, die ein Gesundheitsmanagement vorweisen können, erhöhen ihre Attraktivität am Arbeitsmarkt. Unter dem Gesichtspunkt des demographischen Wandels wird dieser Aspekt in Zukunft an Bedeutung gewinnen.

Durch die reduzierten Arbeitsunfähigkeitszeiten ergeben sich auch Vorteile für die Rehabilitationsträger. Teure Rehabilitationsmaßnahmen brauchen nicht mehr durch Krankenkassen, Arbeitsagenturen oder Berufsgenossenschaften u. a. finanziert zu werden.

Die Familienangehörigen haben einen positiven Nutzen, indem die privaten Pflegezeiten abnehmen und somit eine höhere Lebensqualität erzielt wird. Daraus folgt wiederum eine erhöhte Zufriedenheit, die auch Grundlage für eine gute Arbeitsleistung ist.

Gesamt- bzw. volkswirtschaftliche Betrachtungen des Arbeitsunfähigkeitsgeschehens sind selten. Umfassende Ergebnisse liegen nur für Arbeits- und Wegeunfälle vor. 1994 entstanden demnach 17,8 Milliarden Euro an Reproduktions- und Ressourcenausfallkosten. Insgesamt werden volkswirtschaftliche Verluste mit einem Betrag von ca. 30,9 Milliarden Euro pro Jahr angegeben.[233] Werden zu den Wege- und Arbeitsunfällen alle weiteren Arbeitsausfallzeiten und die Kosten für Pflege, Behandlung und Rehabilitation (ca. 46 Milliarden Euro[234]) von Arbeitnehmern hinzugerechnet, ergibt sich ein gesamtwirtschaftlicher Verlust von ca. 92 Milliarden Euro.[235]

6.4 Arbeitsfähigkeit, Arbeitsunfähigkeit und Arbeitsleistung

Die nachfolgende Abbildung soll verdeutlichen, in welchem Verhältnis Arbeitsfähigkeit, Arbeitsunfähigkeit und Arbeitsleistung zueinander stehen. Zunächst werden die in der Abbildung verwendeten Begriffe definiert.

---

[231] Hierzu vertiefend *Kerkau*, S. 68 f.

[232] zu den Kosten von Personalfluktuationen siehe Ebd. S. 15.

[233] Vgl. *Brandenburg/Nieder/Susen*, S. 101; *Baum/Heibach/Höhnisch*, S. 5.

[234] *Brandenburg/Nieder/Susen*, S. 123.

[235] Vgl. *Meifert/Kesting*, S. 59.

Begriffserklärungen für die folgende Abbildung:

objektiv = Jede Bewertung von einem zugelassenen Arzt, die zur Krankschreibung führt. Lässt sich ein Mitarbeiter nicht untersuchen, gilt er als objektiv gesund.

Subjektiv = das eigene Empfinden des Mitarbeiters

Gesund = der Mitarbeiter befindet sich physisch und psychisch in einem objektiv und subjektiv „optimalen" Zustand (Gleichgewicht)

Krank = das Gleichgewicht ist gestört

objektiv krank = Der Mitarbeiter ist krank, verdrängt dies aber und fühlt sich deshalb „subjektiv gesund" (z.B. Angst vor Diagnose oder Arbeitsplatzangst)

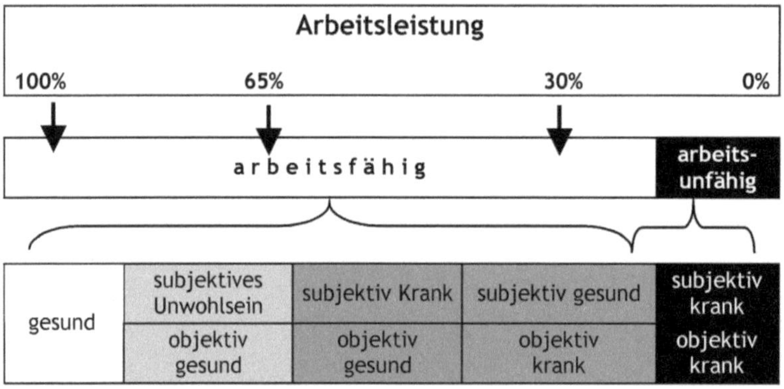

***Abbildung 9: arbeitsfähig trotz Krankheit*[236]**

Zustände, in denen der Mitarbeiter „objektiv gesund" ist, sich aber „subjektiv krank" (unwohl) fühlt, werden häufig auf psychische Ursachen[237] zurückzuführen sein. In der Regel gehen Mitarbeiter zu ihren Hausärzten, und diese schreiben sie regelmäßig nur unter medizinisch-physischen Diagnosen krank. Der Psychologe bzw. Psychotherapeut, der einen Patienten (Mitarbeiter) aufgrund eines psychologischen Ungleichgewichtes krankschreibt, wird, wenn überhaupt, erst sehr spät aufgesucht. Zustände, in denen sich der Mitarbeiter „subjektiv gesund" fühlt, er aber „objektiv krank" ist, werden häufig mit einem psychischen Verdrängungsprozess einhergehen. Diese Verdrängungsprozesse resultierten z.B. aus Angst

---

[236] Eigene Darstellung.

[237] Ergänzend hierzu, *Ulich*, S. 136 ff.

vor einer negativen Diagnose oder aus Arbeitsplatzangst oder auch nur, um dem unangenehmen Gefühl zu entweichen, schuld an Arbeitsablaufstörungen zu sein.[238]

Um die Arbeitsunfähigkeit und die verminderte Leistungsfähigkeit im Unternehmen möglichst gering zu halten, bedarf es einer offenen und vertrauensvollen Kommunikation zwischen Mitarbeitern und Vorgesetzten.

Mit den oben dargestellten Abbildungen 8 und 9 soll gezeigt werden, wie häufig Arbeit in einem nur suboptimalen Gesundheitszustand geleistet wird und wie viele verschiedene Faktoren Auswirkungen auf den Gesundheitszustand haben können. Diese Faktoren (z.B. Arbeitsprozess, Unternehmensprozess, Teamklima, Führungsstil, Freund, usw.) können positiv wie negativ Einfluss auf den Gesundheitszustand des Mitarbeiters nehmen. Zudem wird an der Abbildung 9 deutlich, dass die „Arbeitsfähigkeit" nicht mit einem statischen „gesunden Zustand" gleichzusetzen ist.

Die soeben dargelegten Ausführungen (siehe auch die vorherige Abbildung) verdeutlichen, dass es zwei Arten von Leistungsreduzierung bei Mitarbeitern gibt:

- Die Leistungsminderung (Arbeitsleistung < 100 % aber > 0 %, arbeitsfähig)
- Der Leistungsausfall (Arbeitsleistung = 0 %, arbeitsunfähig)

Die genauere Betrachtung beider genannten Alternativen wird aufzeigen, dass durch gesundheitliche Unterstützungsmaßnahmen, die schwerpunktmäßig präventiv ausgerichtet sein sollten, eine hohe Wahrscheinlichkeit besteht, die Arbeitsproduktivität zu steigern. Grundsätzlich ausgeschlossen ist eine Verbesserung des Gesundheitszustandes durch betriebliche Maßnahmen, wenn Krankheiten bzw. Abwesenheitszeiten ihren Ursprung in äußeren Einflüssen wie Infektionserkrankungen haben oder wenn schon chronische Leiden vorhanden sind oder Krankheiten aufgrund einer individuellen Konstitution bzw. Lebensbedingungen vorliegen.

Im Folgenden wird davon ausgegangen, dass Krankheiten, die zu den o.g. Alternativen führen, keine unbeeinflussbaren Krankheiten darstellen. In den durch betriebliche Gesundheitsmaßnahmen beeinflussbaren Erkrankungen liegt somit ein potenzieller Wirtschaftlichkeitsfaktor. Wenn der wirtschaftliche Nutzen die Kosten für die in Frage kommenden Gesundheitsmaßnahmen übersteigt, erfährt ein Unternehmen durch ein Gesundheitsmanagement Gewinnsteigerungen.

6.5 Gewinnformel unter Berücksichtigung eines Gesundheitsmanagements

Der Unternehmenserfolg kann auf unterschiedliche Weise berechnet werden. Allgemein kann der Erfolg aus drei Richtungen betrachten werden:[239]

---

[238] *Bitzer*, S. 3 ff.

Für die Kostenrechnung

Leistung	-	Kosten	=	Betriebsergebnis

Für die Steuerbilanz

Erfolgswirksame Betriebseinnahmen	-	Abzugsfähige Betriebsausgaben	=	steuerpflichtiger Gewinn/Verlust

Für die Bilanz

Erträge	-	Aufwand	=	Gewinn/Verlust
Bezogen auf Umsatzerlöse:				
Preis x abgesetzte Menge	-	variable + fixe Aufwendungen	=	Gewinn/Verlust

Im weiteren Verlauf wird als Grundlage die Formel für die Bilanz verwendet. Für die bessere Übersichtlichkeit werden nicht alle Faktoren beschrieben, aus denen sich der Gewinn zusammensetzt. So werden nicht alle Erträge aufgeführt, sondern nur die Umsatzerlöse. Ebenso wird auch nicht auf den sog. neutralen Aufwand[240] eingegangen.

Es gibt somit zwei Faktoren (Umsatzerlös und Aufwand) welche die Höhe des Gewinns beeinflussen können. Im Folgenden wird unterstellt, dass der Preis für ein Produkt bzw. eine Dienstleistung und die abgesetzte Menge konstant bleiben. Unter dieser Annahme lässt sich der Gewinn nur noch über den Aufwand beeinflussen. Die Reduzierung der im Unternehmen anfallenden Aufwendungen führt also zu einer Gewinnsteigerung. Unternehmer müssen nun innerhalb eines strategisch und umfassend erstellten Unternehmensplans, dass im Unternehmen nicht genutzte Potenzial herausstellen und planmäßig ausschöpfen. Hieraus ergeben sich Synergien, die direkt oder indirekt den Aufwand mindern.

Wie im Verlauf der Arbeit dargestellt, entstehen durch Leistungsausfall sowie durch leistungsgeschwächte Mitarbeiter zusätzliche Aufwendungen. Aufwendungen, die sich hieraus ableiten lassen, sind durch ein Gesundheitsmanagement beeinflussbar. Im Folgenden wird der Zusammenhang zwischen Aufwand, Gesundheitsmanagement und Gewinn anhand einer selbst erarbeiteten Formel dargestellt. An die Formel angehängt, sind drei Spalten, die jeden einzelnen Faktor der Formel (z.B. Personalreserve- oder Überstundenaufwand) auf

- die Beeinflussbarkeit durch ein Gesundheitsmanagement,
- die Messbarkeit (gering-, mittel-, voll-messbar) und auf
- den direkten oder indirekten Einfluss auf den Gewinn überprüfen.

Die unten dargestellte Formel soll die „*Gesundheit im weiteren Sinne*" betreffen und nicht die „*Gesundheit im engeren Sinne*". Hieraus folgt, dass Aspekte der Arbeitssicherheit nur bedingt berücksichtigt werden. Wie schon aus den Erläuterungen der oben aufgeführten Gesetze deutlich wird, findet die Arbeitssicherheit eine breite und oft detaillierte gesetzli-

---

[239] *Wöhe*, S. 748.

[240] Betriebsfremder, Außerordentlicher, Bewertungsbedingter Aufwand; vgl. hierzu ebd., S. 742.

che Grundlage. Im Gegensatz dazu ist die „*Gesundheit im weiteren Sinne*“, also der über die gesetzlichen Regelungen hinausgehende Gesundheitsschutz, eher allgemein geregelt. Die allgemeinen Regelungen lassen dem Unternehmer also viel Gestaltungsspielraum. Um dem Unternehmer die zum Teil große wirtschaftliche Bedeutung von einem übergesetzlichen Gesundheitsschutz aufzuzeigen, wurde eine Gewinnformel unter Berücksichtigung von Gesundheitsmanagement – speziell, „*Gesundheit im weiteren Sinne*“ – erarbeitet.

Die Formel erfüllt nicht den Anspruch auf Vollständigkeit. Sie ist aber mit größter Sorgfalt erstellt[241] und beinhaltet eine Vielzahl von Aspekten die durch ein Gesundheitsmanagement beeinflussbar sind.

Die folgende Formel und die Erläuterungen gehen von dem Idealfall aus, dass alle Produkte am Markt abgesetzt werden können. Andernfalls müsste die Formel auf die abgesetzte Menge abgestimmt werden. Im Anschluss an die Gewinnformel folgen die Erläuterungen zu den einzelnen Punkten der Formel.

		Beeinflussbarkeit durch ein Gesundheitsmanagement	Messbarkeit	direkter oder indirekter Einfluss auf den Gewinn
	Produkt-/Dienstleistungspreise	nicht beeinflussbar	volle M.	direkter E.
x	quantitative Arbeitsleistung/Produktivität	beeinflussbar	volle M.	direkter E.
+	qualitative Arbeitsleistung	beeinflussbar	geringe M.	indirekter E.
-	Überstundenaufwand/Mehrarbeitsaufwand	beeinflussbar	volle M.	direkter E.
-	Personalreserve-/Aushilfspersonalaufwand	beeinflussbar	mittlere M.	direkter E.
-	Beitrag zur Berufsgenossenschaft	beeinflussbar	volle M.	direkter E.
-	Entgeltfortzahlungsaufwand	beeinflussbar	volle M.	direkter E.
-	Arbeitsverdichtung/Arbeitsintensität/Arbeitsbelastung/Arbeitsmotivation/Stressfaktor pro Stunde/Tag	beeinflussbar	geringe bis mittlere M.	indirekter E.
-	Koordinierungsaufwand	beeinflussbar	mittlere bis volle M.	indirekter E.
-	sonstige Aufwendungen/Gesamtaufwand	evtl. beeinflussbar	volle M.	direkter E.
=	**Gewinn/Verlust**	**beeinflussba**	volle M.	

Abbildung 10: Gewinnformel unter Berücksichtigung von Gesundheitsmanagement

[241] Eigene Darstellung.

Quantitative Arbeitsleistung/Produktivität

Mit der quantitativen Arbeitsleistung bzw. Produktivität ist die erzeugte Produktanzahl oder die Anzahl der durchgeführten Dienstleistungen gemeint, die am Markt abgesetzt bzw. erbracht werden konnte. Wenn die Quantität der Arbeitsleistung abnimmt, wird im Ergebnis ein Umsatzausfall eintreten:

Produkt-/Dienstleistungspreise	x	Angebotene Dienstleistung bzw. abgesetzte Produktmenge	=	Umsatz
100 € VK-Preis	x	10.000 Produkten	=	**1.000.000€**
100 € VK-Preis	X	9.900 Produkte	=	**990.000€**

10.000 € Umsatzeinbußen bei 1% Produktionsausfall

Abbildung 11: Umsatzeinbußen durch Produktionsausfall

Für eine richtige Gewinnermittlung muss die o. g. Gewinn-Formel aufgrund des Arbeitsausfalles um die dadurch ersparten variablen Aufwendungen bereinigt werden. Die Höhe des tatsächlich entgangenen Umsatzes hängt von den folgenden Faktoren ab:[242]

- von der Dauer der Ausfallzeit
- von dem planmäßigen Kapazitätsausnutzungsgrad
- von der während der Ausfallzeit noch realisierten Leistungsmenge
- von der Menge der von Qualitätsminderungen betroffenen Waren und
- vom Ausmaß der Qualitäts- oder Leistungsminderung.

Unter Berücksichtigung der genannten Faktoren kann ein Leistungsausfall oder eine Leistungsminderung zu Mengeneinbußen in der Produktion bzw. im Abschluss von Dienstleistungen führen. Der wirtschaftliche Nutzen von Gesundheitsmaßnahmen liegt also konkret – wenn auch schwer messbar – in der Divergenz zwischen voller und geminderter Leistungsfähigkeit und dem daraus entstehenden Produktivitätsrückgang. Eine hundertprozentige Leistungsfähigkeit im gesamten Unternehmen oder die Reduzierung des Krankenstandes auf Null wird nicht möglich sein. Menschen werden naturgemäß zeitweise krank bzw. in ihrer individuellen Konstitution leistungsmindernd beeinflusst. Dass sich ein Gesundheitsmanagement auf den Unternehmenserfolg positiv auswirken kann, ist mittlerweile durch einige Studien belegt.[243]

---

[242] *Thiehoff*, S. 108.

[243] BKK, Beispiele guter Praxis betrieblicher Gesundheitsförderung, 1999; Petersen/Egger, Gesundheit ist Chefsache, Kilchberg: Smartbooks, 1999; BKK-Studie 2004, Ärztezeitung – online, 10/2004;

Qualitative Arbeitsleistung

Die Qualität der Produkte und Dienstleistungen ist oft entscheidender Kauffaktor für Kunden. Die Qualität der Produkte hängt nicht alleine vom verarbeiteten Material ab, sondern zugleich von der fachlichen und persönlichen Fähigkeit des Arbeitnehmers. Wenn der Arbeitnehmer gesundheitlich geschwächt – also leistungsgemindert – arbeitet, nimmt unter Umständen seine persönliche Fähigkeit ab, so dass er Produkte oder Dienstleistungen nicht mehr so bearbeiten und ausführen kann, wie es für ihn und das Unternehmen üblich und gewohnt ist. Die Qualität, die zu den sog. „*weichen Faktoren*" zählt, nimmt somit ab. Weiche Faktoren sind solche, die Einfluss auf die Arbeitsleistung bzw. auf den Unternehmenserfolg nehmen, aber nur sehr schwierig messbar sind. Die schwierige Messbarkeit weicher Faktoren resultiert im Wesentlichen daraus, dass sie von unterschiedlichsten Bedingungen beeinflusst werden können und die Auswirkungen (z.B. Qualitätsverlust, der zur Kundenunzufriedenheit führen kann) erst sehr verspätet eintreten und zudem nicht direkt einem bestimmten Ereignis zurechenbar sind.[244]

Die Qualität von Produkten oder Dienstleistungen kann auch dadurch reduziert werden, dass Arbeitskollegen einen arbeitsunfähigen Mitarbeiter durch Mehrarbeit ersetzten müssen und diese somit einer erhöhten Arbeitsverdichtung bzw. Arbeitszeitverlängerung unterliegen. Beide Aspekte wirken sich unter Umständen negativ auf die Qualität aus, weil die Belastbarkeitsgrenze erreicht sein kann bzw. die Konzentration nach den Maßgaben der abnehmenden (Arbeits-)Grenzproduktivität[245] zum Ende eines Arbeitstages abnimmt.

Überstundenaufwand/Mehrarbeitsaufwand

Wenn ein Mitarbeiter arbeitsunfähig erkrankt, ist ein Unternehmen je nach Art der Arbeit und der Organisationsstruktur dazu gezwungen eine Ersatzkraft für den erkrankten Mitarbeiter zu finden oder eigenen Mitarbeitern Überstunden aufzuerlegen. Wenn ein Mitarbeiter Überstunden leistet, kommen evtl. folgende Aufwendungen auf das Unternehmen zu:

- Lohn- und Gehaltsaufwand für die mehrgeleisteten Arbeitsstunden,
- wenn vereinbart, kommt ein Überstundenzuschlag in Betracht
- Koordinierungs- und Einarbeitungsaufwand.

Da diese Aufwendungen neben dem Entgeltfortzahlungsaufwand anfallen, besteht ein erhöhter Personalaufwand, der sich gewinnmindernd auswirkt.

Zur Veranschaulichung eine sehr stark vereinfachte Darstellung der Personalaufwendungen:

AOK Bundesverband, wirtschaftlicher Nutzen betrieblicher Gesundheitsförderung aus Sich von Unternehmen, Dokumentation und Befragung, April 2005.

[244] Vgl. *Weinreich/Weigl*, S. 140.

[245] Siehe hierzu vertriefend: *Bontrup*, S. 396.

ohne Fehlzeiten

Lohn- und Gehaltsaufwand	=	Personal-aufwand

mit Fehlzeiten

Lohnfort-zahlungs-aufwand	+	Überstunden-vergütung	+	ggf. Über-stundenzu-schlag	+	ggf. Koordinierungs- u. Einarbeitungs-aufwand	=	Personal-aufwand

Abbildung 12: Gegenüberstellung von Personalaufwand mit und ohne Fehlzeiten

Personalreserve-/Aushilfspersonalaufwand

Unternehmen können sich ggf. keinen Produktionsausfall erlauben (Vollkontinuierliches Schichtsystem). Um den Produktionsausfall zu verhindern, werden Unternehmen regelmäßig auf ihre Personalreserven zurückgreifen. Das können sein:

- selbst angelerntes Aushilfspersonal, welches auf Abruf tätig wird,
- fest eingestellte Mitarbeiter, die als sog. Springer (Mitarbeiter speziell für mehrere Tätigkeiten im Unternehmen ausgebildet) bei Bedarf einsetzbar sind,
- Leiharbeitnehmer, die von einem externen Unternehmen (Verleihunternehmen) zur befristeten Arbeit überlassen werden,
- Sonstige.

Je höher der Ausfall von Beschäftigten ist, desto höher sind die Aufwendungen für das Zusatzpersonal. Durch eine kontinuierliche Verbesserung des Gesundheitszustandes im Unternehmen kann die Anwesenheitszeit aller Mitarbeiter im Unternehmen erhöht werden. Das hat zur Folge, dass die Personalreserve abgebaut oder reduziert werden kann.

Der Einsatz von Leiharbeitnehmern, als Personalreserve, wirkt sich allerdings nicht gewinnmindernd aus, weil Leiharbeitnehmer betriebswirtschaftliche Kosten (erfolgsneutrales Konto in der Bilanz) und keinen betriebswirtschaftlichen Aufwand (erfolgswirksames Konto der Gewinn und Verlustrechnung) darstellen. Im Ergebnis ist aber die Liquidität durch Veränderung in den Konten „Bank“ oder „Kasse“ reduziert. Das Geld würde also z.B. bei einer kurzfristig geplanten Gewinnausschüttung oder Investition fehlen.

Der wirtschaftliche Nutzen tritt erst ein, wenn der Abbau der Personalreserve realisiert ist oder die Personalreserve in anderen Bereichen für eine Produktivitätssteigerung eingesetzt werden kann.[246]

---

[246] Vgl. *Thiehoff*, S. 109.

Beitrag zur Berufsgenossenschaft

Die Berufsgenossenschaften erbringen Leistungen, deren Bedarf aufgrund von Arbeitsunfällen und Berufskrankheiten ausgelöst wurde. Somit ist also im Wesentlichen die Arbeitssicherheit betroffen. Dennoch kann der Beitrag für die Berufsgenossenschaft, neben den Arbeitssicherheitsmaßnahmen, auch durch ein darüber hinausgehendes Gesundheitsmanagement positiv beeinflusst werden.

Die Berufsgenossenschaften erheben ihre Beiträge nach dem sog. Umlageverfahren. Alle Kosten die innerhalb einer Branche aufgrund von Arbeitsunfällen und Berufskrankheiten anfallen, werden nach dem Umlageverfahren auf alle Unternehmen der Branche verteilt. Die Beitragsberechnung setzt sich aus drei Faktoren zusammen:

- Die Höhe der Beiträge richtet sich dabei unter anderem nach der durchschnittlichen Unfallgefahr in der jeweiligen Branche, in der ein Unternehmer Schwerpunktmäßig tätig ist. Von der Berufsgenossenschaft festgelegte Gefahrenklassen spiegeln insoweit das Versicherungsrisiko wider, das in dem jeweiligen Gewerbezweig besteht.
- Die Lohnsumme, also die Summe der vom Unternehmer an seine Beschäftigte gezahlten Arbeitsentgelte findet Berücksichtigung bei der Beitragsberechnung. Branchen mit geringen Arbeitsentgelten zahlen somit weniger Beitrag als lohnintensive Gewerbezweige.
- Die Schadensentwicklung im eigenen Unternehmen kann bei der Beitragsberechnung berücksichtigt werden. Je nach Schadensentwicklung können somit Beitragsaufschläge oder –nachlässe gewährt werden. Unternehmen sollen hierdurch dazu bewegt werden, ihre Arbeitssicherheit zu verbessern.

Die Lohnsumme kann z.B. reduziert werden, wenn die im Unternehmen vorgehaltene Personalreserve durch ein Gesundheitsmanagement ganz oder teilweise abgebaut werden kann.

Die Schadensentwicklung im Unternehmen wird überwiegend durch die Arbeitssicherheitsmaßnahmen gelenkt. Jedoch können Gesundheitsmaßnahmen dazu beitragen, dass Mitarbeiter gesünder, zufriedener und mit einem insgesamt sehr guten Wohlbefinden arbeiten. Daraus folgt eine verbesserte Konzentrationsfähigkeit und Achtsamkeit während der Arbeit. Daraus folgt wiederum, dass Mitarbeiter seltener in gefährliche Situationen geraten, welche dann zu Arbeitsunfällen führen können.

Die Lohnsumme und die Schadensentwicklung lassen sich also durch Gesundheitsmaßnahmen positiv beeinflussen. Da beide Faktoren zur Berechnung des Beitrages für die Berufsgenossenschaften herangezogen werden, lässt sich der Beitrag aufgrund eines Gesundheitsmanagements reduzieren.

Entgeltfortzahlungsaufwand

Gem. § 3 Abs. 1, Satz 1 EFZG muss der Arbeitgeber regelmäßig die Vergütung für die ersten sechs Wochen der Arbeitsunfähigkeit fortzahlen. Ab der sechsten Woche würde dieser Punkt keine Veränderungen mehr aufweisen.

Mit der Einführung und langfristigen Aufrechterhaltung eines Gesundheitsmanagements kann einer Arbeitsunfähigkeit vorgebeugt und die Dauer von Arbeitsunfähigkeitszeiten reduziert werden. Beide Aspekte führen dazu, dass kein Entgeltfortzahlungsaufwand entsteht und somit liegt auch keine Gewinnminderung vor.

Arbeitsverdichtung/-intensität/-belastung pro Stunde/Tag

Fallen in einem Unternehmen Mitarbeiter aus und wird dieser Arbeitsausfall durch andere Mitarbeiter des Unternehmens ausgeglichen, liegt eine Arbeitsverdichtung und somit eine höhere Arbeitsbelastung für diese Mitarbeiter vor. Zumindest liegt sie dann vor, wenn die Mitarbeiter die Mehrarbeit gleichzeitig zu ihrer üblichen Tätigkeit ausführen müssen. Je nach Dauer der Arbeitsunfähigkeit wird der mit Mehrarbeit belastete Mitarbeiter regelmäßig Qualitätseinbußen verursachen. Nach den o. g. Maßgaben der abnehmenden Grenzproduktivität kommt hier noch die Mehrbelastung hinzu. Der Mitarbeiter ist einem höheren Stressfaktor (regelmäßig Disstress) ausgesetzt. Das kann seine Arbeitszufriedenheit negativ beeinflussen und eine Leistungsminderung zur Folge haben. Das kann sich wiederum negativ auf Arbeitskollegen und das Betriebsklima auswirken.

Die Arbeitsverdichtung kann über folgende Formel berechnet werden:

Anzahl der erzeugten Produkte pro Tag	/	Anzahl der Mitarbeiter an diesem Tag	X	Arbeitsstunden pro Mitarbeiter am Tag	=	Arbeitsverdichtung pro Stunde	=	Produktivität pro Stunde

In der Verwaltung müsste jede auszuführende Tätigkeit mit einem Zeitfaktor multipliziert und durch die Anzahl der Beschäftigten geteilt werden. Im Ergebnis würde anhand der anfallenden Zeit pro Mitarbeiter die Arbeitsverdichtung bemessen.

Koordinierungsaufwand

Der Koordinierungsaufwand beinhaltet im Wesentlichen den Aufwand der Personalabteilung bzw. der direkten Vorgesetzten, der von ihnen zusätzlich erbracht werden muss, um das Aushilfspersonal oder die Mehrarbeit unter den Beschäftigten zu regeln.[247] Während ein direkter Vorgesetzter oder ein Personalleiter mit dem Koordinieren der Mitarbeiter beschäftigt ist, wird er keine anderen Arbeiten übernehmen können. Da diese Fälle nicht planbar sind, sondern spontan eintreten, wird zusätzlich der gewöhnliche Arbeitsablauf gestört. Zwar ist gerade diese Arbeit für Personalleiter und direkte Vorgesetzte immanent mit ihrer Funktion im Unternehmen verbunden und somit keine ungewöhnliche Tätigkeit für ihren Aufgabenbereich, aber durch gesundheitsfördernde Maßnahmen könnten diese Störsituationen reduziert werden. Infolgedessen würde mehr freie Arbeitszeit entstehen, die für Aufgaben mit höherer Priorität genutzt werden könnte.

[247] *Bitzer*, S. 2.

Sonstige Aufwendungen/Gesamtaufwand

Unter die sonstigen Aufwendungen/Gesamtaufwand fallen alle Aufwendungen, die unter den o.g. Punkten nicht zu subsumieren sind. Letztendlich also alle fixen und variablen Aufwendungen, die in einem Unternehmen gewinnmindernd anfallen.

Gewinn/Verlust:

Wie aus der beschriebenen Formel deutlich wird, beinhaltet sie mehrere gewinnreduzierende Aspekte, die durch gesundheitsförderliche Maßnahmen positiv beeinflussbar sind. In den drei nebenstehenden Spalten

- Beeinflussbarkeit durch ein Gesundheitsmanagement,
- Messbarkeit sowie
- indirekter oder direkter Einfluss auf den Gewinn

soll, wie oben schon beschrieben, der Zusammenhang zwischen den einzelnen beschriebenen Punkten und dem Gewinn verdeutlicht werden. Einzelne Punkte verlieren in der Praxis häufig an Bedeutung, wenn sie zwar beeinflussbar sind, aber nur eine geringe Messbarkeit sowie einen nur indirekten Einfluss auf den Gewinn aufweisen.

Weitere Folgen:

Fallen Mitarbeiter krankheitsbedingt aus oder arbeiten sie nur mit reduzierter Leistungsfähigkeit (also mit geringerer Qualität und Quantität), so könnte es zu Terminüberschreitungen kommen oder grundsätzlich zur Unzufriedenheit der Kunden.[248] Diese verlangen evtl. eine Preisreduzierung oder nehmen zukünftig die Leistungen von Konkurrenten in Anspruch.

---

[248] Vgl. *Goodman/Atkin*, S. 279 ff.; *Schnabel*, S. 36ff.

7 Aufbau - Praktischer Teil

Der Praktische Teil dieses Buches ist in drei Punkte gegliedert. Zunächst wird das Unternehmen kurz vorgestellt, um dem Leser einen Überblick darüber zu verschaffen, um welche Art von Unternehmen es sich handelt. Mit den Informationen können die nachfolgenden Ausführungen besser in die Unternehmensstruktur eingeordnet werden. Schwerpunkt im praktischen Teil ist die Überprüfung aller Unternehmensfaktoren wie Beschäftigte, Geschäftsführung, Kunden, Unternehmensstrategie, Unternehmensabläufe, in Bezug auf die Gesundheit aller im Unternehmen beschäftigten Personen und eines umfassenden Konzeptes zur Gesundheitsprävention. An diesen Punkt schließt sich die Erarbeitung einer organisatorischen Einheit für das Unternehmen zur Planung, Umsetzung und Evaluierung aller Gesundheitsaspekte an.

Nach dem praktischen Teil schließt die Arbeit zur Abrundung mit einem Schlusswort.

8 Das Unternehmen

8.1 Konzern

Das Unternehmen gehört zu einem weltweit tätigen Konzern, der insgesamt ca. 200.000 Mitarbeiter in über 50 Ländern beschäftigt. Der Konzern gliedert sich grob in fünf Hauptsparten, welche aus Anonymisierungsgründen nicht näher benannt werden können.

8.2 Das Unternehmen

Das Unternehmen ist führender Produzent in einer seiner Branche für ganz Europa. In Deutschland betreibt es mit rund 1.050 Mitarbeitern vier Großanlagen, die im vollkontinuierlichen Produktionsprozess mehrere Tonnen Rohstoffe täglich zur Weiterverarbeitung herstellen. Das Unternehmen liefert diese Rohstoffe fast ausschließlich an Weiterverarbeitungsunternehmen und generiert somit nahe zu keinen direkten Absatz beim Endverbraucher. Die Rechtsform des Unternehmens ist eine Gesellschaft mit beschränkter Haftung (GmbH).

Es handelt sich bei diesem Unternehmen um ein „reales aber Anonymisiertes Unternehmen" und wird somit im weiteren Verlauf als „RaA GmbH" oder einfach als „das Unternehmen" bezeichnet.

8.3 Die Unternehmensstruktur

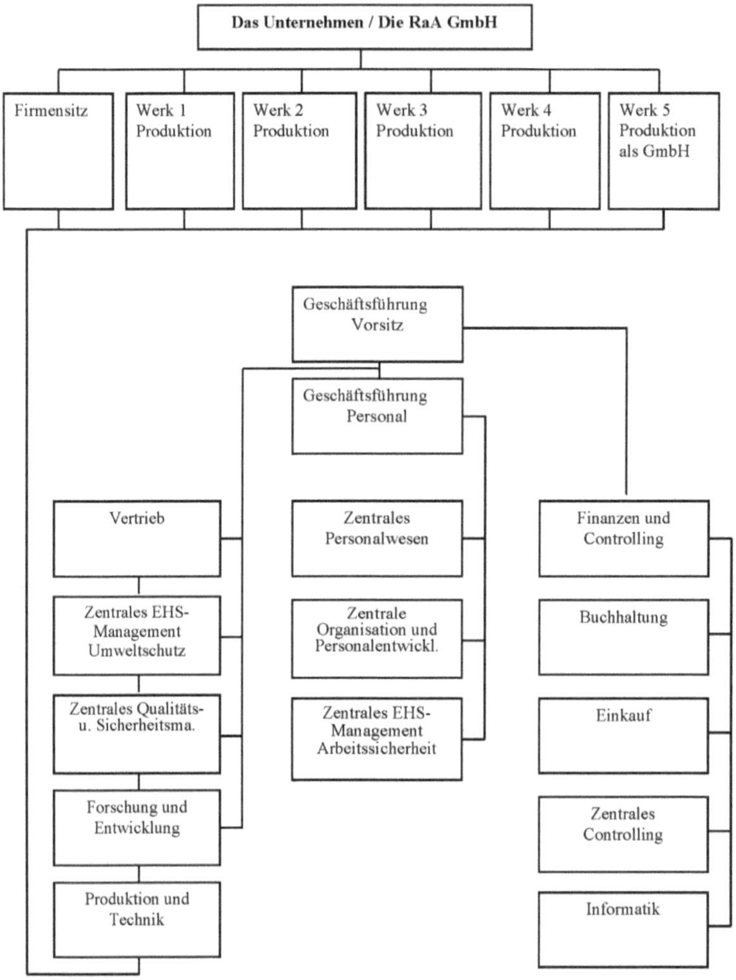

Abbildung 13: Organigramm des Unternehmens RaA GmbH

9 Ein betriebliches Gesundheitsförderungskonzept nach europäischen Standards

Vom europäischen Netzwerk für betriebliche Gesundheitsförderung wurden Qualitätskriterien aufgestellt, um mit deren Hilfe ein ganzheitliches Gerüst für die Etablierung eines funktionierenden BGM in Unternehmen zu ermöglichen und zu fördern. Es geht um die organisatorische, strategische Einführung eines Gesundheitsmanagements, damit Maßnahmen nicht nur punktuell, sondern systematisch und planmäßig durchgeführt werden. Die Maßnahmen werden über diese Qualitätskriterien in einem einheitlichen Verfahren einer ständigen Kontrolle, Verbesserung, Veröffentlichung bzw. Bekanntmachung unterzogen.

Die Kriterien sind in sechs Hauptbereiche gegliedert:

1. Betriebliche Gesundheitsförderung und Unternehmenspolitik
2. Personalwesen und Arbeitsorganisation
3. Planung betrieblicher Gesundheitsförderung
4. Soziale Verantwortung
5. Umsetzung betrieblicher Gesundheitsförderung
6. Ergebnisse betrieblicher Gesundheitsförderung

Im Folgenden wird untersucht, ob das Unternehmen diesen Qualitätskriterien standhält. Sollte dies nicht der Fall sein, wird überprüft, warum die Voraussetzungen nicht erfüllt werden und wie Abhilfe geschaffen werden kann. Die von dem Netzwerk herausgegebenen Qualitätskriterien können im Anhang nachgelesen werden. Die Haupt- und Unterkriterien werden nachstehend chronologisch abgearbeitet und zu Beginn jeder Haupt- und Untergruppe werden die dazugehörigen originalen Erklärungen[249] Zitiert. Im Folgenden finden sie diese Zitierungen ohne Quellenangabe.

In der folgenden Bearbeitung lassen sich häufige Wiederholungen nicht vermeiden, da Übergänge der einzelnen Kriterien fließend sind und diese Teilweise nur miteinander funktionieren.

9.1 Erstes Qualitätskriterium „Betriebliche Gesundheitsförderung und Unternehmenspolitik“

Nach dem europäischen Netzwerk für betriebliche Gesundheitsförderung besteht „eine wesentliche Voraussetzung für den Erfolg betrieblicher Gesundheitsförderung darin, dass sie als Führungsaufgabe wahrgenommen wird und in bestehende Managementsysteme integriert ist“.

Dieses Kriterium untergliedert sich in weitere sechs Untergruppen:

[249] Vgl. hierzu im Anhang: „Zum europäischen Netzwerk für betriebliche Gesundheitsförderung“.

9.1.1 Eine schriftliche Unternehmensleitlinie

„Die Organisation verfügt über eine schriftliche Unternehmensleitlinie zur betrieblichen Gesundheitsförderung. Die Führungskräfte stehen hinter den Inhalten der Leitlinie und tragen aktiv dazu bei, sie mit Leben zu füllen.“

9.1.1.1 Allgemein[250]

Ein Leitbild ist eine klar gegliederte, langfristige Zielvorstellung eines Unternehmens und beinhaltet, mit welchen Strategien und Wertevorstellungen diese Unternehmensziele erreicht werden sollen. Das Unternehmensleitbild stellt somit die Unternehmenskultur dar, nach der im Unternehmen gelebt (gearbeitet) werden soll.

Das Leitbild hat drei Funktionen:

- Motivationsfunktion: Ein Leitbild erhöht die Motivation und Identifikation des Mitarbeiters mit dem Unternehmen allgemein und motiviert den Mitarbeiter zu gesundheitsbewusster Arbeits- und Lebensweise.
- Legitimationsfunktion: Das Leitbild hilft, gesundheitsförderliche Maßnahmen, also das BGM, nach innen und außen zu rechtfertigen.
- Orientierungsfunktion: Nach welchen Werte, Normen, Regelungen und Paradigmen, bezogen auf das BGM, gelebt werden soll.

Das Leitbild hat nach *Rudow*[251] folgende Aufgaben:

- „Gesundheit wird als Wert und Ziel des Unternehmens propagiert.
- Es ist ein Ideal, das anzustreben ist. In dem Sinne dient es auch dem Benchmarking mit anderen Unternehmen zum BGM.
- Bestimmt operationalisierbare Fakten, wie z.B. Prozentzahlen zum Kranken- versus Gesundheitsstand als Zielgröße, werden im Leitbild konkretisiert.
- Es dient der gezielten und systematischen Realisierung von Maßnahmen des BGM, weil beispielsweise mit dem Leitbild eine Strategie inkl. einzelner Schritte und Ziele formuliert ist.“

9.1.1.2 Ist-Stand

In dem Leitbild der RaA GmbH ist das betriebliche Gesundheitsmanagement nicht integriert. Es finden sich dort ausschließlich die Worte „*Arbeitssicherheit*“ und „*Umweltschutz*“ wieder. Anwendung findet aber die von der Delegation[252] aufgestellte EHS-Charta[253] und

---

[250] Vgl. *Rudow*, Seite 343 ff.

[251] Ebd. S. 344.

[252] Die Delegation ist eine Dachorganisation in der alle Unternehmen die dem Konzern angehören und in dem jeweiligen Land ihren Sitz haben strategisch geleitet werden.

somit auch die EHS-Leitlinie für die RaA GmbH, und in dieser ist die Gesundheitsförderung angesprochen. Um die Voraussetzungen der Qualitätskriterien zu erfüllen, bedarf es aber einer Leitlinie zur BGF im Unternehmen selbst.

In der Selbsteinschätzung[254] von den Personalleitern wurde das Vorhandensein einer Leitlinie mit 11 % als ungenügend[255] bewertet.

Um den Grundstein für ein betriebliches Gesundheitsmanagement zu legen, ist die EHS-Leitlinie gut geeignet. Sie dient im Konzern dazu, dass alle einen grundsätzlich gleichen Weg für die BGF beschreiten. Dennoch zeigt die Praxis, dass in den Unternehmen erhebliche Differenzen zwischen der Etablierung der BGF bestehen. Somit ist es unumgänglich, jeweils eine eigene Unternehmensleitlinie sowie ein ganzheitliches Konzept für eine BGF zu entwickeln.

Anforderungen der Qualitätskriterien für die BGF gehen deutlich über die gesetzlichen Anforderungen an Arbeitssicherheit und Gesundheitsschutz hinaus. Ob die EHS-Charta also diesen Anforderungen gerecht wird, bemisst sich nach der Definition in der Einleitung dieses Buches und speziell nach der *„Gesundheit im weiteren Sinne“*. Im Wesentlichen soll also der Präventions- und Nachhaltigkeitsgedanke zum Ausdruck kommen.

9.1.1.3 Betrachtung der EHS-Charta unter den Anforderungen an eine BGF

In dem vom Konzernvorsitzenden im Juli 2002 veröffentlichtem Schreiben zur EHS-Politik *„Die Umwelt-, Hygiene-, Gesundheits- und Sicherheitspolitik der RaA GmbH“* findet sich für die Voraussetzungen der BGF folgendes wieder:

Die Überschrift enthält das Wort *„Gesundheit“*, und im Schreiben wird mit den Worten *„Vorbeugung vor Risiken“* auch Bezug auf die Prävention genommen. Jedoch ist in der Gesamtbetrachtung eher die Reduzierung von Unfällen und Arbeitsplatzrisiken beschrieben worden, als dass die *„Gesundheit im weiteren Sinne“* angesprochen ist.

Auch aus der Vielzahl von Erklärungen und Definitionen aus dem *„Referenzhandbuch EHS 2006“* geht hervor, dass die Gesundheit über die Vermeidung von Arbeitsunfällen und

[253] EHS steht im Konzern für „Environmental, Health and Safety”, organisatorisch wurde im Konzern ein EHS-Management etabliert; das EHS-Management erlässt einheitliche Vorgaben im Bereich Umwelt-, Gesundheits- und Arbeitsschutz; so z.B. die EHS-Charta oder die EHS-Leitlinie.

[254] Die Personalleiter haben anhand eines Fragebogens eine subjektive Einschätzung zu jedem aufgestellten Kriterium des Netzwerks abgegeben. Siehe hierzu im Anhang die Auswertung „Selbsteinschätzung“.

[255] Bewertungen wie ungenügend, gut, sehr gut, schlecht usw. sind vom Autor frei gewählt und entsprechen nur einer Tendenz. Als Ansatzpunkt für die gewählten Bewertungen gelten nicht zwingend die Prozentzahlen aus der „Selbsteinschätzung“; Es liegt im Wesentlichen eine versuchte objektive Gesamtbetrachtung zugrunde.

Berufskrankheiten hinaus zwar angesprochen und in wenigen Sätzen im Handbuch Erwähnung findet, jedoch einen erheblich geringern Stellenwert als die Arbeitssicherheit und der Umweltschutz erfährt.

In allen Ausführungen zur EHS-Charta[256] findet sich der Ansatz zur betrieblichen Gesundheitsförderung höchstens im Begriff Health = Gesundheit wieder. In der aktuellen Präsentation „*EHS-Einführung*" sowie im „*EHS-Referenzhandbuch*" und auch in weiteren Ausführungen zur EHS-Charta wird Health übersetzt als „*industrielle Hygiene*". Der Begriff „*Hygiene*" kommt aus dem Griechischen und bedeutet direkt übersetzt „*Gesund[e Kunst]*". Frei übersetzt bedeutet Hygiene: „*die Lehre von der Verhütung der Krankheiten und der Erhaltung und Festigung der Gesundheit bzw. in der Alltagssprache auch ein konkreter Zustand, ähnlich gemeint wie Sauberkeit*".[257]

Betrachtet man die Ausführungen zur industriellen Hygiene im Referenzhandbuch, so zeigt sich im Gesamteindruck, dass es tendenziell eher um die Vermeidung von Arbeitsunfällen und Berufskrankheiten sowie um Auswirkungen von Risiken geht, die direkt mit den Produkten und den Arbeitsabläufen zusammenhängen.

Ein Beispiel zur Verdeutlichung:

„Die Beherrschung aller unsicheren Situationen und die Verpflichtung, die kurz-, mittel- und langfristigen gesundheitlichen Auswirkungen der mit den Verfahren und Produkten zusammenhängenden Tätigkeiten zu berücksichtigen, bilden die Grundlage für die Ziele im Bereich des Gesundheitsschutzes und der Arbeitssicherheit"

Die „*Gesundheit im weiteren Sinne*" umfasst aber nicht nur Gesundheitsförderungsmaßnahmen, die direkt mit dem Arbeitsplatz, den Arbeits- oder Organisationsverfahren und den Produkten einhergehen, sondern sie bezieht alle die Gesundheit fördernden Maßnahmen mit ein. Z.B. auch den Betriebssport, die Kantine, die privaten Einflüsse und Weiterbildung. Diese stehen nicht mit einer reinen Betrachtung von Arbeitsablauf- oder Arbeitsplatzemissionen im Zusammenhang. Es wird vielmehr präventiv durch einen ganzheitlichen Ansatz versucht, den „*optimalen*" Gesundheitszustand herzustellen bzw. zu erhalten.

Um dem Willen des Gesetzgebers[258] nachzukommen und präventiv auf den Gesundheitszustand der Mitarbeiter positiven Einfluss zu nehmen, muss der „*erweiterte Gesundheitsbegriff*" in der EHS-Charta und in jedem Ablauf- und Organisationsplan neu eingefügt und ausführlicher erklärt werden.

---

[256] EHS-Charta 2005 mit folgenden Anhängen: EHS-Einführung von April 2007; EHS-Referenzhandbuch von 2006; EHS-Leitlinie von August 2002.

[257] http://de.wikipedia.org/wiki/Hygiene.

[258] BT-Drucks. 15/1783.

Wichtig: Darüber hinaus muss das Leitbild[259] angepasst werden. Nur so wird deutlich, dass sich auch das Unternehmen mit den Vorgaben des EHS-Managements sowie des europäischen Netzwerks für BGF identifiziert und es akzeptiert und im Unternehmen „leben" will.

9.1.1.4 Verhaltens- und Handlungsprinzipien der RaA GmbH

In den Verhaltens- und Handlungsprinzipien der Unternehmensgruppe wird unter den Handlungsprinzipen Gesundheit zusammen mit der Arbeitssicherheit aufgeführt. Ob die Geschäftsführung mit diesem Bezug zur Gesundheit auch das umfassende Gesundheitsmanagement versteht, wie es in den Qualitätskriterien des europäischen Netzwerks für betriebliche Gesundheitsförderung beschrieben wird, ist unter den vorstehenden Ausführungen eher zu verneinen.

9.1.1.5 Fazit

Im Ergebnis wird in allen Ausführungen zum EHS-Management deutlich, dass im Unternehmen eine ausgezeichnete und sehr hoch angesiedelte Priorität auf den Bereich der Arbeitssicherheit im Unternehmen gelegt wird. Das Umweltmanagement findet sich in den Erläuterungen häufig wieder und erhielt Einbindung in das Leitbild. Das „*Gesundheitsmanagement im weiteren Sinne*" erfährt im Unternehmen einen geringen Stellenwert und wird selten in Ausführungen zum EHS-Management angesprochen. Wie oben ausgeführt, hat die Unternehmensgruppe die Achtung der Arbeitssicherheit und Gesundheit in den Handlungsprinzipen festgeschrieben.

Zur Verdeutlichung der Wichtigkeit von Gesundheit im Unternehmen sollte das Leitbild sowie die EHS-Charta durch eine stärkere Einbindung des BGM aktualisiert und jedem Mitarbeiter bekannt gemacht werden (per Email, per Aushang in Schaukästen, per Aushang in Büros und Produktionshallen und auf Betriebsversammlungen/Belegschaftsversammlungen).

Ob die Führungskräfte die vorhandenen Leitlinien inhaltlich akzeptieren und aktiv zu ihrer Erfüllung beitragen, kann hier nicht geklärt werden, da eine entsprechende Untersuchung nicht stattgefunden hat.

Vermutlich werden die vorhandenen Leitlinien nur punktuell gelebt und nicht in jeder Hinsicht inhaltlich akzeptiert. Gründe hierfür können sein:

- Fehlen eines klaren Konzeptes
- zu hohe Arbeitsbelastung
- fehlendes Gesundheitsbewusstsein
- sonstige Gründe

[259] Im Anhang wurde das anonymisierte original Leitbild und ein abgeänderter Vorschlag beigefügt.

Allerdings werden Maßnahmen zur Verbesserung der *„Gesundheit im weiteren Sinne“* immer häufiger und mit deutlich erhöhter Überzeugung und Unterstützung im Unternehmen durchgeführt.

9.1.2 Maßnahmen sind in die Organisationsstruktur eingebunden

„Die Gesundheitsförderungsmaßnahmen sind in die bestehenden Organisationsstrukturen und –prozesse gut integriert.“

9.1.2.1 Ist-Stand

In der Vergangenheit und für die Zukunft geplante Gesundheitsförderungsmaßnahmen sind nur als einzelne Maßnahmen z.B. durch den Konzern, die Geschäftsführung oder die Personalabteilung durchgeführt worden. Es gibt keine Organisationsstruktur, in der klar festgehalten ist, wann und welche Maßnahmen durchzuführen sind. Insoweit sind die Gesundheitsförderungsmaßnahmen nicht in die Organisationsstrukturen und -prozesse integriert, sondern werden nur spontan als Einzelaktionen eingebunden.

Diese Einschätzung wird durch die Personalleiterumfrage[260] bestätigt. Maßnahmen sind nach der durchschnittlichen Einschätzung der Personalleiter nur zu einem Drittel in die Organisationsstruktur eingebunden (33,17 %). Nur im Firmensitz wurde die Integration von Maßnahmen der BGF mit 67 % recht gut eingeschätzt.

9.1.2.2 Empfehlung

Um die Integration der BGF in die Organisationsstruktur zu gewährleisten, wird empfohlen, Organisationseinheiten einzurichten, die sich der Planung, Umsetzung und Verbesserung der BGF und der einzelnen Maßnahmen annehmen. Diese Organisationseinheiten wurden im Punkt J in diesem Buch theoretisch erarbeitet.

9.1.3 Ressourcen für die BGF

„Die Organisation stellt genügend Ressourcen (Budget, Personal, Räume, Weiterbildung usw.) für die betriebliche Gesundheitsförderung zur Verfügung.“

9.1.3.1 Ist-Stand

Es gibt kein Budget, welches für die BGF zur Verfügung gestellt wird. Wenn eine Maßnahme von dem Konzern oder der Geschäftsführung angeordnet wird, so ist die Finanzierung hierfür gesichert. Vorschläge für Maßnahmen, die aus der Belegschaft, der Fachkraft für Arbeitssicherheit oder der Personalabteilung kommen, müssen je nach wirtschaftlicher Belastung für das Unternehmen mit mehr oder weniger Überzeugungsarbeit genehmigt werden.

---

[260] Siehe hierzu im Anhang die Auswertung „Selbsteinschätzung“.

Das Unternehmen hält kein besonderes Personal für die BGF vor. Für Einzelaktionen arbeiten Geschäftsführung, Personalabteilung, Betriebsarzt, Betriebsrat, BKK und die Fachkraft für Arbeitssicherheit bei der Planung und Durchführung zusammen.

Es gibt keine besonderen Räume die der BGF dienen. Hier sind als Ausnahme nur der für den Betriebsarzt vorgesehene Behandlungsraum sowie Pausenräume zu nennen. In einzelnen Produktionsstandorten befinden sich allerdings Ruheräume. Fitnessräume oder z.B. zur Verfügung gestellte Räume für den Betriebssport (auch extern) oder andere sind nicht vorhanden.

Weiterbildungsmaßnahmen zur Förderung der BGF gibt es in der RaA GmbH nicht. Diese könnten z.B. das Gesundheitsbewusstsein der Belegschaft (einschließlich Führungskräfte) fördern.

In der Personalleiterumfrage hat sich ergeben, dass die vorhandenen Ressourcen für die BGF mit 27,50 % bewertet werden.

9.1.3.2 Empfehlung

Um eine nachhaltige BGF zu gewährleisten, sind zuständige Personen und ein vorgegebenes Budget von entscheidender Bedeutung. Fehlen diese Ressourcen, werden Aktionen in diesem Bereich vermutlich als weniger wichtig eingestuft und somit lediglich punktuell durchgeführt. Zudem wird es an einer ausreichenden Analyse und Evaluation der durchgeführten Aktionen fehlen. Können Beschäftigte des Unternehmens hingegen selbstverantwortlich mit einem Budget arbeiten und ist diese Aufgabe in ihren Stellenprofilen enthalten, so wird die Priorität deutlich angehoben, und Maßnahmen können effektiver und nachhaltiger verfolgt werden.

Wie schon in dieser Arbeit angesprochen, ist die Rentabilität von Gesundheitsmaßnahmen schwierig zu bestimmen.[261] Das liegt an der Schwierigkeit, Verbesserungen direkt einzelnen oder mehreren Maßnahmen zuzuordnen. Nur mit einem regelmäßigen Soll-/Ist-Abgleich und mit einer Analyse dieses Abgleichs lässt sich der wirtschaftliche Nutzen jeder einzelnen Maßnahme bzw. des gesamten Gesundheitsmanagements, wenn auch nicht exakt, so aber zumindest grundsätzlich, bestimmen.

Die regelmäßige Analyse und Evaluation ist das entscheidende, was das Gesundheitsmanagement von einem bloßen „*Gesundheitsaktivismus*“ unterscheidet.

9.1.3.3 Wirtschaftlichkeit und Analyse von BGF-Maßnahmen

Die Analysen und Erfolgsbewertungen insgesamt sollten in einem angemessenen Verhältnis zu den Maßnahmen stehen, um dem Wirtschaftlichkeitsgedanken Rechnung zu tragen. Erfolgsbewertungen sollten praktisch und möglichst einfach und schnell durchzuführen

[261] Vgl. *Weinreich*, S. 140.

sein. Aufwändige Gesundheitsmaßnahmen bedürfen hingegen einer aufwändigeren Bewertung.

Eine „pragmatische“ Analyse und Evaluation, die einen Erfolg ausschließlich an dem sinkenden Krankenstand bzw. der Arbeitsunfähigkeitszeiten festmacht, reicht hingegen nie aus, um dem Standard eines umfassenden Gesundheitsmanagements gerecht zu werden.

Erfolgsvariablen können z.B. sein[262]:

- Reduzierung der Belastungs-/Beschwerdesituation der Beschäftigten
- Erhöhung der Gesundheitspotenziale bzw. des Wohlbefindens
- Reduzierung der Fluktuationsrate
- Reduzierung von Reklamationen oder Produktionsausschuss
- Erhöhung eingereichter Verbesserungsvorschläge

Zu bedenken ist, dass solche Variablen nicht unumstritten sind, da der direkte Einfluss einzelner Maßnahmen schwer zu belegen ist. Die Effektivität eines Gesundheitsmanagements ist eher langfristig zu bewerten. Langfristig können sich allerdings auch positive wie negative indirekte Einflüsse (strukturelle Veränderungen im Betrieb, gute/schlechte Konjunktur) auf das Gesundheitsmanagement auswirken.

Es ist in der Regel unrealistisch, folgendes zu erwarten[263]:

- Gesundheitsgefährdende Bedingungen binnen weniger Monate völlig abzubauen,
- Eine Krankheitsquote nahe Null anzusteuern,
- Kostensenkungen durch verminderte Ausfälle in kürzester Zeit zu erzielen,
- Sofort messbare Qualitäts- und Produktivitätszuwächse in betroffenen Abteilungen zu erzielen,
- Dass sich Mitarbeiter direkt und immer gesund verhalten.

9.1.4 Regelmäßige Überprüfung der Fortschritte der BGF

„Management und Unternehmensleitung prüfen regelmäßig den Fortschritt der Gesundheitsförderungsmaßnahmen.“

9.1.4.1 Ist-Stand

Die Einzelaktionen werden wenigstens grundsätzlich analysiert, indem die Beteiligung und evtl. die Erfolge (beim Nichtraucherseminar z.B. die jetzigen Nichtraucher) dokumentiert werden. Ansonsten kann ein regelmäßiger Fortschritt bzw. eine Überprüfung nicht durchgeführt werden, da es keine regelmäßig aufeinander aufbauenden Fördermaßnahmen gibt.

---

[262] Hauptverband der österreichischen Sozialversicherungsträger 1996: 113.

[263] Ebd.

Die Selbsteinschätzung von den Personalleitern hat mit 16,67 % ein ungenügendes Ergebnis aufgezeigt.

9.1.4.2 Wirtschaftlichkeit und/oder Gesundheit

Wie schon in den vorhergehenden Ausführungen gesagt, kann nur mit einer regelmäßigen Evaluation und Analyse eine Wirtschaftlichkeitsaussage über die einzelnen Maßnahmen und der gesamten BGF gemacht werden. Idealerweise kommt es beim Gesundheitsmanagement aber nicht in erster Linie auf die Wirtschaftlichkeit an, sondern auf ein Unternehmens- bzw. Arbeitsleben, in dem eine gesundheitsbewusste und menschengerechte Arbeit selbstverständlich und möglich ist. Die Folgen einer solchen Arbeitswelt werden nicht zuletzt eine erhöhte Produktivitäts- und Gewinnsteigerung sein. Als Empfehlung wird auf die Einrichtung von Organisationseinheiten Bezug genommen, wie sie im Punkt J beschrieben werden.

9.1.5 BGF ein Bestandteil von Aus- und Fortbildung

„Themen der betrieblichen Gesundheitsförderung sind Bestandteil der Aus- und Fortbildung (speziell der Führungskräfte)."

9.1.5.1 Ist-Stand

Für Führungskräfte werden zwar sog. Assessment Center durchgeführt, aber auf gesundheitliche Fragen wird darin kein Bezug genommen. Vornehmlich findet die Aus- und Fortbildung im fachlichen oder sozialen Bereich statt, bei denen der Gesundheitsaspekt höchstens ein Nebeneffekt darstellt und mit dem verbesserten Wohlbefinden des Mitarbeiters zusammenhängt (z.B. Selbsteinschätzung, Vortragstechnik, Antistressseminar, usw.).

In der Selbsteinschätzung sowie in der persönlichen Befragung des Personalentwicklungsleiters hat sich ein ungenügendes Ergebnis von 5,5 % herausgestellt.

9.1.5.2 Empfehlungen

Seminare zum Gesundheitsmanagement könnten z.B. das Gesundheitsbewusstsein der Beschäftigten – speziell der Führungskräfte – fördern.

In Führungsseminaren bzw. Assessment Centern könnten Gesundheitsthemen mit in die Aufgabenstellungen der Teilnehmer einfließen. So könnte z.B. ein ganzes Seminar oder ein Seminarthema das Gebiet „Gesundheit als Führungsaufgabe" zum Inhalt haben. Gerade auch durch den Führungsstil kann viel positiv bzw. negativ beeinflusst werden. Der Vorgesetzte hat mit seinem Führungsstil Einfluss auf die Zufriedenheit jedes einzelnen Mitarbeiters sowie auf die Art und Weise wie Mitarbeiter miteinander umgehen. Diese Einflussfaktoren haben unter Umständen Auswirkungen auf die Psyche der Beschäftigten und dies kann im negativen Sinne bis zur erheblichen Leistungsminderung und Arbeitsunfähigkeit führen.

In Seminaren, in denen Mitarbeitergespräche trainiert werden, könnten speziell auch Gesundheitsgespräche trainiert werden. In Gesprächen über die Gesundheit von Beschäftigten ist eine besonders sensible Gesprächsführung nötig.

Hinweis:

Wenn ein Mitarbeiter im Gesundheitsgespräch[264] oder im Mitarbeitergespräch über seine Gesundheit befragt wird, sollte dem Mitarbeiter deutlich gemacht werden, dass es Ziel des Gesprächs ist, ihn bei der Wiedererlangung bzw. langfristigen Erhaltung seiner Arbeitsfähigkeit zu unterstützen. Der Mitarbeiter wird regelmäßig ein gewisses Maß an Misstrauen mit in das Gespräch bringen und evtl. Arbeitsplatzverlustängste oder andere negative Folgen erwarten. Deshalb ist eine geschulte Gesprächsführung nötig, um dem Mitarbeiter diese Ängste zu nehmen und ihm zu erklären, inwiefern dieses Gespräch für alle Beteiligten vorteilhaft ist.

9.1.6 Zugang zu Einrichtungen für das BGF

„Alle Mitarbeiter haben Zugang zu wichtigen gesundheitsrelevanten Einrichtungen (z.B. Pausen- und Ruheräume, Kantine, Betriebssportangebote)."

Grundsätzlich haben bzw. hätten die Mitarbeiter diesen Zugang. Jedoch gibt es in vielen Fällen keine dieser Einrichtungen, sodass es schon häufig an der Grundlage für einen Zugang fehlt.

Vier Personalleiter werteten den Zugang zu solchen Einrichtungen mit 33 % als sehr schlecht. Diese Bewertung wurde vermutlich wegen des Fehlens der Einrichtungen an sich abgegeben. Zwei Personalleiter bewerteten den Zugang mit 100 % als sehr gut. Die Bewertung ergibt evtl. schon 100 %, wenn nur eine Einrichtung zur Verfügung steht und diese für alle zugänglich ist. Die durchschnittliche Bewertung liegt bei 55,33 %.

Empfehlungen sind an dieser Stelle schwierig bzw. lassen nur einen Schluss zu. Einrichtungen zur betrieblichen Gesundheitsförderung müssen zunächst in den Betrieben vermehrt eingerichtet werden, um überhaupt zugänglich zu sein.

9.1.7 Fazit

Vom ersten Qualitätskriterium wird keine Untergruppe vollständig erfüllt.

---

[264] Siehe im Anhang: 1. den ersten Leitfaden Gesundheitsgespräch 2. den zweiten Leitfaden Gesundheitsgespräch, eingefügt im Prozessablaufplan.

Betriebliche Gesundheitsförderung und Unternehmenspolitik	
Untergruppen	**Ist-Stand**
a) Leitlinie u. Rückhalt durch Führungskräfte	RaA-Leitlinie zum BGF fehlt
b) in Organisationsstruktur integriert	Nicht integriert - nur Einzelaktionen
c) Ressourcen für die BGF	Kein Budget; kein besonderes Personal; meist keine besonderen Räume; keine Weiterbildung
d) Überprüfung des Fort schritts	Nur Dokumentation, weil keine Regelmäßigkeit vorliegt
e) Bestandteil der Aus- und Fortbildung	Kein Bestandteil von Aus- und Fortbildung
f) Zugang zu entsprechen den Einrichtungen	Ja, wenn vorhanden; häufig aber nicht vorhanden

Tabelle 5: betriebliche Gesundheitsförderung und Unternehmenspolitik (Ist-Stand)

Im Bereich des ersten Qualitätskriteriums gibt es für die RaA GmbH noch viel Verbesserungsbedarf, um die Voraussetzungen zu erfüllen.

9.2 Zum zweiten Qualitätskriterium „Personalwesen und Arbeitsorganisation"

Definition: „Die wichtigste Aufgabe gesundheitsgerechter Personalführung und Arbeitsorganisation besteht darin, die Fähigkeiten der Mitarbeiter bei der Arbeitsgestaltung zu berücksichtigen. Für den Erfolg betrieblicher Gesundheitsförderung ist dabei ausschlaggebend, dass alle Mitarbeiter möglichst weitgehend an Planungen und Entscheidungen beteiligt werden."

Die richtige Einschätzung der Fähigkeiten der Mitarbeiter in Korrelation zu ihren Aufgaben am Arbeitsplatz spielt eine entscheidende Rolle in Bezug auf die Arbeitseffektivität. Passen die Arbeitsplatzanforderungen nicht zu den Fähigkeiten des einzelnen, so können verschiedenste Folgen auftreten:

- Überforderung,
- Unterforderung,
- Stress,
- Depression,

- Angst,
- Demotivation,
- physische Gesundheitsbeschwerden,
- usw.

Weitere Auswirkungen dieser Folgen können sein:

- Qualitätseinbußen in der Arbeitsausführung,
- Quantitätseinbußen in der Arbeitsausführung,
- Verschlechterung des Arbeitsklimas,
- Umsatz- und Gewinneinbußen,
- erhöhter Personalbeschaffungsaufwand bzw. Personalfluktuation,
- Personaleinarbeitungsaufwand,
- erhöhte Kosten z.B. für Lohnfortzahlung oder Kündigungsschutzklagen.

Mitarbeiter sollten darüber hinaus nicht nur „*optimal*" auf die Arbeitsanforderungen hin ausgebildet und persönlich fähig sein, sondern in Planungs- und Entscheidungsprozesse, die ihre Arbeitsgestaltung betreffen, mit einbezogen werden.

Das Kriterium „*Personalwesen und Arbeitsorganisation*" untergliedert sich in weitere sieben Untergruppen, die im Folgenden aufgeführt und auf die RaA GmbH bezogen werden:

9.2.1 Fähigkeiten und Arbeitsplatzanforderungen

Im ersten Punkt ist zu überprüfen, ob „alle Mitarbeiter über die Kompetenzen (auch gesundheitlicher Art) verfügen, die sie benötigen, um ihre Arbeitsaufgaben zu bewältigen bzw. sie erhalten Gelegenheit, diese Kompetenzen zu erwerben".

9.2.1.1 Ist-Stand

Diese Überprüfung kann in diesem Buch nicht vorgenommen werden. Es bedarf hier einer eigenen Einschätzung der Mitarbeiter über ihre Fähigkeiten und über die subjektiv empfundenen Arbeitsplatzanforderungen. Zudem sollte idealerweise der direkte Vorgesetzte die erwarteten Arbeitsplatzanforderungen beschreiben und über die Ergebnisse mit dem Mitarbeiter sprechen. Bestehen Differenzen, so sollten diese durch Fort- und Weiterbildungsmaßnahmen, Arbeitsplatzwechsel, Veränderung des Aufgabenbereichs usw. behoben werden.

Im Unternehmen bestehen für jeden Arbeitsplatz Stellenprofile, und Mitarbeiter werden entsprechend den Anforderungen im Stellenprofil eingestellt. Durch diesen Ablauf wird theoretisch ein „optimales" Verhältnis zwischen Arbeitsanforderung und Fähigkeiten des Mitarbeiters erzielt. Praktisch kann dieses Verhältnis dennoch unausgeglichen sein, denn Arbeitsplatzanforderungen oder die persönliche Leistungsfähigkeit können sich im Laufe der Zeit verändern (erhöhtes computertechnisches Wissen, Arbeitsverdichtung, Veränderungen von Arbeitsaufgaben, gesundheitliche Veränderungen usw.). Für die richtige Einschätzung wird auf den vorstehenden Absatz verwiesen.

Mit Ausnahme von zwei Betrieben ist das Verhältnis zwischen Kompetenz und Arbeitsplatzanforderung als gut bis sehr gut bewertet[265] worden, durchschnittlich mit 55,67 %.

9.2.1.2 Empfehlung

Die direkten Vorgesetzten sollten regelmäßig mit ihren Mitarbeiten über die Arbeitsplatzanforderungen sowie deren persönliche Leistungseinschätzung sprechen, um frühzeitig mit Fort- und Weiterbildungsmaßnahmen Kompetenzen und Anforderungen im Gleichgewicht zu halten.

9.2.2 Über- und Unterforderungen

Voraussetzung dieser Untergruppe ist, dass „die Arbeitsaufgaben so organisiert sind, dass systematische Über- und Unterforderung vermieden werden".

9.2.2.1 Ist-Stand

Die Personalleiterumfrage hat ein durchschnittliches Ergebnis von 22 % ergeben. Dieses Ergebnis zeigt, dass Mitarbeiter regelmäßig einer Über- oder Unterforderung ausgesetzt sind. Das sollte vermieden werden, denn mittelfristig wird die Arbeitsleistung deutlich unter 100 % zurückgehen, und langfristig könnte sich daraus eine Arbeitsunfähigkeit ergeben. Eine genaue Ermittlung von Über- und Unterforderung ist grundsätzlich schwierig und kann in dieser Arbeit nicht geleistet werden.

9.2.2.2 Über- und Unterforderung kann zur Arbeitsunfähigkeit führen

Selbst wenn sich die einzelnen Arbeitsplätze bezüglich Mitarbeiterkompetenz und Arbeitsplatzanforderung im Gleichgewicht befinden, kann eine Überforderung vorliegen. Sie kann sich z.B. aus einem zu hohen Arbeitsanfall (Arbeitsplatzverdichtung) ergeben. Mitarbeiter können nicht mehr durchatmen und sind ständig unter enormen Zeitdruck. Dieser kann Disstress auslösen, der zur Arbeitsunfähigkeit oder zur Leistungsminderung führen kann.

Ebenso kann ein Mitarbeiter, der alle Anforderungen an einen Arbeitsplatz erfüllt, unterfordert sein, wenn die Arbeitsverdichtung bzw. der Arbeitsanfall zu gering ist. Der Mitarbeiter ist nicht ausgelastet und wird unachtsam, müde und evtl. langfristig unzufrieden und depressiv.

9.2.2.3 Empfehlung

Einen Arbeitsplatz mit dem „*idealen*" Mitarbeiter zu besetzen und Über- sowie Unterforderungen zu vermeiden, ist eine Teamaufgabe zwischen

---

[265] Siehe hierzu im Anhang die Auswertung „Selbsteinschätzung".

- der Personalabteilung, die die Mitarbeiter entsprechend dem Stellenprofil einstellt, die benötigte Anzahl an Mitarbeitern einstellt, um einer zu hohen Arbeitsverdichtung entgegenzuwirken sowie ggf. Fort- und Weiterbildung ermöglicht,
- der Personalentwicklungsabteilung, die für ein bedarfsorientiertes Fort- und Weiterbildungsangebot sorgt, sowie
- den direkten Vorgesetzen, die kontinuierlich den Arbeitsplatz der Mitarbeiter und deren Arbeitsplatzanforderungen sowie Über- und Unterforderungen überprüft und mit den Mitarbeitern Verbesserungsbedarf feststellt.

Personalabteilung, Verantwortliche für Personalentwicklung und die direkten Vorgesetzten sollten regelmäßige Termine vereinbaren, in denen die genannte Problematik besprochen wird und Abhilfe geschaffen werden kann.

9.2.3 Möglichkeiten zur Weiterentwicklung

Diese Untergruppe setzt voraus, dass „den Mitarbeitern nicht nur generell Möglichkeiten zur beruflichen Weiterentwicklung offen stehen; sondern solche Entwicklungsmöglichkeiten werden gezielt durch arbeitsorganisatorische Maßnahmen geschaffen".

9.2.3.1 Ist-Stand

Im Unternehmen bestehen Entwicklungsmöglichkeiten für die Mitarbeiter. Wer mit guter Leistung und motiviertem Einsatz arbeitet, erhält die Möglichkeit,

- sein Aufgabengebiet zu erweitern,
- hauptverantwortlich Projekte zu leiten,
- Budgetverantwortung und
- Personalverantwortung zu bekommen sowie
- in eine hohe Leitungsebene (Handlungsvollmacht, Prokura) aufzusteigen.

Die Personalleiterumfrage[266] hat hier auch ein – für diese Umfrage – verhältnismäßig gutes Ergebnis mit 50 % ergeben.

9.2.3.2 Ausführungen

Grundsätzlich sollten Mitarbeiter die Möglichkeit erhalten, sich über einen längeren Zeitraum persönlich und fachlich durch Veränderungen im Aufgaben- und Verantwortungsbereich weiterzuentwickeln. Der Weiterentwicklungsbedarf könnte bei der RaA GmbH über die Mitarbeitergespräche sowie laufend über die Kommunikation mit dem direkten Vorgesetzen ermittelt werden.

---

[266] Siehe hierzu im Anhang die Auswertung „Selbsteinschätzung".

Jedoch ist nicht jeder Mitarbeiter dazu bereit bzw. durch seine individuellen Eigenschaften dazu imstande, in regelmäßigen Abständen Neues zu erlernen, neue und höhere Verantwortung zu bekommen und sich somit fortlaufend mit neuen Situationen konfrontiert zu sehen.

Was für den einen Mitarbeiter positiven Eustress verursachen kann, kann bei einem anderen Mitarbeiter negativen Disstress hervorrufen.

Es bedarf also einer offenen und feinfühligen Kommunikation zwischen dem Mitarbeiter und der Personalabteilung sowie dem direkten Vorgesetzen, um den Mitarbeiter nicht in eine Über- oder Unterforderungssituation zu drängen, sondern ihm entsprechend seinen Fähigkeiten und Kenntnissen sowie seiner individuellen Situation eine Weiterentwicklung zu ermöglichen.

Von ganz zentraler Bedeutung für die Personalentwicklung ist der grundsätzliche Wandel der Arbeitswelt. Die „moderne Arbeitswelt“ verlangt freiere, also eigenverantwortlichere Entscheidungs- und Handlungsspielräume.[267] Mitarbeiter müssen demnach zukünftig gute Fähigkeiten im Bereich Selbst- und Emotionsmanagement mitbringen, um den Arbeitsplatzanforderungen gerecht werden zu können. Aus der Studie geht hervor, dass Deutschland verglichen mit dem europäischen Umfeld zu den Schlusslichtern in diesem Bereich gehört.

9.2.4 Beteiligung von Mitarbeitern an Gesundheitsfragen

Für ein „optimal“ funktionierendes BGF wird in dieser Untergruppe vorausgesetzt, dass „alle Mitarbeiter Gelegenheit erhalten, sich in Fragen der Gesundheit am Arbeitsplatz aktiv zu beteiligen“.

9.2.4.1 Allgemeines

Eine Mitarbeiterbeteiligung könnte in drei Teilaspekte untergliedert werden, die gemeinschaftlich erfüllt sein müssen, um eine konstruktive Beteiligung zu erzielen. Nach den Ausführung von Rudow[268] über das Gesundheitsmanagement bei Volkswagen[269] handelt es sich um folgende Teilaspekte:

- Leistungsfähigkeit (Können),
- Leistungsbereitschaft (Wollen) und
- Leistungsentfaltungsmöglichkeit (Dürfen).

Den Mitarbeiter trifft die „Pflicht“ im Teilaspekt der Leistungsbereitschaft. Nur wenn der Mitarbeiter bereit ist, aktiv und kooperativ an der Gestaltung von Unternehmensabläufen

[267] *Dormann*, Studie „Zukunft der Arbeitswelt 2030“ von März 2009, http://idw-online.de/pages/de/news305554.

[268] *Rudow*, S. 349.

[269] Volkswagen AG, S. 4.

und –prozessen mitzuwirken, kann auch der Unternehmer über den Teilaspekt der Leistungsentfaltungsmöglichkeit seine „Pflicht" zu einem funktionierenden Beteiligungsablauf erfüllen. Zur Erfüllung des dritten Teilaspektes sind Arbeitnehmer und Arbeitgeber gleichermaßen gefordert. Zum einen muss ein Arbeitnehmer ständig verantwortungsvoll mit seiner Leistungsfähigkeit und Leistungserhaltung umgehen. Er muss dazu bereit sein, an Qualifizierungsmaßnahmen teilzunehmen, die das Unternehmen und ihn selbst voranbringen. Zum anderen muss der Arbeitgeber dem Arbeitnehmer die Leistungserhaltung ermöglichen, z.B. durch Gesundheitsmaßnahmen. Darüber hinaus müsste er dem Arbeitnehmer die Möglichkeit einräumen, seine Leistungsfähigkeit zu steigern, z.B. durch Qualifizierungsangebote.

9.2.4.2 Ist-Stand

Grundsätzlich hat die für diese Auswertung durchgeführte Befragung[270] der Personalleiter ergeben, dass eine Beteiligung der Mitarbeiter zu gesundheitlichen Fragen gewünscht und befürwortet wird. Möglichkeiten sind hierzu allerdings nicht speziell vorgesehen. Die Mitarbeiter könnten auf Belegschafts- bzw. Betriebsversammlungen oder im alle zwei Jahre stattfindenden Mitarbeitergespräch schriftlich oder mündlich dem Vorgesetzten, der Personalabteilung oder dem Betriebsrat Vorschläge unterbreiten.

Die Selbsteinschätzung[271] der Personalleiter hat ergeben, dass die Beteiligungsmöglichkeiten der Beschäftigten durchschnittlich mit 22,17 % bewertet werden.

9.2.4.3 Empfehlungen

Ein Vorschlags- und Anmerkungsbogen könnte z.B. zweimal im Jahr verteilt werden. Auch könnten gesonderte regelmäßige Termine vereinbart werden, um Anregungen zur BGF bzw. zur Gesundheitsgestaltung am eigenen Arbeitsplatz geben zu können.

Instrumente[272] zur Mitarbeiterbeteiligung könnten sein:

- Gruppenarbeit,
- KVP,
- Gesundheitszirkel,
- Mitarbeiterbefragungen,

---

[270] In einem vom Autor selbst erstellten Fragenbogen wurden allgemeine Fragen zur Ist-Stand-Ermittlung an die Personalleiter gerichtet; Siehe im Anhang „Fragebogen - Personalleiter"; Die Auswertung dieser Fragebögen liegt der Arbeit nicht bei, wird aber gerne auf Nachfrage herausgegeben; Die personenbezogenen Antworten sind nur dem Autor bekannt und wurden im Unternehmen nur bedingt und anonym Präsentiert.

[271] Siehe hierzu im Anhang die Auswertung „Selbsteinschätzung".

[272] Für Gruppenarbeit, KVP, Gesundheitszirkel und Mitarbeiterbefragungen siehe Volkswagen AG, S. 4; eigene Ergänzung, Belegschaftsversammlungen und Ideenmanagement.

- Belegschaftsversammlungen,
- Ideenmanagement.

9.2.4.4 Fehlende Kommunikation als Hauptproblem

Ein Grund warum sich Mitarbeiter nicht aktiv an Fragen der Gesundheit beteiligen könnte sein:

Mitarbeiter sind der Ansicht, es könnte ihnen negativ ausgelegt werden, wenn sie Kritik üben indem sie an bestehenden Organisationsstrukturen und –abläufen etwas verändern wollen („Ach, der meckert schon wieder!! Der soll doch seine Arbeit machen und uns nicht versuchen zu verbessern!!“).

Solche Befürchtungen der Mitarbeiter sind aber generell unbegründet. Denn wie auch aus der Auswertung des *„Fragebogens für Personalleiter“* hervorgeht, wünschen die Vorgesetzten diese Art von Kritik und stehen ihr positiv und aufgeschlossen gegenüber.

Diese Situation kann durch eine Kommunikationsverbesserung verbessert werden. Vorgesetzte müssten ihre Mitarbeiter kontinuierlich darauf aufmerksam machen, dass Verbesserungsvorschläge erwünscht sind. Ebenso sollte dies auf jeder Belegschafts- sowie Betriebsversammlung deutlich gemacht werden.

9.2.5 Gutes Arbeitsklima durch Zusammenarbeit und Unterstützung

Eine weitere Voraussetzung ist, dass „die Vorgesetzten ihre Mitarbeiter unterstützen und ein gutes Arbeitsklima fördern“.

9.2.5.1 Ist-Stand

Die Zusammenarbeit sowie die Unterstützung der Mitarbeiter durch die Vorgesetzen kann ohne fundierte Beobachtungen und Befragungen nicht beurteilt werden. An dieser stelle eine solche Analyse durchzuführen, würde den gesetzten Zeitrahmen für dieses Buch sprengen.

Die Selbsteinschätzung der Personalleiter hat ein eher schlechtes Ergebnis mit 27,50 % ergeben.

9.2.5.2 Ausführungen

Ob und wie der Vorgesetzte seine Mitarbeiter unterstützt und ein gutes Arbeitsklima fördert, hängt natürlich vom Wesen und Charakter jedes einzelnen Vorgesetzten ab. Grundsätzlich kann ein Unternehmen aber Einfluss auf diesen Zustand ausüben. Mitarbeiter, die zu einem Vorgesetzten befördert werden sollen, könnten z.B. durch Assessment Center auf die vom Unternehmen erwünschten Führungsfähigkeiten getestet werden. Den Vorgesetzten sollte ein Seminarangebot zur Verfügung stehen, in dem sie diese Fähigkeiten erlernen und verbessern könne. Schon bei der Einstellung von Mitarbeitern kann im Vorstellungsgespräch auf diese Eigenschaften geachtet werden.

Für ein gutes Arbeitsklima und eine förderliche Unterstützung durch die Vorgesetzten ist eine gute Information und Kommunikation zwischen Vorgesetzten und Mitarbeitern erforderlich. Außerdem können von großer Bedeutung sein:[273]

- Allgemeine Mitarbeiterbetreuungsgespräche,
- fürsorgliche Rückkehrgespräche,
- Fehlzeitengespräche,
- kontinuierliche Gesundheitsberichterstattungen,
- Beratungsgespräche im betrieblichen Gesundheitswesen,
- Gespräche mit dem Arbeitsschutzausschuss und Arbeitskreisen zur Gesundheit[274],
- Dialog mit Haus- und Fachärzten außerhalb des Unternehmens,
- Kommunikation mit Sozialversicherungsträgern.

9.2.6 Erfüllung der Voraussetzungen des § 84 Abs. 2 SGB IX

Für das Kriterium Personalwesen und Arbeitsorganisation sollten „bei Rückkehr an den Arbeitsplatz nach längerer Arbeitsunfähigkeit Maßnahmen zur Wiedereingliederung der Mitarbeiter von der Organisation getroffen werden".

Im Unternehmen werden Krankenrückkehrgespräche geführt. Z.B. wird ein Mitarbeiter nach längerer Krankheit zu einem Gespräch mit dem direkten Vorgesetzten bzw. mit der Personalabteilung eingeladen. In diesen Gesprächen wird auch über Maßnahmen gesprochen, die sinnvoll sind, um eine weitere Arbeitsunfähigkeit zu vermeiden. Der Mitarbeiter hat grundsätzlich auch die Möglichkeit, sich langsam wieder an die „normale" Arbeitszeit heranzuarbeiten (z.B. 3 Stunden, 6 Stunden, 8 Stunden). Klare und einheitliche Vorgaben gibt es hierzu nicht oder nur bedingt. Die Krankenrückkehrgespräche erfüllen jedoch nicht die Voraussetzungen des § 84 Abs. 2 SGB IX.

Die Selbsteinschätzung der Personalleiter hat ergeben, dass eine Wiedereingliederung nur zu 22 % besteht.

---

[273] Volkswagen AG, S. 5.

[274] Siehe hierzu die eigene Erarbeitung eines Gesundheitsförderungsausschusses im Punkt J.

Die Auswertung aus dem Fragebogen für Personalleiter hat ergeben:

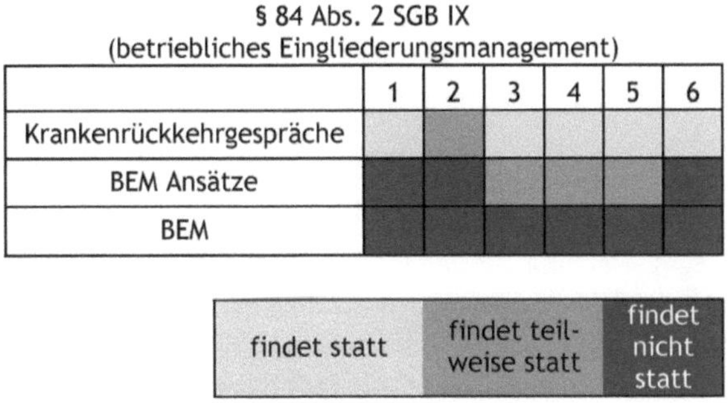

Abbildung 14: Eingliederungsmanagement in den Betrieben (Ist-Stand)

Es fehlt regelmäßig an Maßnahmen, die die Arbeitsfähigkeit schneller wieder herstellen bzw. langfristig erhalten, sowie an einem klaren, einheitlichen und präventiven Konzept, um die Wiedereingliederung möglichst effektiv zu gestalten.[275]

9.2.7 Vereinbarkeit von Familie und Berufstätigkeit

Die letzte Voraussetzung für das Kriterium „Personalwesen und Arbeitsorganisation" ist: „Die Organisation fördert durch gezielte Maßnahmen die bessere Vereinbarkeit von Familie und Berufstätigkeit".

9.2.7.1 Ist-Stand

Aus der Auswertung des Fragebogens für Personalleiter hat sich ergeben, dass die Vereinbarkeit von Familie und Berufstätigkeit nur sehr bedingt gefördert wird. Gefördert wird dieser Aspekt durch eine Flexibilität der Arbeitszeit sowie durch ständig verbesserte Schichtpläne (auch spezielle Schichtpläne für ältere Menschen), die den Mitarbeitern eine erhöhte zusammenhängende Freizeit ermöglichen. Außerdem findet in drei Betrieben eine indirekte Kostenübernahme bei Problemen im privaten Bereich statt (GMO)[276]. Grundsätzlich nicht im Unternehmen praktiziert wird Heimarbeit, Teilzeitarbeit sowie Elternzeit bzw. die Rückkehr nach der Elternzeit.

---

[275] Siehe hierzu ausführlich unter Punkt C, I, 13, „Neuntes Sozialgesetzbuch (SGB IX)".

[276] GMO (Gesellschaft für Gesundheitsmanagement in Organisationen mbH) ist ein Psychotherapeutischer Dienst, bei dem Mitarbeiter kostenlos anrufen und eine bestimmte Anzahl von Terminen können und sich in verschiedensten beruflich wie privaten Bereichen Beraten lassen können; Auch Familienangehörige oder ein Lebenspartner kann diesen Dienst in Anspruch nehmen.

Aktuell gibt es am Firmensitz allerdings Frauen, die aus Elternzeit zurückkehren und nun einem Teilzeitbeschäftigungsverhältnis nachgehen. Darüber hinaus ist derzeit für den Firmensitz eine weitere Teilzeitstelle[277] ausgeschrieben.

Innerhalb der Selbsteinschätzung hat sich hier das drittschlechteste Ergebnis der Befragung von 11 % ergeben.

9.2.7.2 Empfehlungen

Um keine Arbeitsvertragsverletzung zu begehen, hat im Falle der Erkankung des Kindes ein Elternteil gem. § 45 SGB V Anspruch auf Krankengeld und auf Freistellung von der Arbeitsleistung, und zwar für jedes Kind pro Kalenderjahr längstens 10 Arbeitstage oder für allein Erziehende längstens 20 Arbeitstage. Gem. § 47 Abs. 1, Satz 1 SGB V beträgt das Krankengeld „70 vom Hundert des erzielten regelmäßigen Arbeitsentgeltes und Arbeitseinkommens“.

Zur besseren und unterstützenden Vereinbarkeit von Familie und Beruf könnte der Arbeitgeber freiwillig die Differenz zwischen dem Regelentgelt (100%) und dem Krankengeld (70%) von 30% ausgleichen. Der Arbeitnehmer ist allein schon dadurch einer erhöhten Belastung ausgesetzt, dass das Kind erkrankt ist, und für den Fall der Freistellung mit Bezug von Krankengeld kommt die Sorge um den Entgeltausfall (30%) noch hinzu. Um dem Arbeitnehmer diese Sorge zu nehmen, könnte freiwillig ein Ausgleich gezahlt werden.

Grundsätzlich wird ein Arbeitnehmer auch nach den 10 bzw. 20 Arbeitstagen nicht die gewohnte 100%-ige konzentrierte Arbeitsleistung erbringen, wenn sein Kind über diese Zeit hinaus noch krank ist. Der Arbeitgeber könnte dem Arbeitnehmer freiwillig weitere Tage bezahlte oder unbezahlte Freistellung gewähren, um die Belastung (Ungewissheit, wie es dem Kind geht, bzw. nicht für ihn/sie da sein zu können) für den Arbeitnehmer zu reduzieren. Konzentrationsschwächen und Situationen, in denen der Mitarbeiter durch die Erkrankung seines Kindes abgelenkt ist, können zu Gefährdungssituationen im Betrieb führen. Darüber hinaus ist der Arbeitnehmer nicht voll leistungsfähig und belastet evtl. Arbeitskollegen durch ein angespanntes Klima.

Diese negativen Folgen könnten durch eine freiwillige Leistung des Arbeitgebers weitgehend, vielleicht sogar ganz, vermieden werden. Solche Leistungen würden die Gesundheit der betroffenen Beschäftigten sowie den Unternehmenserfolg positiv beeinflussen.

Teilzeitarbeit im Unternehmen ist auch ein Zeichen für Flexibilität. Flexibilität wird regelmäßig von den Arbeitnehmern gefordert und sollte somit auch von den Unternehmen angeboten werden. Zudem müssen Unternehmen noch verstärkt seit dem in Krafttreten des neuen AGG darauf achten, dass sie durch die Versagung von Teilzeitarbeit keine Diskrimi-

[277] Stellenausschreibung vom 14.09.2007 – Personalreferent/in Teilzeit.

nierung[278] von Frauen begehen. Denn den überwiegenden Anteil an Teilzeitarbeitnehmern bilden Frauen[279].

Zudem kann das Unternehmen eigene Kinderbetreuung anbieten bzw. Kindergärten am Sitz des Betriebes finanziell unterstützen.

9.2.8 Fazit

Vom zweiten Qualitätskriterium werden die meisten Untergruppen als eher schlecht bewertet.

Personalwesen und Arbeitsorganisation	
Untergruppen	**Ist-Stand**
a) Fähigkeiten u. Arbeitsplatzanforderungen	Selbsteinschätzung gut bis sehr gut Nicht bestimmbar, weil Mitarbeiter nicht befragt wurden
b) Über- u. Unterforderungen	Selbsteinschätzung eher schlecht Grundsätzlich schwierig bestimmbar
c) Möglichkeiten zur Weiterentwicklung	Selbsteinschätzung gut bis sehr gut
d) Beteiligung von Mitarbeitern an Gesundheitsmaßnahmen	Grundsätzlich erwünscht Selbsteinschätzung eher schlecht Evtl. fehlende Kommunikation
e) Zusammenarbeit und Unterstützung durch den Vorgesetzten	Selbsteinschätzung eher schlecht Kann aber nicht beurteilt werden
f) BEM	Selbsteinschätzung eher schlecht Wird nicht erfüllt
g) Vereinbarkeit von Familie und Beruf	Selbsteinschätzung sehr schlecht Aktuell sind Verbesserungen sichtbar

Tabelle 6: Personalwesen und Arbeitsorganisation (Ist-Stand)

---

[278] Siehe Art. 141 EG und der Richtlinie 76/207/EWG; EuGH 31.3.1981, AP Nr. 1 zu § 1 BetrAVG Gleichbehandlung (Pfarr); später EuGH 7.2.1991, AP Nr. 25 zu § 23a BAT; EuGH 13.5.1986, BB 1986, 1509.

[279] Vgl. Angaben in BAG Urteil vom 20.11.1990 – 3 AZR 613/89, BB 1991, 1570 und BT-Drucks. 14/4374, s. 11.

9.3 Zum dritten Qualitätskriterium „Planung betrieblicher Gesundheitsförderung“

Definition: „Betriebliche Gesundheitsförderung ist dann erfolgreich, wenn sie auf einem klaren Konzept basiert, das fortlaufend überprüft, verbessert und allen Mitarbeitern bekannt gemacht wird.“

Zu diesem Kriterium gibt es drei weitere Untergruppen, die im Folgenden beschrieben werden:

9.3.1 Maßnahmen erstrecken sich auf die gesamte Organisation

„Die Gesundheitsförderungsmaßnahmen erstrecken sich auf die gesamte Organisation und werden dort in allen Bereichen bekannt gemacht.“

9.3.1.1 Ist-Stand

Gesundheitsförderliche Einzelmaßnahmen, die im Unternehmen durchgeführt werden, sind häufig betriebsbezogen und nicht mit Aktionen anderer Betriebe identisch.

Selbst dauerhaft eingeführte Maßnahmen wie z.B. die Einrichtung eines sozialen Dienstes (GMO) sind nicht in jedem Betrieb der RaA GmbH eingerichtet.

Zurzeit findet eine gesundheitsfördernde Maßnahme im Bereich Heben, Tragen und Haltung statt. Sie ist zwar auch eine Einzelmaßnahme, ist aber in allen Betrieben angesetzt und wird über einen längeren Zeitraum von einem externen Experten durchgeführt. Die Anforderungen an den Präventions- und Nachhaltigkeitsgedanken wurden zumindest über diesen Zeitraum erfüllt.

Die Selbsteinschätzung der Personalleiter hat 27,67 % ergeben.

9.3.1.2 Empfehlungen

Maßnahmen sollten über alle Betriebe einheitlich durchgeführt werden. Dies könnte unter ständigem Austausch der bGfAs[280] sowie des zGfA erfolgen. Wenn Maßnahmen gleicher Art nicht durchgeführt werden können, weil betriebliche Gegebenheiten entgegenstehen, sollte zumindest sichergestellt werden, dass Maßnahmen zur ungefähr gleichen Zeit mit derselben Intensität und Ausrichtung stattfinden. Liegen bei verschiedenen Betrieben im Wesentlichen unterschiedliche Tätigkeitsschwerpunkte (Verwaltung versus Produktion) vor, so müssen natürlich die Maßnahmen von ihrer Art und Ausrichtung her abweichen.

[280] Betrieblicher/Zentraler Gesundheitsförderungsausschuss; Siehe hierzu Punkt J.

9.3.2 Gesundheitsförderungsmaßnahmen basieren auf einer regelmäßigen Ist-Analyse

„Die Gesundheitsförderungsmaßnahmen basieren auf einer sorgfältigen und regelmäßigen aktualisierten Ist-Analyse, die sich auf gesundheitsrelevante Informationen stützt: Arbeitsbelastungen, Gesundheitsindikatoren, subjektiv wahrgenommene Beschwerden, Risikofaktoren, Unfallgeschehen, Berufskrankheiten, krankheitsbedingte Fehlzeiten, Erwartungen aller betrieblichen Akteure, insbesondere der Beschäftigten."

9.3.2.1 Ist-Stand

Regelmäßige Ist-Analysen finden im Wesentlichen nur für die krankheitsbedingten Fehlzeiten statt. Diese werden monatlich erhoben. Über die Mitarbeitergespräche (alle zwei Jahre) werden die Mitarbeiter auch zu ihrem grundsätzlichen Wohlbefinden befragt.

Die Selbsteinschätzung der Personalleiter zeigt mit einem Ergebnis von 27,67 %, dass noch viel Verbesserungsbedarf besteht. Das aufgrund der durchgeführten Analyse ermittelte Ergebnis würde bedeutend schlechter ausgefallen sein, wenn die Empfehlungen des europäischen Netzwerks für betriebliche Gesundheitsförderung zu Grunde gelegt worden wären.

9.3.2.2 Bedeutung regelmäßiger Analysen

Nur durch die Analyse der o.g. Punkte kann ein Unternehmen seinen Bedarf für bestimmte Maßnahmen ermitteln. Nachdem eine Bedarfsermittlung erfolgt ist, kann ein Unternehmen an die Umsetzung konkreter Maßnahmen herangehen.

Für Unternehmen ist von entscheidender Bedeutung, dass gesundheitsförderliche Maßnahmen wirtschaftlich tragbar und über dies einen wirtschaftlichen Nutzen haben. Diese Voraussetzungen können nur erfüllt werden, wenn die Maßnahmen ständig auf ihre Wirksamkeit hin überprüft werden. Im Idealfall wird vor jeder Maßnahme ein Soll-Stand bzw. eine Zielvorstellung definiert. Nach jeder Maßnahme oder auch während einer Maßnahme sollte dann ein Soll-Ist-Abgleich durchgeführt werden. Diese Soll-Ist-Analysen sind schwierig, weil die Wirkung einzelner oder mehrerer Maßnahmen nicht eindeutig feststellbar ist. Verbesserungen müssen nicht zwangsläufig durch die Maßnahmen ausgelöst worden sein.[281] Die Wirkung solcher Maßnahmen, die über einen längeren Zeitraum durchgeführt werden, kann aber durch gute und regelmäßige Analysen mit hoher Wahrscheinlichkeit und wenigstens großteils auf diese zurückgeführt werden. Dies bestätigen auch Studien[282], die mittlerweile den wirtschaftlichen Nutzen von gesundheitsförderlichen Maßnahmen belegen.

---

[281] Siehe erklärend hierzu unter Punkt F dieser Arbeit.

[282] BKK, Beispiele guter Praxis betrieblicher Gesundheitsförderung, 1999; Petersen/Egger, Gesundheit ist Chefsache, Kilchberg: Smartbooks, 1999; BKK-Studie 2004, Ärztezeitung – online, 10/2004; AOK Bundesverband, wirtschaftlicher Nutzen betrieblicher Gesundheitsförderung aus Sich von Unternehmen, Dokumentation und Befragung, April 2005.

9.3.2.3 Empfehlung

Zunächst sollte ein Soll-Stand bzw. eine Zielvorstellung mit folgenden Mindestinhalten definiert werden:

- Was soll die Maßnahme verbessern, also worauf zielt die Maßnahme ab?
- Den aktuellen Stand, der durch die Maßnahme verbessert werden soll, kurz aufzeigen?
- In welchen regelmäßigen Abständen soll sich die Maßnahme wiederholen?
- Welche Personen oder Personengruppen werden von der Maßnahme erfasst?
- Wie hoch sind die Kosten der Maßnahme?
- Stehen die prognostizierten Kosten grundsätzlich im angemessenen Verhältnis zum erwarteten wirtschaftlichen Nutzen?
- Welche positiven oder negativen Synergieeffekte (z.B. Störung des Betriebsablaufes oder positive Auswirkungen auf andere Bereiche oder Personen) könnten durch die Maßnahme ausgelöst werden?
- In welchen Abständen sollen Soll-Ist-Analysen für diese Maßnahme durchgeführt werden?

In der dann folgenden Ist-Analyse sollten mindestens die gerade genannten Fragen beantwortet werden. Darüber hinaus muss ein neuer Soll-Stand definiert werden. Hier reicht es aus, wenn der vorherige Soll-Stand überarbeitet wird, denn einige Punkte – wie z.B. die Zielgruppen oder Personen der Maßnahme – werden in der Regel unverändert bleiben.

9.3.3 Information an die Belegschaft über Vorhaben zur betrieblichen Gesundheitsförderung

„Die gesamte Belegschaft wird auf dem Wege der internen Öffentlichkeitsarbeit über alle Vorhaben zur betrieblichen Gesundheitsförderung informiert.“

9.3.3.1 Ist-Stand

Die Information über die interne Öffentlichkeitsarbeit wird im Unternehmen gem. des Selbsteinschätzungsbogens als sehr schlecht mit 11 % empfunden.

Grundsätzlich wird im Unternehmen über verschiedene Maßnahmen per E-Mail informiert. So z.B. für die Planung des EHS-Tages, welcher alle zwei Jahre stattfindet, oder die Möglichkeit zum Besuch einer Ersthelferschulung sowie die Vorbereitung zur Einrichtung eines psychologischen Dienstes (GMO).

Die Information über E-Mail ist nur bedingt zu empfehlen, weil regelmäßig nur Angestellte der Verwaltung einen PC-Arbeitsplatz bzw. einen Arbeitsplatz mit Internetzugang haben. Innerhalb der Produktion steht dieses Medium nicht zur Verfügung. In den Produktionswerken werden die Informationen regelmäßig über Aushänge in Schaukästen oder in den von der BKK aufgestellten Informationsständern erteilt.

9.3.3.2 Empfehlung

Die Information über E-Mail sollte beibehalten und wenn möglich auf jeden Beschäftigten ausgeweitet werden. Ein Informationsaustausch per E-Mail hat einen großen Zeit- bzw. Schnelligkeitsvorteil gegenüber anderen Kommunikationsmitteln.

Um sicher zu gehen, dass jeder Mitarbeiter tatsächlich von der Nachricht über geplante Gesundheitsmaßnahmen erfährt, könnte z.B. mit dem Aushändigen der monatlichen Gehaltsabrechnung, ein zusätzliches Informationsschreiben übergeben werden. Darin könnten regelmäßig alle geplanten Gesundheitsmaßnahmen sowie auch sonstige Informationen den Mitarbeitern verlässlich bekannt gemacht werden.

Zudem ist zu empfehlen, dass der jeweils direkte Vorgesetzte seine Mitarbeiter zu einer kurzen Informationsrunde (ca. alle zwei Wochen) zusammenruft und in dieser Informationsrunde alle geplanten Maßnahmen kurz vorstellt und die Mitarbeiter zur Anmeldung und Beteiligung motiviert. Das hat den psychologischen Effekt, dass den Mitarbeitern verdeutlicht wird, dass alle Vorgesetzten hinter den Maßnahmen stehen und viel Wert auf eine hohe Beteiligung legen.

Zusätzlich sollte auf jeder Belegschafts- und Betriebsversammlung auf alle geplanten Maßnahmen hingewiesen werden.

Hinweis:

Maßnahmen bekommen aus Sicht der Beschäftigten einen ganz anderen Stellenwert, wenn nicht nur die Personalleitung, sondern auch die Geschäftsführung alle Schreiben und Informationen zu geplanten Maßnahmen mit unterzeichnet. Aus diesem Grunde ist es auch zu empfehlen, dass der Personalvorstand in Belegschaftsversammlungen über die geplanten Maßnahmen informiert bzw. kurz auf diese hinweist und dann erst das Wort an die Personalleitung abgibt.

9.3.4 Fazit

Vom dritten Qualitätskriterium ergeben sich folgende zusammengefasste Ergebnisse:

Planung betrieblicher Gesundheitsförderung	
Untergruppen	**Ist-Stand**
a) Maßnahmen erstrecken sich über die ganze Organisation	Selbsteinschätzung O.k. aber Verbesserungsbedarf Gute Ansätze sind vorhanden
b) Regelmäßige Ist-Analysen	Selbsteinschätzung O.k. Tatsächlich eher schlecht
c) Information zu BGF-Maßn. an die Belegschaft	Selbsteinschätzung sehr schlecht

Tabelle 7: Planung betrieblicher Gesundheitsförderung (Ist-Stand)

9.4 Zum vierten Qualitätskriterium „Soziale Verantwortung“

Definition: „Für den Erfolg betrieblicher Gesundheitsförderung ist auch entscheidend, ob und wie die Organisation ihrer Verantwortung im Umgang mit den natürlichen Ressourcen gerecht wird. Soziale Verantwortung schließt die Rolle der Organisation auf lokaler, regionaler, nationaler und supranationaler Ebene in Bezug auf die Unterstützung gesundheitsförderlicher Initiativen ein.“

Dieses Kriterium hat die zwei folgenden Untergruppen:

9.4.1 Schädliche Auswirkungen auf Mensch und Umwelt sind ausgeschlossen

„Die Organisation hat klar definierte Vorkehrungen getroffen (z.B. durch ein Umweltschutz-Managementsystem), mit denen schädliche Auswirkungen auf Mensch und Umwelt so weit wie möglich ausgeschlossen werden.“

9.4.1.1 Ist-Stand

Das Unternehmen hat im Leitbild die Arbeitssicherheit sowie den Umweltschutz als entscheidendes Kriterium unternehmerischen Handelns aufgezeigt und jeden Mitarbeiter zur Einhaltung verpflichtet. Zudem werden in den Verhaltens- und Handlungsprinzipien der Unternehmensgruppe die Achtung der Umwelt, der Gesundheit und des Arbeitsschutzes gefordert. Verstärkt werden diese Prinzipien von dem Leitgedanken der EHS-Charta und deren Ausführungen, die auch für die RaA GmbH gelten.[283]

Das Unternehmen lebt diese Prinzipien, wie an folgenden Beispielen deutlich wird:

- Wasseraufbereitungsanlage im Werk 2 in Betrieb genommen. Vorher versickerte das Wasser ungereinigt.[284]
- Nach einer Präsentation[285] vom Aufsichtsratsvorsitzenden wird der CO2 Ausstoß im Zeitraum von 1990 bis voraussichtlich 2010 um 15 % gesenkt sein.
- Die RaA GmbH praktiziert Mülltrennung in den Werken sowie Energieeinsparungen, wo immer sie möglich sind.

Auch die Auswertung des Selbsteinschätzungsbogens hat ergeben, dass die Personalleiter den Umweltschutz im Unternehmen mit 83,50 % (bestes Ergebnis im Selbsteinschätzungsbogen) als sehr gut empfinden.

---

[283] EHS-Charta 2005 mit folgenden Anhängen: EHS-Einführung von April 2007; EHS-Referenzhandbuch von 2006; EHS-Leitlinie von August 2002.

[284] Bericht aus der Mitarbeiterzeitung, S. 2, Ausgabe 2/2007

[285] Auf der EHS-Tagung vom 05.05.2007 in Krefeld.

9.4.1.2 Empfehlung

Wie auch schon von der Geschäftsführung beabsichtigt, sollten die in einzelnen Werken durchgeführten Umweltschutzmaßnahmen auch in den anderen Werken umgesetzt werden.

Die ständige Weiterentwicklung des Umweltschutzes ist für jeden von Vorteil, und deshalb sollte der Umweltschutz immer den aktuellen wissenschaftlichen Erkenntnissen entsprechen.

9.4.2 Soziale, kulturelle Initiativen

„Die Organisation unterstützt aktiv gesundheitsbezogene, soziale, kulturelle und fürsorgerische Initiativen."

9.4.2.1 Ist-Stand

Die RaA GmbH führte in der jüngsten Vergangenheit bzw. führt z.Z. folgende Maßnahmen durch:

Azubi-Seminar mit dem Thema „Schlüsselqualifikationen in der Ausbildung". Über mehrere Tage wurden Gruppenarbeiten durchgeführt, die die Teamfähigkeit der Auszubildenden verbessern und ihre Hilfsbereitschaft fördern sollten. Die Auszubildenden haben sich so besser kennengelernt und gemeinsam Aufgaben gelöst. Dieses Seminar diente dem sozialen und kulturellen Zweck.

Die RaA GmbH beteiligte sich am Girls´Day 2007 und förderte so die kulturelle Initiative, dass Mädchen die Möglichkeit erhalten in „*Männerberufe*" zu schnuppern.

Als gesundheitsbezogene und fürsorgerische Initiative kann an dieser Stelle einmal mehr auf die GMO als sozialer und psychologischer Dienst verwiesen werden. Die Leistungen der GMO können von Mitarbeitern und deren Familienangehörigen oder Lebenspartnern kostenlos genutzt werden. Sie gehen deutlich über einen gesetzlichen Arbeits- und Gesundheitsschutz hinaus.

Die Selbsteinschätzung der Personalleiter hat mit 50% einen im Vergleich zu anderen Ergebnissen sehr guten Wert ergeben.

9.4.2.2 Empfehlung

Die genannten Maßnahmen sollten auch zukünftig durchgeführt und durch neue ergänzt werden.

Der Soziale und Psychologische Dienst könnte z.B. zunächst auf alle Betriebe der RaA GmbH erweitert werden und dann im Leistungsangebot dem der AHG-Assist angepasst werden. Die AHG ist ein Bundesweit agierendes Unternehmen mit Sozialpädagogen, Psychologen, Ärzten, Apothekern und anderen Fachkräften, die dem schon oben genannten Personenkreis bei der GMO zur Verfügung stehen und ihnen bei gesundheitlichen Problemen, familiären Belastungen oder bei Stress am Arbeitsplatz kompetente Beratung bieten.

Zudem kann das Unternehmen Ortsansässigen Sozialeinrichtungen oder Sportvereinen finanzielle Unterstützung zukommen lassen, um soziale und kulturelle sowie gesundheitliche und fürsorgerische Initiative zu zeigen.

9.4.3 Fazit

Vom vierten Qualitätskriterium werden alle Forderungen aus den Untergruppen sehr zufriedenstellend erfüllt:

Soziale Verantwortung	
Untergruppen	**Ist-Stand**
a) Umweltschutzvorkehrungen werden getroffen	Selbsteinschätzung spitze Tatsächlich sehr gut
b) gesundheitliche, soziale, kulturelle und fürsorgeri sche Initiative	Selbsteinschätzung sehr gut Tatsächlich befriedigend bis gut

Tabelle 8: soziale Verantwortung (Ist-Stand)

9.5 Zum fünften Qualitätskriterium „Umsetzung betrieblicher Gesundheitsförderung“

Definition: „Betriebliche Gesundheitsförderung umfasst Maßnahmen zur gesundheitsgerechten Arbeitsgestaltung und Unterstützung gesundheitsgerechten Verhaltens. Erfolgreich ist sie dann, wenn diese Maßnahmen dauerhaft miteinander verknüpft sind und systematisch durchgeführt werden.“

Dieses Qualitätskriterium untergliedert sich in fünf weitere Untergruppen:

9.5.1 Organisationseinheit für den betrieblichen Gesundheitsschutz

„Es existiert ein Steuerkreis, eine Projektgruppe oder ein ähnliches Gremium in der Organisation, das die Gesundheitsförderungsmaßnahmen plant, überwacht und auswertet. In diesem Gremium sind alle gesundheitsbezogenen Schlüsselfunktionen der Organisation vertreten.“

9.5.1.1 Ist-Stand

Ein Steuerkreis, eine Projektgruppe oder ein ähnliches Gremium ist in keinem Betrieb der RaA GmbH vorhanden. Nur im Werk 4 gibt es einen Gesundheitszirkel. Dieser Gesundheitszirkel im Werk 4 erfüllt aber nach Angaben des zuständigen Personalleiters nicht die Anforderungen, die an das Qualitätskriterium gestellt werden.

Die Selbsteinschätzung hat ein sehr schlechtes Ergebnis von nur 5,50 % ergeben.

9.5.1.2 Empfehlung

Die wesentlichste Grundlage dafür, in einem Unternehmen ein Gesundheitsmanagement etablieren zu können, ist eine Organisationseinheit, die alle Maßnahmen zur betrieblichen Gesundheitsförderung plant, durchführt, überwacht und der Geschäftsführung die Notwendigkeit aufzeigt. Im Idealfall ist die Geschäftsführung operatives Mitglied einer solchen Organisationseinheit.

Eine solche Organisationseinheit ist ausführlich im Punkt J „*Vorschlag für die organisatorische Einbindung der BGF in das Unternehmen*“ beschrieben.

9.5.2 Informationen werden systematisch zusammengetragen

„Alle für Planung und Umsetzung der Gesundheitsförderungsmaßnahmen erforderlichen Informationen (interne und externe) werden systematisch und regelmäßig zusammengetragen.“

9.5.2.1 Ist-Stand

Zu diesem Punkt wurde keine spezielle Befragung durchgeführt, die genaue Abläufe darstellt. Grundsätzlich werden Maßnahmen und die dazugehörigen Informationen nicht systematisch und regelmäßig, sondern spontan und punktuell zusammengetragen. Dies ergibt sich auch aus den oben dargelegten Ausführungen zur Etablierung und Durchführung von Gesundheitsmaßnahmen im Unternehmen.

Die Selbsteinschätzung der Personalleiter hat dementsprechend mit 5,50% ein sehr schlechtes Ergebnis gebracht.

9.5.2.2 Empfehlung

Das systematische und regelmäßige Zusammentragen von Informationen zur betrieblichen Gesundheitsförderung durch externe Stellen, z.B. Berufgenossenschaft, Krankenkasse, Integrationsamt, Rentenversicherungsträger, Servicestellen, Agentur für Arbeit oder europäische und nationale Institutionen für Gesundheitsförderung sollten durch die unter Punkt J näher beschriebenen Organisationseinheiten (zGfA und bGfA) durchgeführt werden. Diese sollten fortlaufend aktuelle wissenschaftliche Erkenntnisse durch die genannten Institutionen einholen und die Erkenntnisse auf den eigenen Betrieb anzuwenden versuchen.

Zu empfehlen ist auch der Austausch mit anderen Unternehmen, um von ihnen Ideen und Anregungen zu erhalten. Dieser Austausch könnte über die Arbeitgeberverbände vereinfacht durchgeführt werden.

9.5.3 Zielgruppen und quantifizierbare Ziele festlegen

„Für alle Gesundheitsmaßnahmen werden Zielgruppen und quantifizierbare Ziele festgelegt.“

9.5.3.1 Ist-Stand

Auch dieser Punkt wurde nicht genauer in einer Befragung überprüft und kann deshalb nicht mit Gewissheit bewertet werden. Allerdings können auch dafür wieder die oben gemachten Ausführungen zur tendenziellen Bewertung herangezogen werden. Grundsätzlich ist den Organisatoren einer Gesundheitsmaßnahme wenigstens ungefähr bewusst, welche Zielgruppen oder Erfolge betroffen bzw. erwartet werden.

Derzeit wird z.B. ein sog. Managercheck geplant. Bei dieser Maßnahme geht es um eine grundlegende Untersuchung des allgemeinen Gesundheitszustandes. Schon der Name sagt aus, welche Personen bzw. Personengruppen von dieser Maßnahme betroffen sein sollen. Diese Maßnahme soll zunächst für alle leitenden Angestellten (AT-Angestellten) durchgeführt werden.

Auch die Maßnahme „richtig Heben und Tragen bei der Arbeit“, die derzeit in allen Betrieben durchgeführt wird bzw. werden soll, ist zunächst auf alle Produktionsarbeiter ausgerichtet.

Es kann also gesagt werden, dass eine Zielgruppe regelmäßig bestimmt wird bzw. aus der Maßnahme heraus bestimmbar ist. Die quantitative Zieldefinierung ist hingegen nur schwer bestimmbar. Wie bei nahezu jeder Gesundheitsmaßnahme ist eine quantitative Zielbestimmung nur schätzungsweise möglich. Zudem ist eine verlässliche und fachliche Schätzung nur durch einen Mediziner oder einen entsprechend ausgebildeten Fachmann möglich.

Die Selbsteinschätzung der Personalleiter hat in dieser Untergruppe ein sehr schlechtes Ergebnis von 11 % ergeben.

9.5.3.2 Empfehlung

Eine Zielgruppe sowie eine quantitative Zieldefinierung sollte – auch wenn sie grundsätzlich aus der Maßnahme heraus bestimmbar ist – schriftlich unter Zuhilfenahme von qualifizierten Beratern festgelegt und regelmäßig überprüft werden.

Für die Bestellung eines Beraters und für die organisatorische Durchführung wird ein weiteres Mal auf den Punkt J „*Vorschlag für die organisatorische Einbindung der BGF in das Unternehmen*“ verwiesen.

9.5.4 Verknüpfung von Maßnahmen zur gesundheitsgerechten Arbeitsgestaltung und zu gesundheitsgerechten Verhalten

„Es werden sowohl Maßnahmen zur gesundheitsgerechten Arbeits- und Organisationsgestaltung als auch Maßnahmen zur Förderung gesundheitsgerechten Verhaltens durchgeführt und miteinander verknüpf.“

9.5.4.1 Ist-Stand

Maßnahmen zur Vermeidung von Arbeitsunfällen werden durchgeführt wie auch das Ergebnis von „*1500 Tage ohne TF1-Unfall in der Instandhaltung*“[286] im Werk 4 zeigt. Um ein solches Ergebnis zu erzielen, bedarf es einer gesundheitsgerechten Arbeits- und Organisationsgestaltung. Ohne das entsprechende Verhalten der Mitarbeiter kann trotz bester Arbeitssicherheitsausrüstung und –organisation kein so gutes Ergebnis erreicht werden.

Tatsächlich findet die Verknüpfung von gesundheitsgerechter Arbeitsgestaltung und Verhalten der Mitarbeiter nicht planmäßig statt. Derzeit wird dieses aber über einen externen Berater im Unternehmen mit der Maßnahme „*richtig Heben und Tragen bei der Arbeit*“ durchgeführt. Ein externer Berater beobachtet alle Mitarbeiter und bewertet ihr gesundheitsbewusstes Arbeitsverhalten speziell beim Heben und Tragen. Er macht auf Fehlhaltungen aufmerksam und überprüft sie innerhalb eines zweijährigen Gesamtzeitraumes regelmäßig.

Die Selbsteinschätzung der Personalleiter hat ein Ergebnis von 27,50 % ergeben.

9.5.4.2 Empfehlung

Die Verknüpfung von arbeitsorganisatorischen Abläufen und Mitarbeitverhalten bezüglich der Gesundheit sind Grundlage für ein funktionierendes betriebliches Gesundheitsmanagement. Deshalb wird empfohlen, neben Maßnahmen wie dem „*richtigen Heben und Tragen bei der Arbeit*“ – welche diese Verknüpfung herstellt – Mitarbeitern Seminare anzubieten, in denen ihr Gesundheitsbewusstsein und der richtige Umgang mit Arbeitsmaterialien sowie -maschinen geschult wird.

Zudem sollte jeder Vorgesetzte als Vorbild fungieren und sich gesundheitsbewusst verhalten sowie in jeder Anweisung und Veränderung der Arbeitsgestaltung den Gesundheitsaspekt berücksichtigen.

9.5.5 Maßnahmen systematisch auswerten und verbessern

„Alle Maßnahmen werden systematisch ausgewertet und kontinuierlich verbessert.“

9.5.5.1 Ist-Stand

Üblicherweise finden Maßnahmen nur spontan bzw. punktuell statt. Somit kann auch keine systematische und kontinuierliche Auswertung vorgenommen werden.

Auswertungen finden bedingt statt. Z.B. erhält das Unternehmen anonyme Zahlen über die Anzahl der Mitarbeiter, welche die Leistungen von GMO in Anspruch genommen haben. Eine weitergehende Analyse findet hier wie auch bei anderen Gesundheitsmaßnahmen nicht oder nur sehr bedingt statt. Am weitesten geht die in der Praxis relevante Kran-

[286] Artikel in der Mitarbeiterzeitschrift *Mitarbeiterzeitung*“, S. 2, Ausgabe 02/2007.

kenstandanalyse. Allerdings fehlt es auch hier an einer systematischen und umfänglichen Analyse. Eine solche Auswertung wird aber in einigen Betrieben durchgeführt, und das Unternehmen zeigt somit Ansätze für eine umfassende Analyse aller für die Gesundheit relevanten Daten und Maßnahmen.

Sie Selbsteinschätzung der Personalleiter hat ein Ergebnis von 11 % ergeben.

9.5.5.2 Die Bedeutung von Auswertungen

Eine gesundheitsförderliche Maßnahme ist, wie schon häufig dargestellt, nur schwierig auf ihre Wirkung hin zu überprüfen. Umso wichtiger sind Zieldefinitionen vor Beginn jeder Maßnahme und umfassende Analysen im Anschluss. Auch bei Einzelmaßnahmen können durch umfängliche Analysen wenigstens tendenzielle Erfolgsmessungen abgelesen werden. Bei Gesundheitsmaßnahmen besteht die Besonderheit, dass menschliches – meist lange Jahre gewohntes – Verhalten verändert werden soll. Hierzu bedarf es eines langen Prozesses. Maßnahmen müssen also ständig wiederholt werden, um schrittweise für den Menschen zur (neuen) Gewohnheit zu werden.

9.5.6 Fazit

Überblick über die Ergebnisse des fünften Qualitätskriteriums:

Umsetzung betrieblicher Gesundheitsförderung	
Untergruppen	**Ist-Stand**
a) Organisation der betrieblichen Gesundheit	Selbsteinschätzung extrem schlecht Tatsächlich extrem schlecht
b) Informationen systematisch u. regelmäßig zusammen tragen	Selbsteinschätzung extrem schlecht Tatsächlich nicht genau befragt
c) Zielgruppe u. quantifizier bare Ziele festlegen	Selbsteinschätzung sehr schlecht Tatsächlich nicht genau überprüft
d) Verknüpfung von gesund heitsg. Arbeitsgestaltungen u. -verhalten	Selbsteinschätzung eher schlecht bis O.K. Tatsächlich O.K. Tendenz positiv
e) Maßnahmen systematisch auswerten u. verbessern	Selbsteinschätzung sehr schlecht Tatsächlich sehr schlecht, weil ein umfassendes GM fehlt

Tabelle 9: Umsetzung betrieblicher Gesundheitsförderung (Ist-Stand)

9.6 Sechstes Qualitätskriterium „Ergebnisse betrieblicher Gesundheitsförderung"

„Der Erfolg betrieblicher Gesundheitsförderung kann an einer Reihe von kurz-, mittel- und langfristigen Indikatoren gemessen werden."

Dieses Qualitätskriterium untergliedert sich in weitere vier Untergruppen, welche die Auswirkungen der durchgeführten Gesundheitsförderungsmaßnahmen auf:

- die Kundenzufriedenheit,
- die Zufriedenheit der Beschäftigten,
- weitere Gesundheitsindikatoren wie Krankenstand, Unfallhäufigkeit, Verbesserungsvorschläge, Inanspruchnahme von Gesundheitsangeboten,

- auf wirtschaftlich relevante Faktoren wie Personalfluktuation, Produktivität, Kosten-Nutzen-Bilanz

systematisch ermitteln und Konsequenzen daraus ziehen.

Die Untergruppen des sechsten Qualitätskriteriums können zusammengefasst beschrieben werden. Im Ergebnis handelt es sich um das am schlechtesten bewertete Kriterium. Die Bewertung kommt am Ende nicht überraschend, da Gesundheitsmaßnahmen weitestgehend nur punktuell und zu selten durchgeführt werden, als dass Auswirkungen auf die genannten Personen und Faktoren analysierbar wären. Daraus folgt wiederum, dass keine Konsequenzen aus Gesundheitsförderungsmaßnahmen gezogen werden können. An diesem Punkt wird deutlich, dass die praktizierten Gesundheitsmaßnahmen zwar lobenswerte sind, aber nahe zu keine Auswirkungen auf die Gesundheit von Mitarbeiter haben. Die gesundheitliche Konstitution eines Menschen lässt sich nur mit häufig, sich wiederholenden Anwendungen verändern.

Die Überprüfung von Auswirkungen systematisch durchgeführter Gesundheitsmaßnahmen ist für ein Unternehmen von wirtschaftlicher Bedeutung. Aus den Ergebnissen der Überprüfung kann geschlossen werden, ob eine Maßnahme Erfolgreich betreffend der Gesundheitsförderung und anderer betrieblicher Gesundheitsindikatoren war. Hat eine Maßnahme z. B. nachweislich positive Auswirkungen auf den Krankenstand, kann die Wirtschaftlichkeit der Maßnahme berechnet werden. War eine Maßnahme unwirtschaftlich, dient die Analyse dazu, den Grund für eine fehlende positive Wirkung zu erfahren. Wichtig bei einer Wirtschaftlichkeitsanalyse ist, nicht nur materiell investierte Kosten mit zukünftigen Einsparungen z. B. der Entgeltfortzahlungskosten zu bemessen. Die materiell investierten Kosten sind bezüglich durchgeführter Gesundheitsmaßnahmen auch immer mit den Indikatoren wie Motivation, Qualität, Quantität und Image des Unternehmens aufzurechnen.

Die Schwierigkeit, Auswirkungen von durchgeführten Gesundheitsmaßnahmen zu analysieren, besteht darin, dass die Gesundheit nicht nur alleine von im Betrieb durchgeführten Maßnahmen, sondern auch von einer Vielzahl privater Einflussfaktoren und von nicht beeinflussbaren Krankheiten abhängt. Da die genannten Faktoren zeitgleich zu den durchgeführten Maßnahmen Einfluss auf die Gesundheit nehmen können, ist bei Veränderungen im Gesundheitszustand der Mitarbeiter, ein Rückschluss rein auf die gesundheitsförderlichen Maßnahmen nur bedingt möglich.

Letztendlich stellt die Analyse von gesundheitsförderlichen Maßnahmen einen wichtigen Bestandteil in einem umfassenden Gesundheitskonzept dar. Sie kann aber nur dann verwertbare Informationen liefern, wenn zuvor alle anderen Qualitätskriterien in die Unternehmensabläufe eingebunden und praktiziert werden.

10 Vorschlag für die organisatorische Einbindung der BGF in das Unternehmen

Um das Leitbild der RaA GmbH in die Tat umzusetzen, bedarf es einer organisatorischen Einbindung der BGF in die Unternehmensstruktur, um darüber hinaus mit klaren Vorgaben und Zielen in die Umsetzung konkreter Maßnahmen einsteigen zu können.

Die folgenden Beschreibungen sind Empfehlungen, um in einem Unternehmen eine kontinuierliche Überprüfung aller BGF-Maßnahmen sowie eine Organisationsgrundlage für das BGF zu ermöglichen. Die folgenden betriebsinternen Einrichtungen lassen sich zwar auch auf andere Unternehmen übertragen, dennoch wird darauf hingewiesen, dass die unten stehenden Ausführen zumindest in weiten Teilen speziell auf das betrachtete Unternehmen zugeschnitten sind.

10.1 Zentraler Gesundheitsausschuss (zGfA)

Im Unternehmen wird ein zGfA gebildet. Dieser Ausschuss stellt die betriebliche Institution dar, die Grundlage für ein klares und einheitliches Konzept der betrieblichen Gesundheitsförderung bildet und diese organisiert und überwacht. Der zGfA berücksichtigt alle gesetzlich vorgeschriebenen Arbeits- und Gesundheitsschutzbestimmungen und –analysen, thematisiert aber im Wesentlichen die darüber hinaus gehenden präventiven Gesundheitsförderungsmaßnahmen („*Gesundheit im weiteren Sinne*“). Der zGfA gibt die unternehmenspolitische Ausrichtung für die betriebliche Gesundheitsförderung vor.

10.1.1 Mitglieder des zGfA

Mitglieder des „zentralen Gesundheitsförderungsausschusses“:

- Geschäftsführung
- Der Personalleiter aller Werke
- Der Personalleiter des Firmensitzes
- Der Leiter Personalentwicklung
- Evtl. der Ausbildungsleiter
- Zwei[287] Gesamtbetriebsratsmitglieder
- Ein Mitglied des Schwerbehindertenausschusses
- Ein Mitglied des Sprecherausschusses
- Die Betriebsärzte der Werke
- Ein Vertreter des EHS-Managements

[287] Die Anzahl der Gesamtbetriebsratsmitglieder ist bewusst mit „zwei“ gewählt worden. Es soll dadurch ein etwas stärkeres Gegengewicht zu den sehr zahlreich vertretenen leitenden Angestellten und der Geschäftsführung, die jeweils Arbeitsgeberseitig vertreten sind, hergestellt werden.

Ggf. sind weitere Berater heranzuziehen (externe Sicherheitsfachkräfte, Krankenkasse, Rehabilitationsträger, usw.).

10.1.2 Besondere Aufgaben der Geschäftsführung im zGfA

Die Geschäftsführer leiten die Sitzungen des zGfA und unterzeichnen die vereinbarten Maßnahmen für die betrieblichen Gesundheitsförderungsausschüsse (siehe unten).

Die Geschäftsführung berichtet der zGfA in jeder Sitzung über die geplanten Veränderungen und Neueinführungen aller Organisationsprozesse und –strukturen, um die Einbindung der BGF schon in der Planungsphase zu gewährleisten.

10.1.3 Aufgaben des zGfA

Der zGfA trifft sich je nach Bedarf aber mindestens ein Mal pro Jahr.

Der zGfA vereinbart in jeder Sitzung konkrete Maßnahmen zur Förderung der betrieblichen Gesundheit, die über den gesetzlich vorgeschriebenen Gesundheitsschutz hinausgehen.

Der zGfA setzt ein Gesamtbudget für das Unternehmen sowie jeweils ein Einzelbudgets für jeden Betrieb fest. Dieses Budget ist in dem Folgejahr ausschließlich für die betriebliche Gesundheitsförderung zu verwenden. Das Budget soll voll ausgenutzt werden und ist bei Bedarf vom zGfA oder den Geschäftsführern zu erhöhen. Das Budget soll wertmäßig wie folgt geschätzt bzw. prognostiziert werden:

  Die Kosten der im zGfA vereinbarten Maßnahmen pro Betrieb

\+ Kosten für Weiterbildungsmaßnahmen bezüglich einer Sensibilisierung und Verbesserung der Gesundheit bzw. des Gesundheitsbewusstseins

\+ die Kosten für das betriebliche Eingliederungsmanagement (BEM)

\+ sowie einen prozentualen Mehrbetrag für Sonderaktionen

= Gesamtbudget für die betriebliche Gesundheitsförderung

Die Mitglieder des zGfA sowie des bGfA werden mindestens ein Mal in fünf Jahren für ihre Tätigkeit im Ausschuss geschult, und besonderer Wert wird auf die Aktualität der Gesundheitsforschung bzw. den aktuellen Stand der Wissenschaft und auf die Schulung von Gesundheitsbewusstsein gelegt.

Für die Umsetzung der im zGfA vereinbarten Maßnahmen in den Betrieben ist der jeweilige „*betriebliche Gesundheitsförderungsausschuss*“ (bGfA) zuständig.

Die von der Geschäftsführung unterzeichneten Maßnahmen und Vorgaben werden großzügig in jedem Betrieb ausgehängt und auf Belegschaftsversammlungen vorgetragen. Idealerweise wird auch auf Betriebsversammlungen wiederholt darüber berichtet.

10.2 Betrieblicher Gesundheitsförderungsausschuss (bGfA)

Der „*betriebliche Gesundheitsförderungsausschuss*“ hat im Wesentlichen die Aufgabe, das operative Geschäft für den zGfA zu leisten. Der bGfA ist an die Vereinbarungen des zGfA gebunden, kann aber über den vorgegebenen Mehrbetrag im Budget auch eigene Maßnahmen vereinbaren und umsetzten. Diese eigenen Maßnahmen sollen mit den anderen Betrieben über ihre bGfA-Vorsitzenden abgestimmt werden.

10.2.1 Mitglieder des bGfA

Es wird in jedem Betrieb des Unternehmens ein bGfA gebildet. Diesem Ausschuss gehören an:

- der jeweilige Werksleiter
- der jeweilige Personalleiter
- der im Betrieb zuständige Ausbildungsleiter
- ein Mitglied des Schwerbehindertenausschusses
- ein Mitglied des Betriebsrates
- der Betriebsarzt
- die Fachkraft für Arbeitssicherheit (ggf. in Vertretung ein Sicherheitsbeauftragter)

Ggf. sind weitere Berater heranzuziehen (externe Sicherheitsfachkräfte, Krankenkasse, Rehabilitationsträger, usw.)

10.2.2 Aufgaben des bGfA

Der bGfA wählt aus seiner Mitte einen Vorsitzenden für einen vorher festgelegten Zeitraum (z.B. 5 Jahre). Die Vorsitzenden der einzelnen bGfA treffen sich ein Mal pro Jahr zu einer gesonderten Sitzung, in der Erfahrungen detailliert ausgetauscht werden. Ein Austausch zwischen den bGfA-Vorsitzenden findet zudem regelmäßig und bei Bedarf statt.

Der bGfA trifft sich ein Mal zu Beginn jeden Vierteljahres.

Der bGfA thematisiert alle Gesundheitsrelevanten Abläufe im Betrieb und stellt die betriebliche Institution für das betriebliche Gesundheitsmanagement im Unternehmen dar.

Er setzt die Maßnahmen aus der zGfA-Sitzung zeitnah und ggf. unter den Vorgaben des zGfA um. Alle Maßnahmen sollen auf den jeweiligen Betrieb zugeschnitten sein, aber im Wesentlichen einheitlich und gleich ausgestaltet werden (erhebliche Abweichungen ergeben sich evtl. in der Verwaltung).

In den bGfA-Sitzungen wird mindestens abgehandelt:

- Ist-Bericht über die laufenden und geplanten Maßnahmen und über Arbeitsbelastung/-verdichtung, subjektiv wahrgenommene Beschwerden, krankheitsbedingte Fehlzeiten, Unfallgeschehen, Berufskrankheiten
- Soll-Abgleich

- Besprechung aller BEM Fälle
- Besprechung von geäußerten Mitarbeiteranliegen bezüglich der Gesundheit
- Zusammentragen von neuen Maßnahmenvorschlägen
- Vereinbarungen für das weitere Vorgehen

Von jeder Sitzung erstattet der bGfA über seinen Vorsitzenden dem zGfA einen Bericht.

Vorschläge für neue Maßnahmen werden über den Vorsitzenden jederzeit an den zGfA weitergeleitet.

11 Schlusswort

Mit dem vorliegenden Buch wurden die zahlreichen gesetzlichen Vorschriften erläutert, die die Grundlage für Arbeitssicherheit und Gesundheitsschutz im Unternehmen bilden. Es wurden Vorschläge und Denkanstöße für Gesundheitsförderungsmaßnahmen in Unternehmen beschrieben und mit dem praktischen Teil ein Konzept präsentiert, wie ein umfassendes Gesundheitsmanagement im Unternehmen etabliert werden kann. Das Buch kann dazu dienen, eine tief greifende Diskussion über die Bedeutung von Gesundheit im Unternehmen voranzutreiben, dem Arbeitgeber seine Pflichten aufzuzeigen und Hilfestellungen bei der Einführung von gesundheitsförderlichen Maßnahmen unter Berücksichtigung der rechtlichen Rahmenbedingungen zu geben. Vielleicht kann diese Arbeit auch dazu beitragen, dass eine Investition in die Gesundheit der Beschäftigten weniger als finanzielle Belastung, sondern, der aus einer solchen Investition resultierende Nutzen, als Wettbewerbsvorteil und somit als gewinnbringende Investition angesehen wird.

12 Literaturverzeichnis

Aldana, S.	Financial Impact of Health Promotion Programs: A Comprehensive Review of the Literature. American Journal of Health Promotion, 2001.
Annuß, Georg/Thüsing, Gregor	Teilzeit- und Befristungsgesetz, Kommentar, September 2002.
Antonovsky, A.	Salutogenese: Zur Entmystifizierung der Gesundheit, Tübingen 1997: DGVT.
Anzinger, Rudolf/Bieneck, Hans-Jürgen	Arbeitssicherheitsgesetz, 1998.
Anzinger, Rudolf/Koberski, Rudolf	Kommentar zum Arbeitszeitgesetz, 2. Auflage, Frankfurt am Main 2005.
Ashoff, Gregor/Bachner, Michael/Kunz, Olaf	Europäisches Arbeitsrecht im Betrieb: ein praktischer Ratgeber, 1. Auflage, Köln 1996.
Aufhauser, Rudolf/Brunhöber, Hannelore/Igl, Peter	Arbeitssicherheitsgesetz, Handkommentar, 3. Auflage, 2004.
Badura, Bernhard/Hehlmann, Thomas	Betriebliche Gesundheitspolitik, Der Weg zur gesunden Organisation 2003.
Badura, Bernhard/Ritter, Wolfgang/Scherf, Michael	Betriebliches Gesundheitsmanagement, ein Leitfaden für die Praxis, 1. Auflage, Berlin 1999.
Badura, Bernhard/Schellschmidt, Henner/Vetter, Christian	Fehlzeiten-Report 2006, Chronische Krankheiten, Zahlen, Daten, Analysen aus allen Branchen der Wirtschaft, Heidelberg 2007.
Badura, Bernhard/Schellschmidt, Henner/Vetter, Christian	Fehlzeiten-Report 2005, Arbeitsplatzunsicherheit und Gesundheit, Zahlen, Daten, Analysen aus allen Branchen der Wirtschaft, Heidelberg 2006.
Baeck, Ulrich/Deutsch, Markus	Arbeitszeitgesetz, Kommentar, 2. Auflage, 2004.
Bedner, K.	Gesundheitsschutz und Gesundheitsförderung in Betrieben, München 2001.
Bengelsdorf, Peter	Alkohol im Betrieb, 2. Auflage, 2001.
Berger, Gerhard/Kämmer, Karla/Zimber, Andreas	Erfolgsfaktor Gesundheit, Handbuch zum betrieblichen Gesundheitsmanagement, 1. Auflage, Hannover 2006.
Bitzer, Bernd	Fehlzeiten als Chance, Ein praktischer Leitfaden zum Abbau von Fehlzeiten, 4. überarbeitete Auflage, Renningen-Malmsheim 2005.
Bontrup, Heinz J.	Volkswirtschaftslehre, Grundlagen der Mikro- und Makroökonomie, 1998.
Bontrup, Heinz J./Pulte, Peter (Hrsg.)	Handbuch Ausbildung, Berufsbildung im dualen System, 2001.
Brandenburg, U./Nieder, P./Susen, B. (Hrsg.).	Gesundheitsmanagement im Unternehmen, Grundlagen, Konzepte und Evaluation; München 2001.

Buchner/Becker	Mutterschutzgesetz/ Bundeserziehungsgeldgesetz, 7. Auflage 2003.
Bücker/Feldhoff/Kohte	Vom Arbeitsschutz zur Arbeitsumwelt (Europäische Herausforderungen für das deutsche Arbeitsrecht), Luchterhand Verlag 1994.
Busch, Rolf und AOK Berlin (Hrsg.)	Unternehmensziel Gesundheit, Betriebliches Gesundheitsmanagement in der Praxis - Bilanz und Perspektiven, Band 22, 1. Auflage 2004.
Buschmann, Rudolf/Dieball, Heike/Stevens-Bartol, Eckart	TZA, das Recht der Teilzeitarbeit, Kommentar für die Praxis, 2. Auflage 2001.
Buschmann, Rudolf/Ulber, Jürgen	Arbeitszeitgesetz, Basiskommentar mit Nebengesetzen und Ladenschluss, 5. überarbeitete und aktualisierte Auflage, 2007.
Erfurter Kommentar/Bearbeiter	Dieterich/Müller-Glöge/Preis/Schaub (Hrsg.) Erfurter Kommentar zum Arbeitsrecht, 4. Auflage 2004.
DKK/Bearbeiter	Däubler/Kittner/Klebe (Hrsg.), BetrVG, 9. Auflage, 2004
Düwell, Franz Josef	Betriebsverfassungsgesetz, Handkommentar, 2. Auflage, Juni 2006.
Feldes, Werner/Kamm, Rüdiger/Peiseler, Manfred/Burkhard von Seggern/Unterhinninghofen, Hermann/Westermann, Bernd/Witt, Harald	Schwerbehindertenrecht, Basiskommentar, zum SGB IX mit Wahlordnung, 8. überarbeitete und aktualisierte Auflage, 2005
Feuerlein/Küfner/Soyka	Alkoholismus - Missbrauch und Abhängigkeit, 5. Auflage, 1998.
Fitting, Karl vortgeführt Engels/Schmidt/Trebinger/Linsenmaier	Betriebsverfassungsgesetz, Handkommentar, 23. neubearbeitete Auflage 2006.
Fuchs, Reinhard/Bearbeiter	Betriebliche Suchtprävention, 1998.
Goodman, P.S./Atkin, R.S.	Effects of Absenteeism on Individuals and Organizations, San Francisco 1984.
Greif, S	Greif, S./Holling, H./Nicholson, N. (Hrsg.), Arbeits- und Organisationspsychologie, ein internationales Handbuch in Schlüsselbegriffen, 1989, S. 432 - 439.
Greiner, B. A.	Bamberg, E./Ducki, A./Metz, M. (Hrsg.), Handbuch Betriebliche Gesundheitsförderung. Arbeits- und organisationspsychologische Methoden und Konzepte, 1998.
Gundel, Wolfgang (fortgeführt)	Kurt, Jahn verstorben (begründet), Sozialgesetzbuch für die Praxis, Siebtest Buch (VII), Gesetzliche Unfallversicherung, Kommentar, 2005
Hacker, W./Richter, P.	Psychische Fehlbeanspruchung: Psychische Ermüdung, Monotonie, Sättigung und Stress. Spezielle Arbeits- und Ingenieurpsychologie in Einzeldarstellungen, 1980.

Hartmann, S.	Gesundheitsförderung und Krankheitsprävention im betrieblichen Umfeld, Ulm 1996.
Haufe Mediengruppe	Personalmanagement, Das Handbuch für effiziente Personalarbeit, Mustertexte, Formulare und Checklisten, 2001.
Heilmann, Joachim/Aufhauser, Rudolf	Arbeitsschutzgesetz, Handkommentar, 2. Auflage, 2005.
Heinze/Reuß	Alkohol-, Medikamenten- und Drogenmissbrauch im Betrieb, 2003.
Hess/Schlochauer/Worzalla/Glock	Kommentar zum Betriebverfassungsgesetz, 6. Auflage, 2003.
Hueck/Nipperdey	Lehrbuch des Arbeitsrechts, 7. Auflage, Band 1, 1967.
Jancik, Jürgen M.	Betriebliches Gesundheitsmanagement, 1. Auflage, Wiesbaden Juni 2002.
Jäger, Horst/Braun, Hans-Dieter	Sozialversicherungsrecht und sonstige Bereiche des Sozialrechts, Leitfaden für Praxis und Ausbildung mit Schaubildern und Beispielen, 12 Auflage, 2005.
Jürgen/Blume/Schleicher/Szymanski	Arbeitsschutz durch Gefährdungsanalyse, 1997.
Kaskel/Dersch	Arbeitsrecht, 5. Auflage, 1957.
Kerkau, K.	Betriebliche Gesundheitsförderung - Faktoren für erfolgreiche Umsetzung des Gesundheitsförderungskonzepts in Unternehmen, Gamburg 1997
Kittner, Michael	Arbeits- und Sozialordnung, Ausgewählte und eingeleitete Gesetzestexte, 31. Auflage 2006.
Kittner, Michael/Pieper, Ralf	Arbeitsschutzrecht, Kommentar für die Praxis, 3. erweiterte und überarbeitete Auflage 2006.
Kittner, Michael/Zwanziger, Bertram (Hrsg.)	Arbeitsrecht, Handbuch für die Praxis, 3. Auflage 2005.
Klose, Wolfgang (fortgeführt)	Kurt, Jahn verstorben (begründer), Sozialgesetzbuch für die Praxis, Fünftes Buch (V), Gesetzliche Krankenversicherung, Kommentar, 2005.
Kohte, Wolfhard	Arbeitsschutzrahmenrichtlinie, in: Oetker/Preis, Europäisches Arbeits- und Sozialrecht (EAS), Forkel-Verlag, B 6100, Gesamtherausgabe 38. Erg.-Lfg. August 1998, Teilherausgabe B 9. Erg.-Lfg. August 1998.
Kollmer, Norbert	Arbeitsstättenverordnung (ArbStättV), Kommentar, für Sicherheitsfachkräfte, Betriebsärzte, Personalvertretungen und Arbeitsschutzjuristen, 2. Auflage, 2006.
Kraft/Wiese/Kreutz/Oetker/Raab/Weber	Gemeinschaftskommentar zum Betriebsverfassungsgesetz, 8. Auflage, 2005.
Krell, Gertraude (Hrsg.)/Ortlieb, Renate	Betrieblicher Krankenstand als personalpolitische Arena, eine Längsschnittanalyse, 1. Auflage, Wiesbaden 2003.
Leßmann, Jochen	Rauchverbote im Arbeitsverhältnis, 1991.

Locke, E. A./Latham, G. P.	Kleinbeck, U./Quast, H. H./Thierry, H./Häcker, H. (Hrsg./Eds.), Work Motivation, 1990, S. 3 - 25, The High Performance Cycle.
Mauz/Dürig/Bearbeiter	Scholz, Grundgesetz, (Loseblatt-)Kommentar, 2001.
Maydell, von Bernd Baron/Ruland, Franz	Sozialrechtshandbuch, 3. Auflage, 2003.
Meifert, Matthias T./Kesting, Mathias (Hrgs.)	Gesundheitsmanagement im Unternehmen, Konzepte, Praxis, Perspektiven, 2003.
Meschkutat, Bärbel/Stackelbeck, Martina/Langenhoff, Georg	Der Mobbing-Report: Fazit und Ausblick, Kurzfassung, 2002, 2008.
MünchArbR/Bearbeiter	*Richardi, Reinhard/Wlotzke, Otfried (Hrsg.) Münchener Handbuch zum Arbeitsrecht, 3 Bände, 2. Auflage, 2000, mit Ergänzungsband, 2001.*
MünchKommBGB/Lorenz	*Münchener Kommentar zum BGB, 4. Auflage, 2001 ff.*
Münch/Kunig	*Besonders Verwaltungsrecht, 9. Auflage, 1992.*
Neumann, Dirk/Pahlen, Ronald/Majerski-Pahlen, Monika	*Sozialgesetzbuch IX, Rehabilitation und Teilhabe behinderter Menschen, Kommentar, 11. Auflage, München 2005.*
Nitsch, J. R. (Hrsg.)	*Stress, 1981, S. 213 - 259, Stressbezogene Transaktionen zwischen Person und Umwelt. Übersetzung aus dem Orginal von Pervin, L./Lewis, M (Eds.), Perspectives in Interactional Psychology, 1978, S. 287 - 327.*
Nitsch, J. R./Udris, I. (Hrsg.)	*Beanspruchung im Sport, 1976, Einführung, S. 11 - 14, Schriftenreihe, Training und Beanspruchung Ulich, Eberhard (Hrsg.), Band 4.*
Palandt/Thomas	*Bürgerlichen Gesetzbuch, Kommentar, 67. neu bearbeitete Auflage, 2008*
Personalmanagement	*Praxis-Ratgeber Personal, das Handbuch für effiziente Personalarbeit, Mustertexte, Formulare und Checklisten, 2001.*
Pieper/Vorath (Hrsg.)	*Handbuch Arbeitsschutz, 2. Auflage, 2005.*
Prütting/Wegen/Weinreich	*BGB Kommentar, 1. Auflage 2006.*
Pulte, Peter	*Arbeitsschutzgesetze, auslagepflichtige Arbeitsschutzgesetze, Textausgabe, 37. Auflage 2002.*
Olfert, Klaus (Hrsg.)/Rahn, Horst-Joachim	*Betriebliche Führung, Kompendium der praktischen Betriebswirtschaft, 3. Auflage 1996.*
Rahn, Horst-Joachim	*Betriebliche Führung, Kompaktwissen der praktischen Betriebswirtschaft, 3. Auflage, 1996.*
Ramsauer, F.	*Entwicklung eines Präventionskonzeptes zur Verbesserung der Arbeitssicherheit und des Gesundheitsschutzes, Bremerhaven 1999.*
Reichhold, Hermann	*Arbeitsrecht, 2. Auflage, 2006.*
Richardi, Reinhard	*Arbeitsgesetze, Textausgabe mit ausführlichem Sachverzeichnis und einer Einführung, 66. neu bearbeitete Auflage, Januar 2005.*

Richardi/Bearbeiter	*Betriebsverfassungsgesetz mit Wahlordnung, Kommentar, 11. Auflage, 2008.*
Ritz, Hans-Jürgen	*SGB IX, Kommentar und Praxishandbuch, 1. Auflage, 2006.*
Roggendorff, Peter	*Kommentar zum Ladenschlußgesetz mit Ladenschlußverordnung, 2. völlig neu bearbeitete und erweiterte Auflage 1997.*
Rudow, Bernd	*Das gesunde Unternehmen, Gesundheitsmanagement, Arbeitsschutz und Personalpflege in Organisationen, München 2004.*
Sachs/Bearbeiter	*Grundgesetz, Kommentar, 2. Auflage, 1999.*
Schanz/Gretz/Hanisch/Justus	*Alkohol in der Arbeitswelt, Fakten, Hintergründe, Maßnahmen, 1995.*
Schaub, Günther (Hrsg.)	*Arbeitsrechts-Handbuch, Systematische Darstellung und Nachschlagewerk für die Praxis, 12. neu bearbeitete Auflage, 2007.*
Schliemann, Harald/Meyer, Jürgen	*Arbeitszeitrecht, 2. überarbeitete Auflage, 2002.*
Schnabel, C.	*Betriebliche Fehlzeiten, Ausmaß, Bestimmungsgründe und Reduzierungsmöglichkeiten, Köln 1997.*
Schönpflug, W	*In: Kleinbeck/Rutenfranz (Hrsg.), Arbeitspsychologie, Enzyklopädie der Psychologie, Themenbereich D, Serie III, Band 1, 1987, S. 130 - 184, Beanspruchung und Belastung bei der Arbeit, Konzepte und Theorien*
Schulin, Bertram	*Handbuch des Sozialversicherungsrecht, Band 1, Krankenversicherung, 1994.*
Schmiedel	*Deliktsobligationen nach deutschem Kartellrecht, Erster Teil 1974.*
Schuler, H/Semmer N. K./Udris, I.	*Lehrbuch Organisationspsychologie, 3. vollständig überarbeitete und ergänzte Auflage, Bern 2004, S. 157 - 195. Bedeutung und Wirkung von arbeit*
Schuler, H/Semmer, N. K./Zapf, D.	*Organisationspsychologie, Enzyklopädie der Psychologie, Band D III 3, 3. Auflage, Göttingen 2004, Gesundheitsbezogene Interventionen in Organisationen.*
Semmer, N. K./McGrath, J. E./Beehr, T. A.	*Cooper, C. L. (Hrsg./Ed.), Handbook of Stress an Health, 2nd ed, 2004, Conceptual issues in research on stress and health.*
Thiehoff, Rainer	*Betriebliches Gesundheitsschutzmanagement, Möglichkeiten erfolgreicher Interessenbalance, Berlin 2000.*
Trojan/Legewie	*Nachhaltige Gesundheit und Entwicklung, Leitbilder, Politik und Praxis der Gestaltung gesundheitsförderlicher Umwelt und Lebensbedingungen, 3. Auflage, 2007.*
Ulber, Jürgen	*AÜG, Arbeitnehmerüberlassungsgesetz, Kommentar für die Praxis, 3. Auflage 2006.*

Ulich, Eberhard/Schäfer-Poeschel	*Arbeitspsychologie, 5. vollständig überarbeitete und erweiterte Auflage, 2001.*
Ulich, Eberhard/Wülser, Marc	*Gesundheitsmanagement in Unternehmen, Arbeitspsychologische Perspektiven, 1. Auflage, Wiesbaden November 2004.*
Weinreich, I./Weigl, C.	*Gesundheitsmagnagement erfolgreich umsetzen, Ein Leitfaden für Unternehmen Trainer, 2003.*
Wieland-Eckelmann, R.	*Kognition, Emotion und psychische Beanspruchung, Theoretische und empirische Studien zu informationsverarbeitenden Tätigkeiten, 1992.*
Wöhe, Günter	*Einführung in die allgemeine Betriebswirtschaftslehre, 13. Auflage, 1978.*
Zöllner/Loritz	*Arbeitsrecht, 5. Auflage, 1998.*
Zöllner/Loritz/Hergenröder	*Wolfgang; Loritz, Karl G; Hergenröder, Curt W; Arbeitsrecht, Ein Studienbuch, 6., neu bearb. Auflage, 2007. CH Zöllner/Loritz/Hergenröder.*

Zeitschriften

Aigner, Tatjana	Rechtsschutz gegen Mobbing verstärkt, BB, 2001, 1354.
Balders, Sven-Frederik/Lepping, Christian	Das betriebliche Eingliederungsmanagement nach dem SGB IX, NZA 15/2005, S. 854 - 857.
Baum, H./Heibach, M./Höhnisch, K. H.	Aktualisierung der volkswirtschaftlichen Ressourcenverluste durch Arbeits- und Wegeunfälle, in Schriftenreihe Forschung/Arbeitsschutz, 1998, S. 5.
Benecke	Mobbing im Arbeitsrecht, Rechtsprechungsreport Arbeitsrecht - NZA-RR 2003, 225.
Berssem/Höfer	Länger gesünder arbeiten, Personalwirtschaft, Ausgabe 08/2007, S. 28.
Braun/Kern	Sichlng, Ausgabe 10/2000, S. 14.
Brose, Wiebke	Das betriebliche Eingliederungsmanagement nach § 84 Abs. 2 SGB IX als eine neue Wirksamkeitsvoraussetzung für die krankheitsbedingte Kündigung?, DB 7/2005, S. 390 - 394.
Cramer, Horst H.	Die Neuerungen im Schwerbehindertenrecht des SGB IX, Bornheim, NZA, 2004, S. 698.
Düwell, Franz Josef	BB, 2001, S. 1527, 1529.
Feldes, Werner/Kossack, Dagmar	Novellierung des Sozialgesetzbuches IX, AiB 8/2004, S. 453 - 456.
Gagel, Alexander	Betriebliches Eingliederungsmanagement, NZA 24/2004, S. 1359 - 1362.
Gaul, Björn/Kulejewski, Darius/Süßbrich, Katrin	Keine Krankheitsbedingte Kündigung ohne „betriebliches Eingliederungsmanagement", ArbRB 10/2004, S. 308 - 312.
Grunewald	Mobbing - arbeitsrechtliche Aspekte eines neuen Phänomens, NZA, 1993, 1071, 1072.

Hagemeister, Volker/Steinau-Steinbrück, Robert	Das neue betriebliche Eingliederungsmanagement, NJW-Spezial 3/2005, S. 129 - 130.
Krone/Krischausky	Wir sind mitten im Veränderungsprozess, Personalwirtschaft, Ausgabe 08/2007, S. 24 f.
Künzl	ZTR 1999, S. 531, 533 f.
Künzl	BB, 1993, S. 1581, 1583 m.w.N.
Kurtenbach, Michael	Gesunde Mitarbeiter - gesunde Bilanz, Personalwirtschaft, Ausgabe 07/2007, S. 54, 55.
Leube, Konrad	Die Pflicht zur Übernahme einer Tätigkeit als Ersthelfer im Betrieb, BB 98, S. 1738.
Löw	MDR, 2005, S. 608.
Löwisch, Manfred	Betriebsberater, 88, 1954.
Namendorf, Annette/Natzel, Ivo	Betriebliches Eingliederungsmanagement, neue Wunderwaffe im Kündigungsrechtsstreit?, FA 6/2005, S. 162 - 164.
Neumann	Urlaub als Entgelt oder aus Fürsorgepflicht?, RdA, 1977, 265.
Picker	§ 626 Abs. 2 BGB, ZfA 1981, S. 1, 15.
Rambach, Peter H.M.	Das betriebliche Eingliederungsmanagement, INF 12/2005, Seite 474.
Richter, P./Debitz, U./Schulze, F.	Diagnostik von Arbeitsanforderungen und kumulativen Beanspruchungsfolgen am Beispiel eines Call Centers. Zeitschrift für Arbeitswissenschaft, 2002, 56 (1-2), 68 - 76.
Rohmahn	Gestaltungsanforderungen beim betrieblichen Eingliederungsmanagement aus Sicht der Beschäftigten, S. 55.
Sparks, K./Faragher, B./Cooper, C.	Well-Being and occupational health in the 21st century workplace, Journal of Occupatinal and Organizational Psychology, 2001, 74, 489 - 509.
Spiecker, Fritz	Alkohol im Betrieb, AuA 5/1994, S. 21.
Thoits, P. A.	Stressors and problem-solving: The individual as psychological activist. Journal of Health and Social Behavior, 2002, 35, S. 143 - 159.
Völpel, Sven	Sage keiner, er sei nicht gewarnt worden, Personalwirtschaft, Ausgabe 08/2007, S. 18 ff.
Wiese	ZfA, 1971, 279 f. und 283.
Wlotzke	BarbBl., 1978, 147.
Wlotzke	NJW, 1997, 1472.

Sonstige Literatur

Antonovsky, Aron	Salutogenese, Zur Entmystifizierung der Gesundheit, 1997.
Bieneck, Hans-Jürgen	Das Arbeitsschutzgesetz - Grundlage für den betrieblichen Arbeitsschutz, Festschrift für Wlotzke, 1996, S. 465.
BKK Gesundheitsreport	BKK Bundesverband, Demografischer und wirtschaftlicher Wandel - gesundheitliche Folgen, 30. Auflage, 2006.
Dormann, Christian	Studie „Zukunft der Arbeitswelt" von der Johannes Gutenberg Universität Mainz, Abteilung Arbeits-, Organisations- und Wirtschaftspsychologie, März 2009.
Luxemburger Deklaration	Luxemburger Deklaration zur betrieblichen Gesundheitsförderung in der Europäischen Union, Europäisches Netzwerk für betriebliche Gesundheitsförderung, November 1997
Meschkutat, Bärbel/Stackelbeck, Martina/Langenhoff, Georg	Der Mobbing-Report: Fazit und Ausblick, Kurzfassung, Soziale Forschungsstelle Dortmund (Hrsg.), 2002, 2008.
Nachreiner, F.	Normung im Bereich der psychischen Belastung - die Normen der Reihe DIN EN ISO 10075, DIN-Mitt. 81, Nr. 8, 2002, 519 - 524.
Nipperdey, Carl Heinz/Freisler, Roland/Löning, George Anton (Hrsg.)	Festschrift für Justus Wilhelm Hedemann zum sechzigsten Geburtstag am 24. April 1938. Jena: 1938.
Rohmert	Zeitschrift für Arbeitswissenschaften, 38, 10NF, 1984, S. 193-200.
Volkswagen AG (Hrsg.)	Gesundheitsmanagement bei Volkswagen, 1999 und Partnerschaftliches Verhalten am Arbeitsplatz, 1997.
WHO	Charta der 1. Internationalen Konferenz zur Gesundheitsförderung. Ottawa 1986 (Ottawa Charta), In: Franzkowiak, P/Sabo, P. (Hrsg.), Dokumente der Gesundheitsförderung, Mainz 1993.
WHO	Adelaide-Empfehlungen zur Gesundheitsförderung, Empfehlungen der 2. Internationalen Konferenz zur Gesundheitsförderung, 1988
Mitarbeiterzeitung	Eine vom Konzern herausgegebene eigene interne Mitarbeiterzeitung.
Wlotzke	Festschrift für Wissmann, S.. 426.
Wolmerath, Martin	Mobbing im Betrieb, Rechtsansprüche und deren Durchsetzbarkeit, 2001.

13 Anhang

13.1 Leitbild RaA GmbH

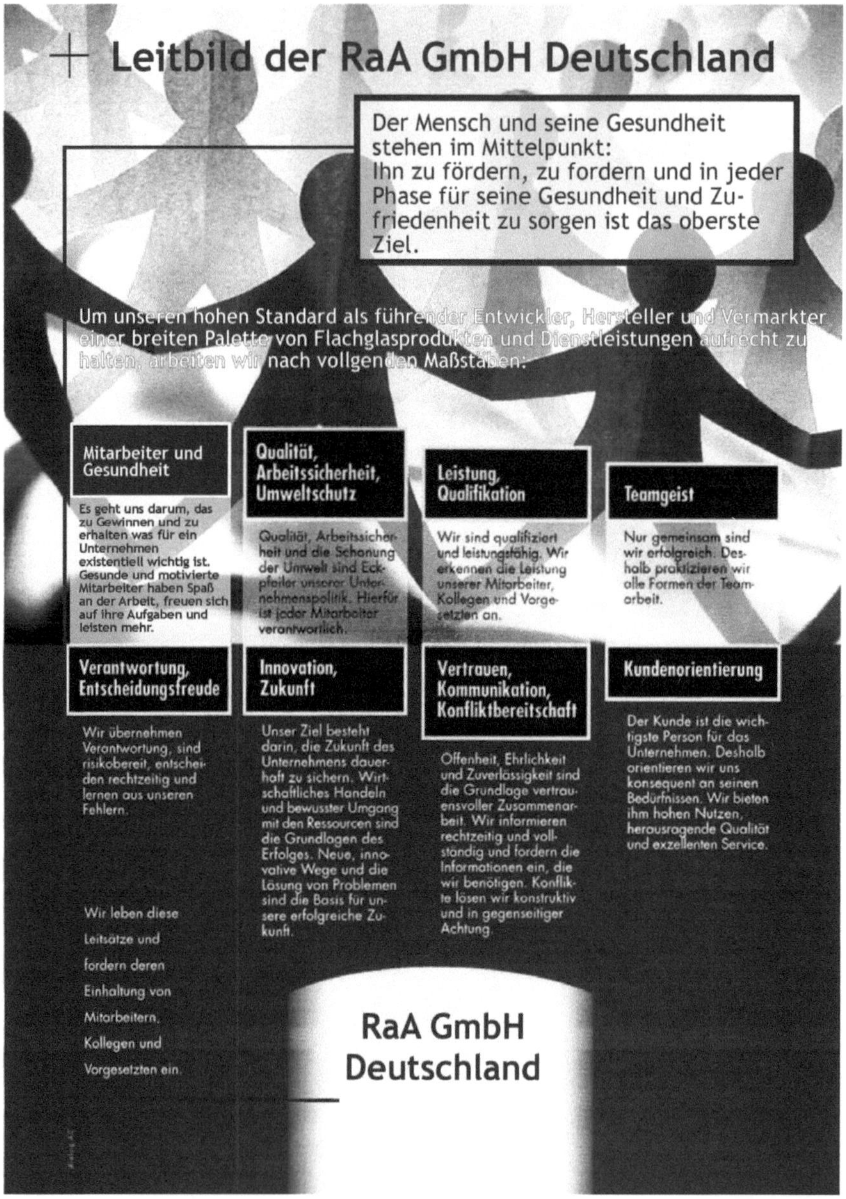

Leitbild der RaA GmbH Deutschland

Der Mensch und seine Gesundheit stehen im Mittelpunkt: Ihn zu fördern, zu fordern und in jeder Phase für seine Gesundheit und Zufriedenheit zu sorgen ist das oberste Ziel.

Um unseren hohen Standard als führender Entwickler, Hersteller und Vermarkter einer breiten Palette von Flachglasprodukten und Dienstleistungen aufrecht zu halten, arbeiten wir nach vollgenden Maßstäben:

Mitarbeiter und Gesundheit

Es geht uns darum, das zu Gewinnen und zu erhalten was für ein Unternehmen existentiell wichtig ist. Gesunde und motivierte Mitarbeiter haben Spaß an der Arbeit, freuen sich auf ihre Aufgaben und leisten mehr.

Qualität, Arbeitssicherheit, Umweltschutz

Qualität, Arbeitssicherheit und die Schonung der Umwelt sind Eckpfeiler unserer Unternehmenspolitik. Hierfür ist jeder Mitarbeiter verantwortlich.

Leistung, Qualifikation

Wir sind qualifiziert und leistungsfähig. Wir erkennen die Leistung unserer Mitarbeiter, Kollegen und Vorgesetzten an.

Teamgeist

Nur gemeinsam sind wir erfolgreich. Deshalb praktizieren wir alle Formen der Teamarbeit.

Verantwortung, Entscheidungsfreude

Wir übernehmen Verantwortung, sind risikobereit, entscheiden rechtzeitig und lernen aus unseren Fehlern.

Innovation, Zukunft

Unser Ziel besteht darin, die Zukunft des Unternehmens dauerhaft zu sichern. Wirtschaftliches Handeln und bewusster Umgang mit den Ressourcen sind die Grundlagen des Erfolges. Neue, innovative Wege und die Lösung von Problemen sind die Basis für unsere erfolgreiche Zukunft.

Vertrauen, Kommunikation, Konfliktbereitschaft

Offenheit, Ehrlichkeit und Zuverlässigkeit sind die Grundlage vertrauensvoller Zusammenarbeit. Wir informieren rechtzeitig und vollständig und fordern die Informationen ein, die wir benötigen. Konflikte lösen wir konstruktiv und in gegenseitiger Achtung.

Kundenorientierung

Der Kunde ist die wichtigste Person für das Unternehmen. Deshalb orientieren wir uns konsequent an seinen Bedürfnissen. Wir bieten ihm hohen Nutzen, herausragende Qualität und exzellenten Service.

Wir leben diese Leitsätze und fordern deren Einhaltung von Mitarbeitern, Kollegen und Vorgesetzten ein.

RaA GmbH Deutschland

13.2 Interventionsablaufplan für den Umgang mit suchterkrankten Mitarbeitern

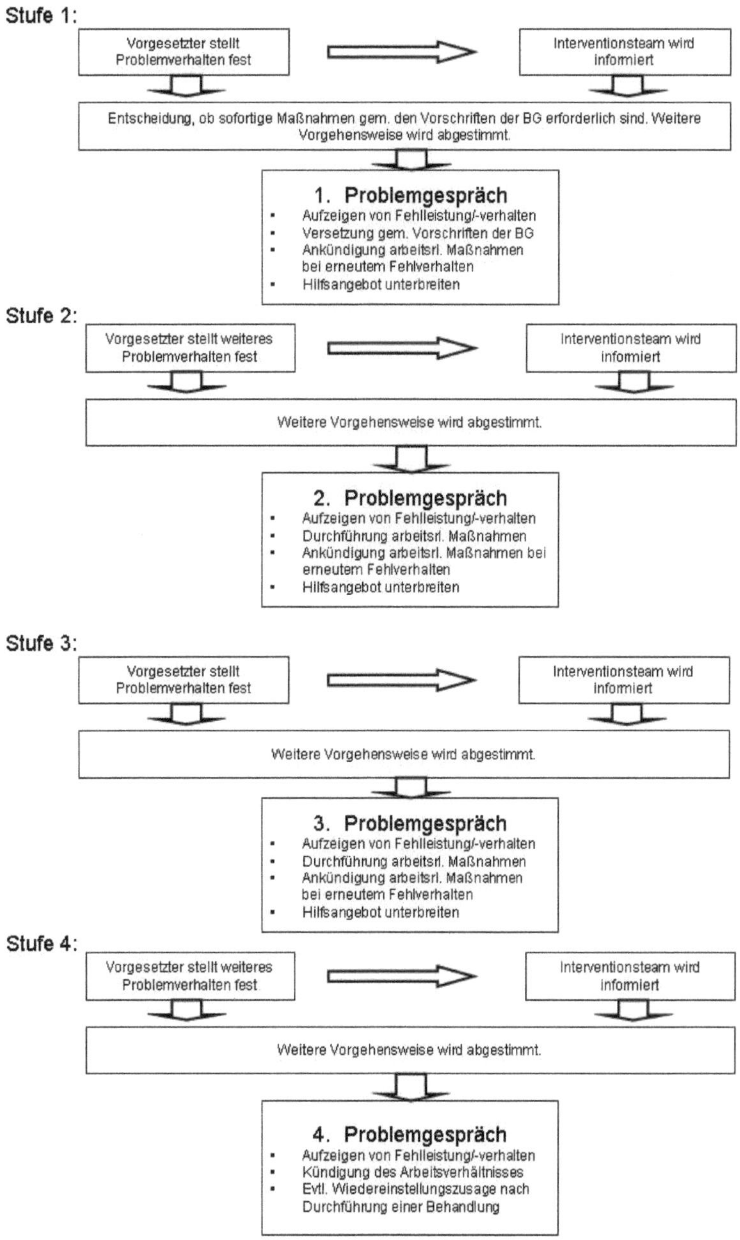

13.3 Zum europäischen Netzwerk für betriebliche Gesundheitsförderung

- Selbsteinschätzungsbogen
- Auswertung der Selbsteinschätzung (Geschäftsführung, Personalleitung aller Betriebe)

WHP IN EUROPE

Gesunde Mitarbeiter in gesunden Unternehmen

Erfolgreiche Praxis betrieblicher Gesundheitsförderung in Europa

Fragebogen

zur Selbsteinschätzung

BKK

Vorwort

zur vierten Auflage

Seit 1996 existiert das Europäische Netzwerk für betriebliche Gesundheitsförderung. An dieser Initiative beteiligen sich Institutionen aus allen 15 Mitgliedsstaaten der Europäischen Gemeinschaft, fünf Beitrittsländern und den drei Ländern des Europäischen Wirtschaftsraumes - Norwegen, Liechtenstein und Island.

Grundlage der Arbeit dieses Netzwerkes ist das Gemeinschaftsprogramm der Europäischen Union zur Gesundheitsförderung, -aufklärung und -erziehung. Seine Aktivitäten werden von der Europäischen Kommission (DG V) gefördert. Die Mitglieder sind größtenteils staatliche Institutionen des Arbeitsschutzes und des Öffentlichen Gesundheitsdienstes.

Mit der Verabschiedung der Luxemburger Deklaration zur betrieblichen Gesundheitsförderung in der Europäischen Union Ende 1997 haben sich die Mitglieder des Netzwerkes auf ein gemeinsames Verständnis betrieblicher Gesundheitsförderung festgelegt.

Betriebliche Gesundheitsförderung (BGF) umfasst alle gemeinsamen Maßnahmen von Arbeitgebern, Arbeitnehmern und Gesellschaft zur Verbesserung von Gesundheit und Wohlbefinden am Arbeitsplatz.
Dies kann durch eine Verknüpfung folgender Ansätze erreicht werden:

- Verbesserung der Arbeitsorganisation und der Arbeitsbedingungen
- Förderung einer aktiven Mitarbeiterbeteiligung
- Stärkung persönlicher Kompetenzen

Davon ausgehend hat sich das Europäische Netzwerk u.a. zum Ziel gesetzt, in den beteiligten Ländern Beispiele für vorbildliche Praxis betrieblicher Gesundheitsförderung zu sammeln, um diese anschließend betrieblichen Praktikern und anderen interessierten Experten zur Verfügung zu stellen. Die Beispiele sollen nicht nur zur Anregung erster oder neuer Gesundheitsförderungsmaßnahmen dienen, sondern auch als Benchmark für bereits existierende Aktivitäten auf diesem Gebiet. In diesem Zusammenhang war es naheliegend, ein Verfahren zu entwickeln, mit dem Organisationen ohne großen Aufwand die Qualität ihrer betrieblichen Gesundheitspolitik selbst einschätzen können. Inhaltlich sollte es sich sowohl an den in der Luxemburger Deklaration formulierten Grundsätzen orientieren als auch an den Prinzipien des Qualitätsmanagements (QM).

Die hier vorliegende Fassung des Fragebogens ist das Ergebnis eines intensiven Beratungs- und Abstimmungsprozesses. Nicht nur der Sachverstand der im Netzwerk unmittelbar vertretenen Experten ist hier eingeflossen; auch externe, erfahrene QM-Spezialisten wurden zu Rate gezogen. Allen Mitwirkenden sei an dieser Stelle herzlich gedankt, insbesondere den QM-Experten und Arbeitsschützern der Unternehmen, die uns bei der Entwicklung dieses Instrumentes so wertvolle Hinweise geliefert haben.

Essen, im April 2003

Dr. Alfons Schröer
BKK Bundesverband
Abteilung Gesundheit

Einleitung

Der in dieser Broschüre enthaltene Fragebogen wurde entwickelt, um Organisationen[1] dabei zu unterstützen, die Qualität ihrer betrieblichen Gesundheitsförderungsmaßnahmen zu erfassen und kontinuierlich zu verbessern. Die Arbeit mit dem Fragebogen

- ermöglicht eine systematische Selbstbewertung der eigenen betrieblichen Gesundheitsförderungsmaßnahmen
- macht sowohl Stärken als auch verbesserungsbedürftige Bereiche deutlich
- hilft festzustellen, welches Qualitätsniveau die eigenen Maßnahmen bereits erzielt haben
- erleichtert es, Prioritäten für künftige Maßnahmen abzuleiten
- ermöglicht Leistungsvergleiche mit anderen Organisationen.

Der Fragebogen ist angelehnt an das Modell der European Foundation for Quality Management und wurde für die Beurteilung von Gesundheitsförderungsmaßnahmen entsprechend angepaßt. Eingeflossen sind sowohl wissenschaftliche Erkenntnisse zur Wirkungsweise betrieblicher Gesundheitsförderung als auch praktische Erfahrungen einer Vielzahl von Organisationen, die bereits auf Erfolge in der betrieblichen Gesundheitsförderung verweisen können.

Die dem Fragebogen zugrundeliegenden Qualitätskriterien zielen nicht darauf ab, Standards für die betriebliche Praxis zu setzen; sie sollen vielmehr einen Orientierungsrahmen abstecken.
Das bedeutet, daß die beteiligten Akteure innerhalb dieses Rahmens ausdrücklich unterschiedliche Zielsetzungen und Gewichtungen vornehmen können.

Der Fragebogen kann in der Praxis eingesetzt werden zur

- individuellen Einzelbeurteilung (hierzu empfiehlt es sich, jede einzelne Frage zunächst schriftlich stichpunktartig zu beantworten, bevor eine abschließende Bewertung vorgenommen wird)
- parallelen Einzelbeurteilung durch mehrere Fachleute und anschließenden Diskussion
- gleichzeitigen Bewertung im Team (homogene oder interdisziplinäre Zusammensetzung)
- Kombination von interner und externer Bewertung.

[1] Mit Organisationen werden hier der Einfachheit halber alle Arbeitsst tten, Betriebe und Unternehmen bezeichnet - sowohl der Privatwirtschaft als auch des ffentlichen Dienstes, des Produktionssektors genauso wie des Dienstleistungsbereichs.

Dem Fragebogen liegen die Qualitätskriterien für vorbildliche betriebliche Gesundheitsförderungsmaßnahmen des Europäischen Netzwerks zugrunde, die sich zu sechs Bereichen gruppieren lassen (s. Abb.1). Zu jedem Bereich (Beispiel: "Personalwesen & Arbeitsorganisation") werden Fragen formuliert, die die entsprechenden Qualitätskriterien repräsentieren.

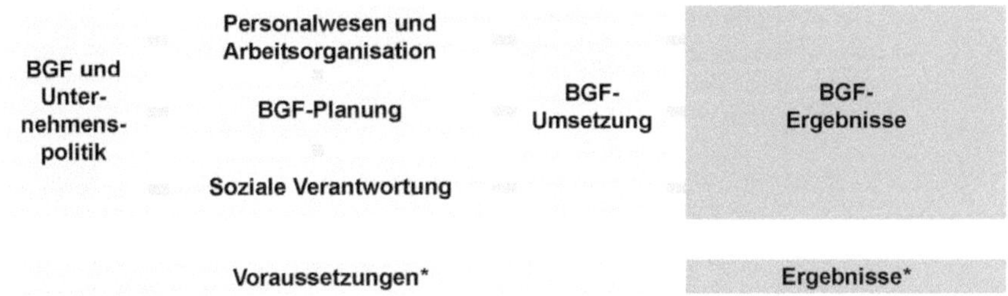

* Zu den Voraussetzungen zählen alle Verfahrensweisen und Strukturen, die eine gesundheitsfördernde Organisation benötigt. Diese führen zu entsprechenden Ergebnissen.

Abb. 1: Gruppierung der Qualitätskriterien nach thematischen Bereichen

Der Fragebogen besteht aus insgesamt 27 Fragen, die sich (in jeweils unterschiedlicher Anzahl) auf die sechs Bereiche verteilen. Dabei geht jede Frage mit der gleichen Gewichtung in die Gesamtbewertung ein. Es ist deshalb wichtig, daß bei der Beantwortung keine Frage ausgelassen wird.

Bei der Konstruktion des Fragebogens wurde im übrigen von folgenden Prämissen ausgegangen :

- die gültigen Rechtsvorschriften zum Arbeits- und Gesundheitsschutz werden von der Organisation erfüllt
- betriebliche Gesundheitsförderungsmaßnahmen sollten regelmäßigen Überprüfungs- und Verbesserungszyklen unterzogen werden
- deren Ergebnisse sollten systematisch umgesetzt werden
- von den oberen Führungskräften wird vorbildliches Verhalten erwartet
- die Organisation sollte ihre Auswahl an Gesundheitsförderungsmaßnahmen auf betriebliche Fakten (wie betrieblicher Gesundheitsbericht, Fehlzeitenstatistik, Beschäftigtenbefragung) stützen; diese sollten für alle Interessenten in der Organisation zugänglich sein
- eine gute Zwei-Weg-Kommunikation und Teamarbeit sind in gesundheitsförderlichen Organisationen selbstverständlich

Hinweise zum Vorgehen

Falls der Fragebogen von mehreren Beauftragten einer Organisation beantwortet wird, empfiehlt es sich, daß vor einer gemeinsamen Bewertung erst jeder individuell eine von den anderen unabhängige Bewertung durchführt. Die endgültigen gemeinsamen Bewertungen zu jedem Bereich werden zum Schluß in die Bewertungsformulare eingetragen.

Kategorie	Erläuterung
A vollständig erreicht	■ ein im ganzen realisiertes hervorragendes Ergebnis ■ Vorbildfunktion
B beträchtliche Fortschritte	■ klarer Nachweis für gute Umsetzungen ■ einige Schwachpunkte ergeben sich durch die nicht überall verbreitete oder umfassend angewendete Umsetzung
C gewisse Fortschritte	■ einige Anzeichen tatsächlicher Entwicklung ■ gelegentliche Überprüfung der erreichten Verbesserungen ■ in Teilbereichen erfolgreiche Realisierung oder positive Ergebnisse
D Maßnahmen nicht begonnen	■ keine Aktivitäten vorhanden ■ vielleicht einige gute Ideen, aber im allgemeinen herrscht eher Wunschdenken vor

Abb. 2: Kategorien zur Einstufung der Antworten

Für die Einstufung der Antworten wurden die nebenstehenden 4 Kategorien (A, B, C und D) gebildet, die auf alle 27 Fragen angewendet werden sollen.
Die Auswertung des Fragebogens ist denkbar einfach. Sie verwenden dazu die entsprechenden Formulare in dieser Broschüre. Ein Vermerkzeichen in der D-Spalte bringt 0%, eines in der C-Spalte 33%, ein B wird mit 67% bewertet und ein A mit 100%. Die Werte, die Sie zu den Bereichen 1 bis 6 erzielt haben, werden in das Formular "Bewertung Voraussetzungen + Ergebnisse" übertragen.
Das Gesamtergebnis wird erzielt durch Multiplikation der Anzahl der Vermerkzeichen mit dem jeweils bei der Einstufung nach "A" bis "D" erzielten Prozentsatz und anschließender Division durch die Zahl der beantworteten Fragen.

Wenn Sie diese Ergebnisse in das Formular auf der letzten Seite eintragen, erhalten Sie außerdem ein Profilbild Ihrer Organisation.

1 Betriebliche Gesundheitsförderung und Unternehmenspolitik

Eine wesentliche Voraussetzung für den Erfolg betrieblicher Gesundheitsförderung besteht darin, daß sie als Führungsaufgabe wahrgenommen wird und in bestehende Managementsysteme integriert ist.

	Frage	A	B	C	D
a	Existiert eine schriftliche Unternehmensleitlinie zur BGF, die sichtbar durch die Führungskräfte im betrieblichen Alltag vertreten und gelebt wird?				
b	Werden Maßnahmen zur BGF in die bestehenden Organisationsstrukturen und -prozesse integriert?				
c	Werden geeignete Ressourcen (finanzielle Ressourcen, Weiterbildungsmaßnahmen sowie Freistellung von Mitarbeitern) für BGF-Maßnahmen zur Verfügung gestellt?				
d	Prüft das Management/die Unternehmensleitung regelmäßig und fortlaufend den Fortschritt betrieblicher Gesundheitsförderungsmaßnahmen?				
e	Wird BGF in Aus- und Fortbildung (speziell der Führungskräfte) berücksichtigt?				
f	Haben alle Mitarbeiter Zugang zu wichtigen gesundheitsrelevanten Einrichtungen (z.B. Pausen- und Ruheräume, Kantine, Betriebssportangebote)?				

A: vollst ndig erreicht
B: betr chtliche Fortschritte
C: gewisse Fortschritte
D: nicht begonnen

2 Personalwesen und Arbeitsorganisation

Die wichtigste Aufgabe gesundheitsgerechter Personalführung und Arbeitsorganisation besteht darin, die Fähigkeiten der Mitarbeiter bei der Arbeitsgestaltung zu berücksichtigen. Für den Erfolg betrieblicher Gesundheitsförderung ist dabei ausschlaggebend, daß alle Mitarbeiter möglichst weitgehend an Planungen und Entscheidungen beteiligt werden.

	Frage	A	B	C	D
a	Verfügen alle Mitarbeiter über die notwendigen Kompetenzen (auch gesundheitlicher Art), um ihre Aufgaben zu bewältigen, bzw. erhalten sie Gelegenheit, diese Kompetenzen zu erwerben?	☐	☐	☐	☐
b	Sind die Aufgaben so organisiert, daß systematische Über- und Unterforderung vermieden werden können?	☐	☐	☐	☐
c	Werden durch geeignete arbeitsorganisatorische Maßnahmen Entwicklungsmöglichkeiten für die Mitarbeiter geschaffen?	☐	☐	☐	☐
d	Erhalten alle Mitarbeiter die Gelegenheit, sich aktiv in bezug auf betriebliche Gesundheitsfragen zu beteiligen?	☐	☐	☐	☐
e	Werden die Mitarbeiter von ihren Vorgesetzten unterstützt und fördern diese ein gutes Arbeitsklima?	☐	☐	☐	☐
f	Verfügt die Organisation über geeignete Maßnahmen zur Wiedereingliederung von (erwerbsgeminderten) Mitarbeitern bei Rückkehr an den Arbeitsplatz nach längerer Arbeitsunfähigkeit?	☐	☐	☐	☐
g	Unterstützt die Organisation die Vereinbarkeit von Familie und Berufstätigkeit?	☐	☐	☐	☐
		vollst ndig erreicht	betr chtliche Fortschritte	gewisse Fortschritte	nicht begonnen

3 Fragebogen

Planung betrieblicher Gesundheitsförderung

Betriebliche Gesundheitsförderung ist dann erfolgreich, wenn sie auf einem klaren Konzept basiert, das fortlaufend überprüft, verbessert und allen Mitarbeitern bekannt gemacht wird.

		A	B	C	D
a	Werden Maßnahmen zur BGF unternehmensweit geplant und kommuniziert?				
b	Basieren die Maßnahmen zur BGF auf einer sorgfältigen und regelmäßig aktualisierten Ist-Analyse, die sich auf wichtige gesundheitsrelevante Informationen stützt: Arbeitsbelastungen, Gesundheitsindikatoren, subjektiv wahrgenommene Beschwerden, Risikofaktoren, Unfallgeschehen, Berufskrankheiten, krankheitsbedingte Fehlzeiten, Erwartungen aller betrieblichen Akteure, insbesondere der Beschäftigten?				
c	Sind alle Mitarbeiter durch geeignete Mittel der internen Öffentlichkeitsarbeit über die Vorhaben im Bereich BGF informiert?				

A: vollst ndig erreicht
B: betr chtliche Fortschritte
C: gewisse Fortschritte
D: nicht begonnen

4 Soziale Verantwortung

Für den Erfolg betrieblicher Gesundheitsförderung ist auch entscheidend, ob und wie die Organisation ihrer Verantwortung im Umgang mit den natürlichen Ressourcen gerecht wird. Soziale Verantwortung schließt die Rolle der Organisation auf lokaler, regionaler, nationaler und supranationaler Ebene in bezug auf die Unterstützung gesundheitsbezogener Initiativen ein.

a Hat die Organisation klar definierte Vorkehrungen (z.B. durch ein Umweltschutz-Managementsystem) getroffen, mit denen gesundheitsschädliche Auswirkungen auf Menschen und Umwelt begrenzt werden?

A	B	C	D

b Unterstützt die Organisation aktiv gesundheitsbezogene und soziale Initiativen?

A	B	C	D

A vollst ndig erreicht

B betr chtliche Fortschritte

C gewisse Fortschritte

D nicht begonnen

5 Umsetzung betrieblicher Gesundheitsförderung

Betriebliche Gesundheitsförderung umfaßt Maßnahmen zur gesundheitsgerechten Arbeitsgestaltung und Unterstützung gesundheitsgerechten Verhaltens. Erfolgreich ist sie dann, wenn diese Maßnahmen dauerhaft miteinander verknüpft und systematisch durchgeführt werden.

a Existiert ein Steuerkreis, eine Projektgruppe o.ä. für die Planung, Überwachung und Auswertung der BGF-Maßnahmen, in dem alle betrieblichen Schlüsselpersonen beteiligt sind?

A	B	C	D

b Werden alle für Planung und Umsetzung erforderlichen Informationen (interne und externe) systematisch und regelmäßig zusammengetragen?

A	B	C	D

c Werden für alle Maßnahmen Zielgruppen und quantifizierbare Ziele festgelegt?

A	B	C	D

d Werden sowohl Maßnahmen zur gesundheitsgerechten Arbeits- und Organisationsgestaltung als auch Maßnahmen zur Förderung gesundheitsgerechten Verhaltens durchgeführt und sind diese Maßnahmen miteinander verknüpft?

A	B	C	D

e Werden alle Maßnahmen systematisch ausgewertet und kontinuierlich verbessert?

A	B	C	D

A: vollst ndig erreicht
B: betr chtliche Fortschritte
C: gewisse Fortschritte
D: nicht begonnen

6 Ergebnisse betrieblicher Gesundheitsförderung

Der Erfolg betrieblicher Gesundheitsförderung kann an einer Reihe von kurz-, mittel- und langfristigen Indikatoren gemessen werden.

a Ermitteln Sie systematisch die Auswirkungen von BGF-Maßnahmen auf die Kundenzufriedenheit (Produkte/Dienstleistungen) und ziehen Sie daraus Konsequenzen?

A B C D

b Ermitteln Sie systematisch die Auswirkungen von BGF-Maßnahmen auf die Mitarbeiterzufriedenheit (Arbeitsbedingungen/Arbeitsorganisation, Führungsstil und Beteiligungsmöglichkeiten, Arbeits- und Gesundheitsschutzvorkehrungen etc. und ziehen Sie daraus Konsequenzen?

A B C D

c Ermitteln Sie systematisch die Auswirkungen von BGF-Maßnahmen auf weitere Gesundheitsindikatoren, wie Krankenstand, Unfallhäufigkeit, Verbesserung von belastenden Arbeitsbedingungen, Anzahl eingereichter und umgesetzter Verbesserungsvorschläge, Inanspruchnahme von Gesundheitsangeboten, Ausprägung relevanter Risikofaktoren etc. und ziehen Sie daraus Konsequenzen?

A B C D

d Ermitteln Sie systematisch die Auswirkungen von BGF-Maßnahmen auf wirtschaftliche Ergebnisse (Fluktuation, Produktivität, Kosten-Nutzen-Bilanzen etc.) und ziehen Sie daraus Konsequenzen?

A B C D

A: vollst ndig erreicht
B: betr chtliche Fortschritte
C: gewisse Fortschritte
D: nicht begonnen

Auswertung

Bewertung
"Voraussetzungen und Ergebnisse"

BGF und Unternehmenspolitik

	A	B	C	D	
Zahl der Vermerkzeichen (a)					
Faktor (b)	100	67	33	0	
Wert (a x b)	+	+	+	=	Summe
(Summe : 6)	% Erfolg				

Personalwesen und Arbeitsorganisation

	A	B	C	D	
Zahl der Vermerkzeichen (a)					
Faktor (b)	100	67	33	0	
Wert (a x b)	+	+	+	=	Summe
(Summe : 7)	% Erfolg				

BGF-Planung

	A	B	C	D	
Zahl der Vermerkzeichen (a)					
Faktor (b)	100	67	33	0	
Wert (a x b)	+	+	+	=	Summe
(Summe : 3)	% Erfolg				

Soziale Verantwortung

	A	B	C	D	
Zahl der Vermerkzeichen (a)					
Faktor (b)	100	67	33	0	
Wert (a x b)	+	+	+	=	Summe
(Summe : 2)	% Erfolg				

BGF-Umsetzung

	A	B	C	D	
Zahl der Vermerkzeichen (a)					
Faktor (b)	100	67	33	0	
Wert (a x b)	+	+	+	=	Summe
(Summe : 5)	% Erfolg				

BGF-Ergebnisse

	A	B	C	D	
Zahl der Vermerkzeichen (a)					
Faktor (b)	100	67	33	0	
Wert (a x b)	+	+	+	=	Summe
(Summe : 4)	% Erfolg				

Das Profilbild Ihrer Organisation

	A	B	C	D	%
	Anzahl der Vermerkzeichen				Erfolg
BGF und Unternehmenspolitik					
Personalwesen und Arbeitsorganisation					
BGF-Planung					
Soziale Verantwortung					
BGF-Umsetzung					
BGF-Ergebnisse					
Summe der Vermerkzeichen (a)					
Faktor (b)	100	67	33	0	
Wert (a x b)	+	+	+	=	Summe total

Summe total : 27 = ______ % Erfolg der Organisation

Erl uterung zur Auswertung:
Ein Vermerkzeichen in der A-Spalte bringt 100%, eines in der B-Spalte 67%, ein C wird mit 33% bewertet und ein D mit 0%. Das Ergebnis f r jeden der sechs Bereiche bzw. f r den gesamten Fragebogen ergibt sich aus der Multiplikation der Anzahl der Vermerkzeichen (a) mit dem jeweils bei der Einstufung nach A bis D erzielten Prozentsatz (b) und anschlie ender Division durch die Zahl der beantworteten Fragen.

Mit den Ergebnissen k nnen Sie ein Profilbild Ihrer Organisation erstellen, indem Sie die Daten in das Schema auf dieser Seite bertragen.

Gesunde Mitarbeiter in gesunden Unternehmen

WHP IN EUROPE

Herausgeber:
BKK Bundesverband,
Abteilung Gesundheit
Kronprinzenstraße 6, D-45128 Essen
Fax +49 201 / 179-1014
e-mail praevention@bkk-bv.de

BKK

4. Auflage April 2003

Das Europäische Netzwerk für betriebliche Gesundheitsförderung wird von der Europäischen Kommission finanziell unterstützt. Weder die Kommission noch in ihrem Auftrag handelnde Personen haften für die Verwendung dieser Informationen.

Auswertung "Selbsteinschätzung"

	Betrieb 1 in %	Betrieb 2 in %	Betrieb 3 in %	Betrieb 4 in %	Betrieb 5 in %	Betrieb 6 in %	Gesamt in %
I Betriebliche Gesundheitsförderung und Unternehmenspolitik							
Leitlinie	33	0	0	0	0	33	**11,00**
Maßn. Integriert	33	0	67	33	33	33	**33,17**
Ressourcen	33	33	33	33	33	0	**27,50**
Forts. prüfen	0	0	67	0	0	33	**16,67**
Aus- u. Fortbildung	0	0	0	0	33	0	**5,50**
Zugang Einricht.	33	33	33	100	100	33	**55,33**
%	**22,00**	**11,00**	**33,33**	**27,67**	**33,17**	**22,00**	**24,86**
II Personalwesen und Arbeitsorganisation							
Kompetenz MA	67	0	100	67	67	33	**55,67**
verm. v. Über u. Unterforderung	33	0	33	33	33	0	**22,00**
Weiterentwicklung	67	33	67	67	33	33	**50,00**
ermö. aktive MA Beteiligung	0	0	33	67	33	0	**22,17**
Vorgesetzte fördern MA	33	33	33	33	33	0	**27,50**
BEM	0	33	33	33	33	0	**22,00**
Familie und Beruf	0	0	0	33	0	33	**11,00**
%	**28,57**	**14,14**	**42,71**	**47,57**	**33,14**	**14,14**	**30,05**
III Planung betrieblicher Geundheitsförderung							
gesamtes Unternehmen	33	0	33	67	0	33	**27,67**
Ist-Analysen	0	33	0	67	33	33	**27,67**
MA Information	0	0	0	33	33	0	**11,00**
%	**11,00**	**11,00**	**11,00**	**55,67**	**22,00**	**22,00**	**22,11**
IV Soziale Verantwortung							
Umweltschutz	100	67	100	100	67	67	**83,50**
Soz., kultur. initiative	33	67	67	67	33	33	**50,00**
%	**66,50**	**67,00**	**83,50**	**83,50**	**50,00**	**50,00**	**66,75**
V Umsetzung betrieblicher Gesundheitsförderung							
Steuerkreis	0	0	0	33	0	0	**5,50**
zus. Tragen von Infos	0	0	0	0	33	0	**5,50**
Ziele festlegen	33	0	0	33	0	0	**11,00**
Maß. Verhalten	0	33	33	33	33	33	**27,50**
Auswertung	0	0	0	33	33	0	**11,00**
%	**6,60**	**6,60**	**6,60**	**26,40**	**19,80**	**6,60**	**12,10**
VI Ergebnisse betrieblicher Gesundheitsförderung							
Kundenzufried.	0	0	0	0	0	0	**0,00**
Zufried. MA erm.	0	33	0	33	0	33	**16,50**
Gesundind. erm.	33	0	0	67	0	0	**16,67**
wirtschaftl. Faktoren erm.	0	0	0	33	0	33	**11,00**
%	**8,25**	**8,25**	**0,00**	**33,25**	**0,00**	**16,50**	**11,04**
% Betriebe	**20,89**	**14,74**	**27,11**	**40,67**	**25,78**	**18,37**	**24,59**

Gesamt	**24,59**	%

13.4 Prozessablaufplan und Musterformulare für Gesundheits- und Rückkehrgespräche

Prozessablaufplan (PAP) für das betriebliche Eingliederungsmanagement

Ausschließlich zur besseren Lesbarkeit wird folgend von "Mitarbeiter" gesprochen. Dieser Begriff umfasst alle weiblichen und männlichen Mitarbeiter.

Zweck

Ziel dieses Prozessablaufplans ist, arbeitsunfähig erkrankten Mitarbeitern sowie von Arbeitsunfahigkeit bedrohten Mitarbeitern eine individuelle und optimale Betreuung zu bieten, um die Wiedereingliederung in den Betrieb optimal und zeitnah zu ermöglichen und durch geeignete Maßnahmen eine erneute Arbeitsunfahigkeit zu verhindern.

Geltungsbereich

Der Prozessablaufplan gilt für den Firmensitz der RaA GmbH in Aachen.

Integrationsbeauftragter

Der Arbeitgeber verpflichtet sich, einen Mitarbeiter und einen Vertreter zu benennen, die den gesamten folgenden Ablauf bearbeiten (Intergrationsbeauftragter).

Beginn des BEM

Der Integrationsbeauftragte bekommt von der zuständigen Abteilung für die Bearbeitung von Arbeitsunfahigkeitsbescheinigungen jeweils mitgeteilt, wenn ein Mitarbeiter länger als vier Wochen innerhalb der letzten zwölf Monate arbeitsunfähig erkrankt fehlte.

Ab diesem Zeitpunkt wird nach dem folgenden Prozessablaufplan verfahren:

Alle folgenden Abläufe müssen unter Achtung der Persönlichkeitsrechte der Mitarbeiter bearbeitet werden. Hierauf legen alle Beteiligten den höchsten Stellenwert.

Prozessschritt	Formular	Prozessbeschreibung	verantwortlich
1. Mitarbeiter über das BEM informieren	Info über BEM	Bevor die Maßnahmen des § 6 durchgeführt werden, ist der Mitarbeiter über die Ziele sowie den groben Ablauf des betrieblichen Eingliederungsmanagements aufzuklären und er ist besonders auf die dafür von ihm erhobenen persönlichen Daten nach Art und Umfang hinzuweisen. Dies wird vom Mitarbeiter schriftlich bestätigt	Integrations-beauftragter
2. Zustimmung des Mitarbeiters zum BEM einholen	Zustimmung	Die Aufklärung nach Satz 1 und die Zustimmung gem. § 6 Abs. 5, Satz 1 lässt sich der Integrationsbeauftragte schriftlich vom Mitarbeiter bestätigen.	Integrations-beauftragter
3. Beginn des BEM		Es wird geprüft, ob der Mitarbeiter wieder arbeitsfähig ist und ein vorbeugendes Gesundheitsgespräch durchzuführen ist oder ob bei andauernder arbeitsunfähigkeit eine Wiedereingliederung erforderlich ist.	Integrations-beauftragter

oder

Vorbeugendes Gesundheitsgespäch

Prozessschritt	Formular	Prozessbeschreibung	verantwortlich
4. Informations-material aus-händigen	Zustimmung	Dem Mitarbeiter werden Informations-materialien über potenzielle Ansprechpartner im Krankheitsfall bzw. für eine Vorbeugung ausge-händigt. Das Informationsmaterial umfasst unter anderem eine Auflistung von Gesundheitsseminaren, gesund-heutliche Behandlungsmöglichkeiten (auch psychologische Beratung), usw. Hierbei holt sich der Integrationsbe-auftragte Unterstützung von Reha-bilitationsträgern, Integrationsämtern, Servicestellen, der Agentur für Arbeit oder ähnlichen Stellen.	Integrations-beauftragter
5. Fragen nach betrieblichem Grund		Der Integrationsbeauftragte fragt den ob die Fehlzeiten eine Betriebliche Ursache haben. Liegt ein betrieblicher Grund vor, so teilt der Integrationsbeauftragte diesen Grund dem direkten Vorgesetzten des Mitarbeiters mit. Liegt der Grund beim Vorgesetzten, so vermittelt der Integrationsbeauftragte als Schlichter zwischen Vorgesetzten und Mitarbeiter	Integrations-beauftragter
6. Fragen nach betrieblichem Grund		Der Integrationsbeauftragte unterstützt den Mitarbeiter bei allen Maßnahmen zur gesundheitlichen Prävention und Wiedereingliederung.	Integrations-beauftragter

Wiedereingliederung

Wiedereingliederung

Phase	Formular	Ablauf	Verantwortlich
4. Rückkehrgespräche	Formular Rückkehrgespräche	Ist der Mitarbeiter noch nicht wieder arbeitsfähig, so setzt sich der Integrationsbeauftragte zur ersten Absprache und Terminvereinbarung zu einem persönlichen Gespräch mit ihm in Verbindung.	Integrationsbeauftragter
		Das Rückkehrgespräch findet spätestens am ersten Tag der Rückkehr des Mitarbeiters in den Betrieb statt.	Integrationsbeauftragter
		Der Integrationsbeauftragte fragt den Mitarbieter, ob er sich wieder voll einsatzfähig fühlt.	Integrationsbeauftragter
		Dem Mitarbeiter werden Informationsmaterialien über potenzielle Ansprechpartner im Krankheitsfall bzw. für eine Vorbeugung ausgehändigt. Das Informationsmaterial umfasst unter anderem, eine Auflistung von Gesundheitsseminaren, gesundheitlichen Behandlungsmöglichkeiten (auch psychologischer Beratung), usw. Hierbei holt sich der Integrationsbeauftragte Unterstützung von Rehabilitationsträgern, Integrationsämtern, Servicestellen, der Argentur für Arbeit oder ähnlichen Stellen.	Integrationsbeauftragter Evtl. Betriebsarzt Betriebsrat Schwerbehindertenvertretung
		Der Integrationsbeauftragte fragt den Mitarbeiter ob die Fehlzeiten eine betriebliche Ursache haben. Liegt ein betrieblicher Grund für die Fehlzeiten vor, so teilt der Integrationsbeauftragte des direktem Vorgesetzten des Mitarbeiters diesen Grund mit. Liegt der Grund beim direkten Vorgesetzten, so vermittelt der Integrationsbeauftragte als Schlichter zwischen Vorgesetztem und Mitarbeiter	Integrationsbeauftragter
		Der Integrationsbeauftragte berichtet dem Mitarbeiter über alle wesentlichen Abläufe die während seiner Abwesenheit im Betrieb durchgeführt wurden. Alle Arbeitsplatzbezogenen Abläufe während der Abwesenheit des Mitarbeiters, werden diesem vom direkten Vorgesetzten mitgeteilt.	Integrationsbeauftragter disziplinarischer Vorgesetzter
		Der Integrationsbeauftragte stimmt mit dem Mitarbeiter ab, welche Maßnahmen durchgeführt werden sollten.	Integrationsbeauftragter
5. Gesundheitsgespräch I	Formular Gesundheitsgespräch I	Das Gesundheitsgespräch und die Maßnahmen zur optimalen Wiedereingliederung in den Betrieb finden parallel zur Arbeitsunfähigkeit des Mitarbeiters statt.	Integrationsbeauftragter

▫ ▫ ▫

		Der Integrationsbeauftragte stimmt mit dem Mitarbeiter neue Maßnahmen ab, die der Mitarbeiter durchführen soll.	Integrations-beauftragter
		Der Integrationsbeauftragte schaltet wenn erforderlich die zuständigen Rehabilitationsträger, Integrations-ämter, Servicestellen, die Argentur für Arbeit, den Hausarzt und den Werks- oder Betriebsarzt ein.	Integrations-beauftragter Betriebsarzt Betriebsrat
		Der Informationsbeauftragte klärt mit dem Arbeitgeber und dem Mitarbeiter oder dem zuständigen Arzt, ob ein leidensgerechter Arbeitsplatz eingerichtet werden kann. Wenn diese Möglichkeit besteht, so wird der leidensgerechte Arbeitsplatz eingerichtet. Die Einrichtung dieses Arbeitsplatzes muss für alle Beteiligten zumutbar und angemessen sein.	Integrations-beauftragter Betriebsarzt Betriebsrat disziplinar-ischer Vorgesetzter
6. Gesundheitsgespräch II	Formular Gesundheits-gespräch II	Das zweite Fehlzeitengespräch findet direkt am ersten Tag der Rückkehr des Mitarbeiters in den Betrieb statt.	Integrations-beauftragter
		Der Integrationsbeauftragte fragt den Mitarbeiter, ob er sich wieder voll einsatzfähig fühlt.	Integrations-beauftragter
		Der Integrationsbeauftragte berichtet dem Mitarbeiter über alle wesentlichen Abläufe die während seiner Abwesenheit im Betrieb durchgeführt wurden. Alle arbeitsplatzbezogenen Abläufe während der Abwesenheit des Mitarbeiters, werden diesem vom direkten Vorgesetzten mitgeteilt.	Integrations-beauftragter diziplinarischer Vorgesetzter
		Der Mitarbeiter wird vom Integrations-beauftragen dazu befragt, wie er mit der Betreuung und den geplanten sowie durchgeführten Maßnahmen zufrieden ist und ob sie zu einer schnellen Rückkehr in den Betrieb nach seiner Ansicht geführt haben.	Integrations-beauftragter
		Der Integrationsbeauftragte teilt dem Mitarbeiter mit, dass er ihn in den nächsten 10 Tagen noch einmal am Arbeitsplatz auf seine Gesamtverfassung ansprechen wird	Integrations-beauftragter

Über jedes Gespräch (vorbeugendes Gesundheitsgespräch, Rückkehrgespräch, Gesundheitsgespräch I und II) werden schriftliche Gesprächsnachweise vom Integrationsbeauftragten und Mitarbeiter unterschrieben und wenigstens sechs Monate lang ab dem Tag der vollständigen Genesung aufbewahrt. Die Gesprächsnachweise enthalten wenigstens Stichpunktartig den Inhalt des Gesprächs und die geplanten Maßnahmen sowie das Datum des Gesprächstages.

Gibt der Mitarbeiter keine Zustimmung, so soll er vom Integrationsbeauftragten noch einmal auf die möglichen negativen Folgen bzw. auf die positiven Auswirkungen des betrieblichen Eingliederungsmanagements hingewiesen werden. Die Zustimmung zum betrieblichen Eingliederungsmanagement ist schriftlich vom Mitarbeiter bestätigen zu lassen.

Formular Gesundheitsgespräch

Bitte legen Sie diesem Formular eine Auswertung der Krankheitstage aus den letzten sechs Monaten bei.

Vorgesetzter: ____________________

Mitarbeiter: ____________________

ggf. Betriebsrat: ____________________

ggf. Personalabt. ____________________

Schwerbehinderung vorhanden? ☐ ja ☐ nein
Bemerkung:

Beginn der Arbeitsunfähigkeit (Datum): __.__.____

Anzahl der Fehltage in den letzten sechs Monaten: ______ - Tage

Folgend werden Gesprächsnotizen (Wesentliche Gesprächsinhalte) aufgelistet:

Es werden folgende Maßnahmen vereinbart:

1. Vereinbarung eines Folgegesprächs - Datum: __.__.____
2.
3.

Mit den Unterschriften erklären sich die Beteiligten mit den vorstehenden Maßnahmen einverstanden und bestätigt die Richtigkeit der Gesprächsinhalte.

Unterschrift des Mitarbeiter

Unterschrift des Vorgesetzten

Unterschrift des Betriebsrats

Unterschrift des Personalleiters

Formular Rückkehrgespräch

Dieses Gespräch wird zwischen dem Integrationsbeauftragten oder dessen Vertreter,

Vorname, Name: ______________________________

und dem Mitarbeiter,

Vorname, Name: ______________________________

Vorgesetzter: ______________________________

geführt.

1. Seit wann ist der Mitarbeiter krank?				
2. In welchen Zeiträumen traten die Fehlzeiten auf?	1	2	3	4
3. Liegt eine Schwerbehinderung oder Gleichstellung vor?				
4. Findet eine kontinuierliche ärztliche Betreuung statt?				
5. Sind medizinische Rehabilitationsmaßnahmen durchgeführt worden/geplant?				
6. Liegt bezogen auf den Arbeitsplatz ein Fähigkeits- und Anforderungsprofil vor?				
7. Kann die technische Ausstattung des Arbeitsplatzes optimiert werden?				
8. Gibt es geeignetere Einsatzmöglichkeiten?				
9. Kann ein leidensgerechter Arbeitsplatz eingerichtet werden?				
10. usw.				

Es wurden folgende weitere Maßnahmen vereinbart:

1. ______________________________
2. ______________________________
3. ______________________________

______________________________ ______________________________

Datum - Unterschrift des Mitarbeiter   Datum - Unterschrift des Integrationsbeauftragten

13.5 Betriebsvereinbarungen (das betriebliche Eingliederungsmanagement, Suchtmittelkonsum und -abhängige, Nichtraucherschutz)

Vorschlag einer Betriebsvereinbarung über das betriebliche Eingliederungsmanagement

Zwischen dem Unternehmen

RaA GmbH

Baumallee 1-3

52066 Aachen

und dem zuständigen

Betriebsrat

wird für den

Firmensitz

Baumallee 1-3

52066 Aachen

folgende

Betriebsvereinbarung

geschlossen.

Ausschließlich zur besseren Lesbarkeit wird folgend von "Mitarbeiter" gesprochen. Dieser Begriff umfasst alle weiblichen und männlichen Mitarbeiter.

§1

Ziel dieser Betriebsvereinbarung ist, arbeitsunfähig erkrankten Mitarbeitern sowie von Arbeitsunfähigkeit bedrohten Mitarbeitern eine individuelle und optimale Betreuung zu bieten, um die Wiedereingliederung in den Betrieb optimal und zeitnah zu ermöglichen und durch geeignete Maßnahmen eine erneute Arbeitsunfähigkeit zu verhindern.

§2

Alle folgenden Abläufe müssen unter Achtung der Persönlichkeitsrechte der Mitarbeiter bearbeitet werden. Hierauf legen alle Beteiligten den höchsten Stellenwert.

§3

Der Arbeitgeber verpflichtet sich, einen Mitarbeiter und einen Vertreter zu benennen, die den gesamten folgenden Ablaufbearbeiten (Intergrationsbeauftragter).

§4

Der Integrationsbeauftragte bekommt von der zuständigen Abteilung für die Bearbeitung von Arbeitsunfahigkeitsbescheinigungen jeweils mitgeteilt, wenn ein Mitarbeiter länger als vier Wochen innerhalb der letzten zwölf Monate arbeitsunfähig erkrankt fehlte.

§5

Bevor die Maßnahmen des § 6 durchgeführt werden, ist der Mitarbeiter über die Ziele sowie Vorgehensweise des betrieblichen Eingliederungsmanagements aufzuklären und er ist besonders auf die dafür von ihm erhobenen persönlichen Daten nach Art und Umfang hinzuweisen. Die Aufklärung nach Satz 1 und die Zustimmung gern. § 6 Abs. 5 lässt sich der Integrationsbeauftragte schriftlich vom Mitarbeiter bestätigen.

§6

Der lntegrationsbeauftragte ist mit Unterstützung des direkten Vorgesetzen, dem Betriebsrat sowie dem Arbeitgeber, ab dem Bekanntwerden der in § 4 genannten Arbeitsunfähigkeit dazu verpflichtet, mit Zustimmung des Mitarbeiters, für eine optimale und zeitnahe Wiedereingliederung des Mitarbeiters in den Betrieb zu sorgen. Ist der Mitarbeiter nach einer vierwöchigen Arbeitsunfähigkeit wieder arbeitsfähig, so versucht der Integrationsbeauftragte mit Zustimmung des Mitarbeiters einer erneuten Arbeitsunfähigkeit vorzubeugen.

Die Vorbeugung erfolgt in folgenden Schritten:

1. Dem Mitarbeiter werden Informationsmaterialien über potenzielle Ansprechpartner im Krankheitsfall bzw. für eine Vorbeugung ausgehändigt. Das Informationsmaterial umfasst unter anderem, ein Auflistung von Gesundheitsseminaren, gesundheitliche Behandlungsmöglichkeiten (auch psychologische Beratung), usw. Hierbei holt sich der Integrationsbeauftragte Unterstützung von Rehabilitationsträgern, Integrationsämtern, Servicestellen, der Agentur für Arbeit oder ähnlichen Stellen.

2. Der Integrationsbeauftragte fragt den Mitarbeiter ob die Fehlzeiten eine betriebliche Ursache haben. Liegt ein betrieblicher Grund für die Fehlzeiten vor, so teilt der Integrationsbeauftragte diesen Grund dem direkten Vorgesetzen des Mitarbeiter mit. Liegt der Grund beim direkten Vorgesetzten, so vermittelt der Integrationsbeauftragte als Schlichter zwischen Vorgesetzten und Mitarbeiter.

3. Der Integrationsbeauftragte unterstützt den Mitarbeiter bei allen Maßnahmen zur gesundheitlichen Prävention und Wiedereingliederung.

Die Wiedereingliederung erfolgt in folgenden Schritten:

1. Rückkehrgespräch
   - Das Rückkehrgespräch findet am ersten Tag der Rückkehr des Mitarbeiters statt.
   - Der Integrationsbeauftragte fragt den Mitarbeiter, ob er sich wieder voll einsatzfähig fühlt.
   - Dem Mitarbeiter werden Informationsmaterialien über potenzielle Ansprechpartner im Krankheitsfall bzw. für eine Vorbeugung ausgehändigt. Das Informationsmaterial umfasst unter anderem, ein Auflistung von Gesundheitsseminaren, gesundheitliche Behandlungsmöglichkeiten (auch psychologische Beratung), usw. Hierbei holt sich der Integrationsbeauftragte Unterstützung von Rehabilitationsträgern, Integrationsämtern, Servicestellen, der Agentur für Arbeit oder ähnlichen Stellen.
   - Der Integrationsbeauftragte fragt den Mitarbeiter ob die Fehlzeiten eine betriebliche Ursache haben. Liegt ein betrieblicher Grund für die Fehlzeiten vor, so teilt der Integrationsbeauftragte dem direkten Vorgesetzten des Mitarbeiters diesen Grund mit.
   - Liegt der Grund beim direkten Vorgesetzten, so vermittelt der Integrationsbeauftragte als Schlichter zwischen Vorgesetzten und Mitarbeiter.
   - Der Integrationsbeauftragte berichtet dem Mitarbeiter über alle wesentlichen Abläufe die während seiner Abwesenheit im Betrieb durchgeführt wurden. Alle arbeitsplatzbezogenen Abläufe während der Abwesenheit des Mitarbeiters, werden diesem vom direkten Vorgesetzten mitgeteilt.
   - Der Integrationsbeauftragte stimmt mit dem Mitarbeiter ab, welche Maßnahmen durchgeführt werden sollten.
2. Gesundheitsgespräch I bei erneuter Arbeitsunfähigkeit innerhalb von drei Monaten
   - Das Gesundheitsgespräch und die Maßnahmen zur optimalen Wiedereingliederung in den Betrieb finden parallel zur Arbeitsunfähigkeit des Mitarbeiters statt.
   - Der Integrationsbeauftragte stimmt mit dem Mitarbeiter neue Maßnahmen ab, die der Mitarbeiter durchführen soll.
   - Der Integrationsbeauftragte schaltet wenn erforderlich die zuständigen, Rehabilitationsträger, Integrationsämter, Servicestellen, die Agentur für Arbeit, den Hausarzt und den Werks- oder Betriebsarzt ein.

- Der Integrationsbeauftragte klärt mit dem Arbeitgeber, ob ein leidensgerechter Arbeitsplatz eingerichtet werden kann. Wenn diese Möglichkeit besteht, so wird der leidensgerechte Arbeitsplatz eingerichtet. Die Einrichtung dieses Arbeitsplatzes muss für alle Beteiligten zumutbar und angemessen sein.

3. Gesundheitsgespräch II nach der Rückkehr des Mitarbeiters

   - Das zweite Gesundheitsgespräch findet am ersten Tag der Rückkehr des Mitarbeiters in den Betrieb statt.
   - Der Integrationsbeauftragte fragt den Mitarbeiter, ob er sich wieder voll einsatzfähig fühlt.
   - Der Integrationsbeauftragte berichtet dem Mitarbeiter über alle wesentlichen Abläufe die während seiner Abwesenheit im Betrieb durchgeführt wurden. Alle arbeitsplatzbezogenen Abläufe während der Abwesenheit des Mitarbeiters, werden diesem vom direkten Vorgesetzten mitgeteilt.
   - Der Mitarbeiter wird vom Integrationsbeauftragten dazu befragt, wie er mit der Betreuung und den geplanten sowie durchgeführten Maßnahmen zufrieden ist und ob sie zu einer schnelleren Rückkehr in den Betrieb nach seiner Ansicht geführt haben.
   - Der Integrationsbeauftragte teilt dem Mitarbeiter mit, dass er ihn in den nächsten 10 Tagen noch einmal am Arbeitsplatz auf seine Gesamtverfassung ansprechen wird.

Über jedes Gespräch (Rückkehrgespräch, Gesundheitsgespräch I und II) werden schriftliche Gesprächsnachweise vom Integrationsbeauftragten und Mitarbeiter unterschrieben für wenigstens 6 Monate ab dem Tag der vollständigen Genesung aufbewahrt. Die

Gesprächsnachweise enthalten wenigstens Stichpunktartig den Inhalt des Gesprächs und die geplanten Maßnahmen sowie das Datum des Gesprächstages.

Jeder einzelne im § 6 genannte Schritt wird nur durchgeführt, wenn der Mitarbeiter seine Zustimmung dafür abgegeben hat. Gibt der Mitarbeiter keine Zustimmung, so soll er vom Integrationsbeauftragten noch einmal auf die möglichen negativen Folgen bzw. auf die positiven Auswirkungen des betrieblichen Eingliederungsmanagements hingewiesen werden. Die

Zustimmung zum betrieblichen Eingliederungsmanagement ist schriftlich vom Mitarbeiter bestätigen zu lassen.

§7

Die Betriebsvereinbarung tritt am _._. _ in Kraft und ist unbefristet gültig.

§8

Die Vereinbarung kann von jeder Partei schriftlich mit einer Kündigungsfrist von 3 Monaten,

frühestens ab dem _'_' _ ' zum Monatsende gekündigt werden.

§9

Folgen bei Nichteinhaltung?

______________________	______________________
Reinhold Runder Geschäftsführer der RaA GmbH	Gaby Kupper Betriebsratsvorsitzende für den Firmensitz Aachen

Fürsorge-Betriebsvereinbarung

Zwischen der Geschäftsleitung der Firma ... und dem Betriebsrat wird gemäß § 87 Abs. 1 Ziffer 1 Betriebsverfassungsgesetz nachfolgende Fürsorgevereinbarung geschlossen:

§ 1 Geltungsbereich

Diese Fürsorgevereinbarung gilt für alle Beschäftigten der Firma …

§ 2 Ziel der Betriebsvereinbarung

Ziel der Betriebsvereinbarung ist es, die Arbeitsicherheit zu erhöhen, die Gesundheit der Beschäftigten zu erhalten, den Suchtmittelmissbrauch zu thematisieren, den Gefährdeten und abhängig Kranken ein rechtzeitiges Hilfsangebot zu unterbreiten. Hilfe soll auch denen angeboten werden, die unter süchtigem Verhalten, z. B. Essstörungen, Spiel-, Arbeits- und Nikotinsucht leiden.

Diese Betriebsvereinbarung sichert die Gleichbehandlung aller Betroffenen und will allen Beteiligten eine durchschaubare Richtlinie an die Hand geben.

§ 3 Gebrauch von Suchtmitteln

3.1. Für den allgemeinen Genuss von Alkohol gelten die Grundsätze der BGV A1 § 15 Absatz 2 und 3, wonach Versicherte sich nicht durch Alkoholgenuss in einen Zustand versetzen dürfen, durch den sie sich selbst oder andere gefährden können, und wonach Versicherte, die infolge Genusses von Alkohol oder anderer berauschender Mittel nicht mehr in der Lage sind, ihre Arbeit für sich oder andere auszuführen, mit Arbeiten nicht beschäftigt werden dürfen.

3.2. Die Einnahme von Medikamenten – insbesondere Schmerzmittel mit Suchtsubstanzen, Schlafmittel, Psychopharmaka und Appetitzügler – sollten nur in Absprache mit Ärzten erfolgen. Diese Arzneimittel können wegen ihrer stimmungs- und reaktionsverändernden Substanzen erhebliche Unfallgefahren auslösen.

3.3 Nicht erlaubt sind:

- das Mitbringen alkoholischer Getränke in den Betrieb sowie der Konsum dieser Getränke innerhalb des Betriebes;
- der private Verkauf alkoholischer Getränke;
- der Verkauf von Spirituosen und Wein im Betrieb;
- der Konsum illegaler Drogen.

In Räumen, in denen das Rauchen erlaubt ist, wird an die Rauchenden appelliert, bei Anwesenheit von Nichtrauchenden auf diese Rücksicht zu nehmen.

§ 4 Vorgehensweise

4.1. Alle Mitarbeiter mit Vorgesetztenfunktion haben auf die Einhaltung dieser Vereinbarungen zu achten. Stellen sie bei einem Mitarbeiter ein aufgrund typischer Anzeichen auffälliges Verhalten fest, das Anlass zu der Annahme von Alkohol oder sonstiger Rauschmittelbeeinflussung gibt, weisen sie den Mitarbeiter an, vorläufig die Arbeit einzustellen, bis geklärt ist, ob seine weitere betriebliche Tätigkeit verantwortet werden kann.

4.2. Zur Ermittlung, ob der betroffene Mitarbeiter seine betriebliche Tätigkeit fortsetzen kann oder dieses alkoholbedingt oder wegen Einfluss anderer Rauschmittel nicht vertretbar ist, muss ein weiterer geeigneter Mitarbeiter (Vorgesetzter oder Betriebsrat) hinzugezogen werden.

4.3. Gibt der betroffene Mitarbeiter Alkohol- bzw. Rauschmittelbeeinflussung zu, entscheidet der Vorgesetzte, dass die betriebliche Tätigkeit eingestellt wird. Bestreitet der betroffene Mitarbeiter eine Alkoholbeeinflussung, hat er die Möglichkeit, den Verdacht auf Alkoholbeeinflussung dadurch zu widerlegen, dass er sich der Überprüfung durch ein Alkoholmessverfahren unterzieht. Zu diesem Zweck ist bei der Betriebsleitung ein jederzeit zugänglicher Alkoholtester hinterlegt.

4.4 Bestreitet der Betriebsangehörige einen Konsum sonstiger berauschender Mittel, hat er die Möglichkeit, den Verdacht auf solche Beeinflussungen dadurch zu widerlegen, dass er sich der Überprüfung durch einen Arzt unterzieht.

4.5. Verweigert der betroffene Mitarbeiter trotz begründeten Verdachts die Alkoholmessung bzw. das Aufsuchen eines Arztes, ist es aus Sicherheitsgründen erforderlich, dem betroffenen Mitarbeiter eine weitere betriebliche Arbeit zu untersagen.

4.6. Darf der betroffene Mitarbeiter seine betriebliche Tätigkeit wegen Rauschmittelbeeinflussung nicht fortsetzen, hat sein Vorgesetzter dafür zu sorgen, dass er umgehend das Betriebsgelände verlässt. Muss nach dem Verhalten des Mitarbeiters angenommen werden, dass er auf dem Heimweg sich oder andere gefährdet, veranlasst der Vorgesetzte die Beförderung zu seiner Wohnung.

4.7. Für die entfallene Arbeitszeit wird kein Lohn/Gehalt gezahlt. Die durch die Heimfahrt dem Betrieb entstandenen Kosten hat der Betriebsangehörige zu tragen. Der Vorgesetzte teilt der für die Abrechnung zuständigen betrieblichen Stelle das Erforderliche mit.

§ 5 Interventionskette

5.1. Stellt ein Vorgesetzter bei einem seiner Mitarbeiter Leistungsstörungen und/oder betriebliches Fehlverhalten fest und hat er den Verdacht, dass die Störung und/oder das Fehlverhalten mit dem Konsum von Suchtmitteln in Zusammenhang stehen, so führt er – ggf. nach Beratung mit dem Interventionsteam – mit dem betreffenden Mitarbeiter ein persönliches Gespräch. Das Gespräch sollte sachlich und offen geführt werden.

5.2. Dieses erste und etwaige weitere Gespräche haben drei Zielrichtungen:

a. Es muss dem Mitarbeiter klar werden, welche beobachtbaren und nachweisbaren Störungen und welches Fehlverhalten beanstandet werden.

b. Bei dem Mitarbeiter soll die Bereitschaft gefördert werden, sich einem betrieblichen Fachmann anzuvertrauen, um sich über dessen Vermittlung einer externen Selbsthilfegruppe anzuschließen oder sich einer ambulanten oder stationären Behandlung zu unterziehen.

c. Der Mitarbeiter muss wissen, dass ihm einerseits Hilfe vermittelt werden soll und die Verantwortlichen verständnisvoll auf ihn einzugehen bereit sind, dass aber andererseits das Unternehmen die Vernachlässigung von Pflichten grundsätzlich nicht dulden kann und die Erkrankung keinen Freibrief darstellt, der auch auf längere Sicht vor arbeitsrechtlichen Maßnahmen schützt. Wo Belange der Sicherheit berührt werden, ist sofortiges Handeln ohnehin erforderlich.

d. Die Interventionskette umfasst eine Reihe von schrittweise aufeinander abgestimmten Gesprächen und Maßnahmen. Dieses Vorgehen soll einen zunehmend stärkeren Druck auf die Suchtgefährdeten bzw. –kranken bewirken.

Die Zeiträume zwischen den Gesprächen sollten stets dem individuellen Fall Rechnung tragen.

§ 6 Interventionsteam/Gesundheitsförderungsausschuss

Das Interventionsteam setzt sich zusammen aus Personalabteilung, Betriebsrat, Vorgesetztem des Betroffenen und Suchtkrankenhelfer. Bei Bedarf kann das Interventionsteam durch Sicherheitsfachkräfte, Schwerbehindertenvertrauensleute, Betriebsarzt und Angehörige des betroffenen Mitarbeiters ergänzt werden.

Aufgaben des Interventionsteams:

- Abstimmung personeller Maßnahmen

- Abstimmung von Hilfsangeboten
- Wiedereingliederung/Arbeitsplatzbesetzung nach Hilfsmaßnahmen

Die Bearbeitung solcher Fälle kann auch vom betrieblichen Gesundheitsförderungsausschuss durchgeführt werden. Dieser Ausschuss ist im praktischen Teil der Diplomarbeit näher beschrieben.

Der Betroffene sollte überwiegend nur mit einem oder zwei Vertretern eines Ausschusses reden. Er kann so schneller Vertrauen zu den Personen fassen. Dennoch muss dem Betroffenen mitgeteilt werde, dass sich ein ganzer Ausschuss als Hilfspersonen bereit hält und ihn unterstützt und seine Situation konstruktiv bespricht.

§ 7 Rückfall

Bei Rückfällen nach einer Behandlung oder nach sonstigen Hilfsmaßnahmen kann grundsätzlich unter Berücksichtigung aller Umstände des Einzelfalles und in Absprache mit den bisher im Verlauf der Interventionskette Beteiligten entschieden werden, bei welchen Maßnahmen innerhalb der Interventionskette wieder angesetzt wird und wie weiter verfahren werden soll.

§ 8 Wiedereingliederung

8.1. Können betroffene Mitarbeiter/innen binnen eines Jahres nach Beendigung des Arbeitsverhältnisses (Kündigung oder Aufhebung durch den Arbeitgeber) zu einer abstinenten Lebensweise finden, wobei dies durch eine ärztliche Untersuchung nachgewiesen werden muss, verpflichtet sich der Arbeitgeber bei langjährig tätigen Mitarbeitern/innen (mindestens 5-jährige Betriebszugehörigkeit), einen neuen Arbeitsvertrag anzubieten.

8.2. Voraussetzung ist eine freie, den Kenntnissen und Fähigkeiten des/der Mitarbeiters/in entsprechende Stelle, wobei auch eine Stelle mit minderen Qualifikationsanforderungen angeboten werden kann.

8.3. Bei Wiedereinstellung wird die bisherige Zeit der Betriebszugehörigkeit mit den daraus resultierenden Rechten angerechnet.

§ 9 Arbeitskreis Sucht

Aufgaben des Arbeitskreises Sucht sind:

- Planung und Durchführung von Schulungsmaßnahmen
- Auswahl und Einsatz von Suchtgefährdetenhelfern
- Erarbeitung von Strategien zur Information
- Einrichtung einer innerbetrieblichen Anlaufstelle

Diese Aufgaben werden vom zentralen Gesundheitsförderungsausschuss durchgeführt und in ihrer Erarbeitung und Umsetzung von den betrieblichen Gesundheitsförderungsausschüssen begleitet und unterstützt.

§ 10 Suchtgefährdetenhelfer

10.1. Der Suchtgefährdetenhelfer nimmt die Aufgaben der Beratung, Betreuung und Nachsorge suchtgefährdeter und suchtkranker Mitarbeiter wahr. Dazu gehören u.a.:

- Herstellen des Erstkontaktes
- Problemklärung hinsichtlich einer Suchtgefährdung bzw. Suchterkrankung
- Gespräche mit Vorgesetzten, Kollegen, Personalabteilung, Mitarbeitervertretung, Ärzten sowie Angehörigen
- Förderung der Krankheitseinsicht
- Motivation für therapeutische Maßnahmen
- Kontakte und Vermittlung ggf. Begleitung zu Selbsthilfegruppen, Beratungsstellen und Ärzten sowie Kliniken
- Fortlaufender Kontakt während der ambulanten bzw. stationären Behandlung
- Hilfe bei der Wiedereingliederung am Arbeitsplatz nach erfolgter Behandlung

Der Suchtkrankenhelfer nimmt an örtlichen Arbeitskreisen teil.

10.2. Der Einsatz als ehrenamtlicher Suchtgefährdetenhelfer ist jederzeit ohne Nachteile für den Mitarbeiter widerrufbar. Die mit der Ausbildung verbundenen Kosten werden übernommen.

10.3. Die Suchthelfer unterliegen der Schweigepflicht. Inhalte und Informationen über Hilfsgespräche dürfen grundsätzlich nur mit Einverständnis der Betroffenen weitergegeben werden (§ 203 StGB).

10.4. Der Suchtgefährdetenhelfer wird für seine Tätigkeit von seiner Arbeit freigestellt. Die Freistellung erfolgt nach den betrieblichen Belangen. Für Mehrarbeitsstunden erhält er einen entsprechenden Freizeitausgleich. Notwendig werdende Fahrten mit dem eigenen PKW werden gemäß der betriebsüblichen Reisekostenregelung erstattet.

10.5. Die Personalabteilung ist erforderlichenfalls bei der Beschaffung eines Raumes behilflich, in dem vertrauliche Gespräche geführt werden können.

§ 11 Schulungsmaßnahmen

11.1. Alle Mitarbeiter mit Vorgesetztenfunktion sowie Betriebsräte, Schwerbehindertenvertrauensleute, Jugendvertreter, Sicherheitsbeauftragte werden systematisch über den Suchtmittelmissbrauch, über seine Folgen, z. B. Abhängigkeit von Alkohol der Medikamenten, und über Formen süchtigen Verhaltens geschult. Die Schulungen und Unterweisungen werden von externen Fachleuten durchgeführt.

Im Einzelnen zu regeln sind:

- Art und Umfang der Schulung und Unterweisungen
- Häufigkeit der Schulungen und Unterweisungen

11.2. Mit In-Kraft-Treten der Betriebsvereinbarung beginnen die Schulungen.

§ 12 In-Kraft-Treten

Die Betriebsvereinbarung tritt mit ihrer Unterzeichnung in Kraft. Sie kann mit einer Frist von drei Monaten gekündigt werden. Sie wirkt bis zum Abschluss einer Neuregelung über denselben Gegenstand nach.

§ 13 Fürsorgepflicht

Diese Betriebsvereinbarung entbindet den jeweiligen Vorgesetzten nicht von seiner Fürsorgepflicht.

Betriebsvereinbarung zum Nichtraucherschutz am Arbeitsplatz

Zwischen der Geschäftsleitung der Firma … und dem Betriebsrat wird gemäß § 87 Abs. 1 Ziffer 1 Betriebsverfassungsgesetz nachfolgende Fürsorgevereinbarung geschlossen:

§ 1 Präambel

1.1. Diese Betriebsvereinbarung bezweckt das Wohlbefinden aller Beschäftigten und dient somit betrieblichen Zwecken.

1.2. Sie soll eventuell auftretenden Spannungen und Konflikten zwischen Tabakrauchern und Nichtrauchern vorbeugen. Belästigungen und Streit sollen durch wechselseitiges Verstehen und tolerante und tolerable Maßnahmen beigelegt werden.

1.3. Nachfolgende Empfehlungen und Vorschriften haben die Aufgabe, Raucher und Nichtraucher zu wechselseitiger Rücksichtnahme zu bewegen, Belästigungen und Gefährdungen durch Tabakrauch abzubauen und das Verständnis für die Bedürfnisse des jeweils anderen zu vertriefen. Dabei haben Förderung und Anreiz zu gegenseitigem Verständnis Vorrang vor strikten Ge- oder Verboten.

§ 2 Geltungsbereich

Diese Fürsorgevereinbarung gilt für alle Beschäftigten der Firma …

§ 3 Grundrechtliche Ausgangssituation

Sowohl Raucher als auch Nichtraucher können sich zum Schutz ihrer jeweiligen Position auf Grundrechte berufen. Dem Recht auf körperliche Unversehrtheit der Nichtraucher steht die allgemeine Handlungsfreiheit der Raucher, auch das Recht auf Tabakgenuss beinhaltend, gegenüber. Ein klares Überwiegen der Rechte der einen Seite ist nicht festzustellen. Daraus folgt die Notwendigkeit eines Miteinanders, nicht eines Gegeneinanders – auch am Arbeitsplatz und im Betrieb.

§ 4 Grundsätze

Nachfolgende Grundsätze sind Ausdruck der Überzeugung, allein differenzierte Regeln der Selbstbestimmung der Beteiligten einschließlich ihres Vorrechts auf eigene Konfliktlösung könnten der Konfliktlage gerecht werde.

4.1. Aufgrund Gesetz, Verordnung, Unfallverhütungsvorschriften oder behördlicher Anordnung bestehen derzeit folgende Rauchverbote im Betrieb:

- in den Produktionsstätten .... (abschließende Aufzählung),
- in den Personenaufzügen und –fahrstühlen,
- in werksärztlichen Behandlungsräumen,
- in gekennzeichneten Abteilungen/Zonen sowie in Pausen- oder Ruheräumen,
- in Liege- oder Stillräumen,
- in betrieblichen Tankstellen, Treibstofflagern und ähnlichen Anlagen,
- ... sonstige Räume und Abteilungen/Zonen.

4.2. Für Arbeitsplätze und Räume, die nicht unter 4.1. erwähnt wurden, gilt:

4.2.1. Einvernehmliche Lösungen der beschäftigten Mitarbeiter – einschließlich derjenigen, die sich in den betreffenden Räumlichkeiten nicht nur kurzzeitig (wenige Minuten am Tag) aufhalten müssen – haben Vorrang vor Regelungen oder Vorgaben. Gesamtbetriebsrat und Betriebsrat bieten im Rahmen der Erfüllung ihrer Aufgaben bzw. der gesetzlichen Regelungen allen Arbeitnehmern jedwede Hilfe beim Finden geeigneter Kompromisse an. Ggf. sind vom Arbeitgeber eingesetzte Berater (z.B. Psychologen) einzubeziehen.

Lösungsmöglichkeiten können bestehen in

- Freiwilliger Selbstbeschränkung der Raucher,
- feste Rauch-Nichtraucherzeiten,
- bessere Belüftung der Räumlichkeiten/fest vereinbarte Lüftungszeiten,
- Raucherpausen für alle Mitarbeiter

4.2.2. Soweit keine Lösungsmöglichkeiten unter den beteiligten Arbeitnehmern erzielt werden, kann auf Antrag eines jeden Arbeitnehmers eine Arbeitsgruppe um Entscheidung ersucht werden. Dieser Arbeitsgruppe gehören an ... (z. B. Mitarbeiter, Betriebsrat, Arbeitgeber). Diese schlägt eine verbindliche Lösung, unter Berücksichtigung der Belange aller betroffenen Beteiligten vor. Damit verbundene Kosten trägt der Arbeitgeber in den Grenzen der Angemessenheit.

Einvernehmliche Lösungen haben in jeder Lage des Verfahrens Vorrang.

4.2.3. Soweit sich die Arbeitplätze und Arbeitsbereiche technisch ohne Einbuße an Arbeitsqualität, -klima und –effizienz voneinander trennen, werden primär Raucher- und Nichtraucherarbeitsplätze eingerichtet, sofern die beteiligten Beschäftigten damit einverstanden sind.

4.3. In Konferenz-, Sitzungs- und Besprechungsräumen wird nicht geraucht. Bei Bedarf sind Raucherpausen einzulegen. Abweichendes kann nur im ausdrücklichen Einverständnis sämtlicher Beteiligter gelten.

In Lehr- und Unterrichtsräumen gilt striktes Rauchverbot.

4.4. Im Esssaal, der Kantine sowie in der Cafeteria werden Raucher- und Nichtraucherzonen klar und ohne weiteres ersichtlich ausgewiesen. Dennoch auftretende Probleme werden nach gescheitertem Einigungsversuch der Arbeitsgruppe (§ 4 Nr. 4.2.2.) zur Lösung zugewiesen, sofern dem Streit grundsätzliche Bedeutung zukommt.

§ 4.5. An Arbeitsplätzen mit Publikumsverkehr (Verkaufs- oder Schalterräume, Büros mit Publikumsverkehr), aber auch in Kraftfahrzeugen mit wechselnden Insassen herrscht Rauchverbot. Für die Besucher werden gut sichtbar entsprechende Hinweise angebracht. Ggf. sind die Besucher mit gebotener Höflichkeit auf das bestehende Rauchverbot hinzuweisen.

§ 5 Prämienregelung

Für die verantwortliche Mitwirkung an einer innerbetrieblichen Konfliktlösung können Prämien für einen Konfliktbeteiligten vorgeschlagen werden. Das Verfahren und die Prämienhöhe richten sich nach den Regelungen des betrieblichen Vorschlagswesens.

§ 6 In-Kraft-Treten

Die Betriebsvereinbarung tritt mit ihrer Unterzeichnung in Kraft. Sie kann mit einer Frist von drei Monaten gekündigt werden. Sie wirkt bis zum Abschluss einer Neuregelung über denselben Gegenstand nach.

§ 13 Fürsorgepflicht

Diese Betriebsvereinbarung entbindet den jeweiligen Vorgesetzten nicht von seiner Fürsorgepflicht.

13.6 Musterformulierungen: Einleitung eines Eingliederungsmanagements durch Information des betroffenen Arbeitnehmers[288]

Sehr geehrte/r Frau/Herr XYZ,

wir möchten Ihnen hiermit die Möglichkeit eröffnen, an unserem betrieblichen Eingliederungsmanagement teilzunehmen. Ziel dieses Eingliederungsmanagements ist es, gemeinsam mit Ihnen nach Möglichkeiten zu suchen, Ihre lang andauernde/wiederholte Arbeitsunfähigkeit zu überwinden und durch den zielgerichteten Einsatz von Leistungen und Hilfen der Rehabilitationsträger eine erneute Arbeitsunfähigkeit zu vermeiden. In Betracht kommen hierfür insbesondere ärztliche Untersuchungen, sowie Maßnahmen und Hilfen an Ihrem Arbeitsplatz, um die Ursachen der Arbeitsunfähigkeit langfristig zu beseitigen.

Sofern Sie einem solchen Eingliederungsmanagement zustimmen kann/können der Betriebsrat/und die Schwerbehindertenvertretung bei der Beratung und Durchführung des Eingliederungsmanagements hinzu gezogen werden. Sollten Leistungen zur Teilhabe oder begleitende Hilfen in Betracht kommen, werden die örtlichen gemeinsamen Servicestellen der Rehabilitationsträger/und das Integrationsamt/Integrationsfachdienste hinzugezogen.

Durch Ihre Bereitschaft zur Durchführung eines betrieblichen Eingliederungsmanagements eröffnen Sie uns die Möglichkeit gemeinsam mit allen anderen Beteiligten die erforderlichen Maßnahmen zu einer betriebsnahen Rehabilitation Ihrer Gesundheit im Rahmen der betrieblichen Möglichkeiten zu ergreifen.

Für ein optimales Eingliederungsmanagement ist es notwendig, dass alle Beteiligten über Ihre persönlichen Daten wie z.B. Grund und Dauer der Arbeitsunfähigkeit, durchgeführte Maßnahmen, evtl. vorliegende Krankheitsbedingte Ursachen, Art des Arbeitsplatzes, usw. informiert werden. Diese Daten werden von allen Beteiligten im höchsten Maße vertraulich und diskret behandelt.

Mit meiner Unterschrift bestätige ich, über das betriebliche Eingliederungsmanagement und die dafür erhobenen persönlichen Daten in Art und Umfang informiert worden zu sein.

____

Datum

____

Unterschrift des Mitarbeiters

[288] Orginaltext von der Bundesarbeitsgemeinschaft der Integrationsämter und Hauptfürsorgestellen (BIH), ergänzt durch eigene Absätze.

13.7 Musterformulierung für die Zustimmung des betroffenen Arbeitnehmers zum betrieblichen Eingliederungsmanagement[289]

Sehr geehrte/r Frau/Herr (z.B. Vorgesetzter, Personalleiter oder Geschäftsführer),

mit meiner Unterschrift stimme ich der Durchführung eines betrieblichen Eingliederungsmanagements zu.

Mit der Erhebung, Speicherung, Verarbeitung und gegebenenfalls Übermittlung meiner Daten an die beteiligten Stellen bin ich einverstanden.

Meine behandelnden Ärzte befreie ich von der Schweigepflicht/Die erforderlichen ärztlichen Bescheinigungen über die Ursachen meiner Arbeitsunfähigkeit werde ich vorlegen.

____
Datum

____
Unterschrift des Mitarbeiters

13.8 Musterformulierung für ein Schreiben an die zuständige Servicestelle

Sehr geehrte Damen und Herren,

wie ich Ihnen bereits telefonisch am 25. März 2006 mitgeteilt habe, liegen bei unserem/er Mitarbeiter/in Herr/Frau ABC, die Voraussetzung zur Durchführung einer betrieblichen Wiedereingliederung vor. Herr/Frau ABC hat hierzu schriftlich Ihre Zustimmung erklärt. Herr/Frau ABC ist nunmehr seit dem 14. März 2006 krankgeschrieben und hat sein/ihr Interesse an einer möglichst schnellen Wiedereingliederung bekundet. Aufgrund des Krankheitsbildes käme nach unserer Einschätzung eine stufenweise Wiedereingliederung in Betracht.

Zur Bestimmung, welche Leistungen und Hilfen der Rehabilitationsträger tatsächlich in Betracht kommen, übersende ich Ihnen anbei den Befund unseres werksärztlichen Dienstes mit der Bitte um möglichst schnelle Kontaktaufnahme.

Für Rückfragen stehe ich/der werksärztliche Dienst Ihnen zur Verfügung.

---

[289] Orginaltext von der Bundesarbeitsgemeinschaft der Integrationsämter und Hauptfürsorgestellen (BIH), ergänzt durch eigene Absätze.

13.9 Musterformulierung für Gesundheitsvorsorgeprogramm BVE

Zwischen der

RaA GmbH,

und

deren Betriebsrat

wird vereinbart, dass das

Gesundheitsvorsorgeprogramm

(anliegend als Maßnahmeplan)

den Status einer

Betriebsvereinbarung

erhält.

Diese Betriebsvereinbarung ist gültig ab __.__.____ und ist erstmals kündbar unter Einhaltung einer 3-monatigen Kündigungsfrist zum __.__.____.

Z, den ...

Unterschriften der Parteien

Maßnahmenplan

1. Umsetzung und Kontrolle des Gesundheitsvorsorgeprogramms federführend durch den Bereich Sicherheit/Umweltschutz (SU) in Zusammenarbeit mit dem Werksärztlichen Dienst (WD) und dem Bereich Personal (PER).

   Verantwortlich: SU/WD/PER Sicherung der Wahrnehmung des Angebotes der Geschäftsführung (GF) zur erweiterten Gesundheitsvorsorgeuntersuchung der Bereichsleiter der Firma XY durch den Werksärztlichen Dienst im Zwei-Jahres-Rhythmus. WD informiert PER jeweils am Jahresende über die Soll-Ist-Bilanz der Teilnahme. PER wertet diese Soll-Ist-Bilanz in der nachfolgenden Bereichsleitersitzung aus.

   Verantwortlich: WD/SU/PER

3. Motivation zur Teilnahme der Führungskräfte der Firma XY und der Mitarbeiter der Bereiche an den saisonalen Grippeschutzimpfungen durch den Betriebsarzt. Verantwortlich: WD

4. Teilnahme der Führungskräfte an Schulungsangeboten, beispielsweise für Selbst- und Zeitmanagement/psychologische Grundlagen der Gesprächsführung. Verantwortlich: PER

5. Permanente Unterweisung und Kontrolle der Einhaltung der folgenden den Gesundheitsschutz betreffenden SGU-Anweisungen in den Bereichen der XY:

   21.304 - Gefährdungen

   21.306 - Einsatz von Auszubildenden und Jugendlichen

   21.401 - Ersthelfer

   21.402 - Meldung, Anzeige und Untersuchung von Unfällen

   21.404 - Anzeige über Verdacht von Berufskrankheiten

   21.405 - Mutterschutz

   21.503 - Persönliche Schutzausrüstungen

   21.602 - Bildschirmarbeitsplätze

   21.403 - Arbeitsmedizinische Vorsorgeuntersuchung

Im Rahmen des Gesundheitsvorsorgeprogramms bietet die Geschäftsführung allen Mitarbeitern arbeitsmedizinische Vorsorgeuntersuchungen entsprechend den gesetzlichen Vorgaben und nach berufsgenossenschaftlichen Grundsätzen in verkürzten Untersuchungsfristen von zwei Jahren an.

13.10 Musterformulierung für die Führung des externen Gesprächs

Firma XY

Gesprächsleitfaden

für das „Externe Gespräch"

als kritisches Fehlzeitengespräch

Hauptziele des Gesprächs sollten:

1. die Erörterung der Ursachen und
2. die Gründe der kritischen Abwesenheit des Mitarbeiters sein.

Die Durchführung externer Gespräche hat ausschließlich durch die SB-, ID- und FGLeiter der XY Firma sowie durch die Bereichsleiter der ILE zu erfolgen. Das Gespräch kann in aller Regel unter Einbeziehung Dritter durchgeführt werden, z.B. Betriebsrat, Betriebsarzt usw.

Der Zeitpunkt des Gespräches muss nicht zwingend mit der Rückkehr des Arbeitnehmers im Zusammenhang stehen. Dieses Gespräch kann auch während einer Phase der krankheitsbedingten Arbeitsunfähigkeit nach vorheriger Abstimmung mit dem Betriebsrat und dem Bereich Personal geführt werden.

1. Gesprächseröffnung

- Mitarbeiter begrüßen, Kontakt herstellen

  Guten Tag, Frau/Herr

- positive Gesprächseröffnung

  Ich freue mich, dass Sie gekommen sind. Schön, dass wir Sie besuchen dürfen. Wir überbringen die besten Genesungswünsche.

- Wichtigkeit des Mitarbeiters und seines Leistungsbeitrages herausstellen

  Wir haben Sie vermisst und wir freuen uns, dass Sie wieder da sind. Wir vermissen Sie und würden uns freuen, wenn Sie in Kürze wieder Ihre Tätigkeit aufnehmen könnten.

2. Informationsphase

fürsorglich/ fachlich:

- Mitarbeiter nach seinen aktuellen Gesundheitszustand fragen

  (nicht nach seiner Krankheit, sondern nach dem Befinden fragen!)

  Wie ist Ihr (körperliches) Befinden?

  Wie geht es Ihnen heute Frau! Herr...?

  Konnten! Können Sie Ihre Krankheit vollständig auskurieren?

  Fühlen Sie sich wohl, geht es Ihnen gut?

- Mitarbeiter über Neuigkeiten und Vorgänge während seiner Abwesenheit informieren

  Während Ihrer Abwesenheit ist viel passiert.

  Wir haben...

  Wir werden...

  In der Zeit in der Sie nicht da sind, werden wir...

- Nach Ursachen und Gründen der Abwesenheit des Mitarbeiters fragen *Frau! Herr... Ihre letzte Abwesenheit liegt noch nicht so lange zurück. Lagen/Liegen die Abwesenheitsgründe in Ihrem persönlichen Umfeld?*

Hing! Hängt die Abwesenheit vielleicht mit Ihrer Krankheitsdiagnose zusammen?

Bestanden! Bestehen möglicherweise Zusammenhänge zwischen den vorherigen Fehlzeiten und den zukünftigen Fehlzeiten?

Was denken Sie welchen Eindruck Sie durch das häufige Fehlen bei Ihren Kollegen erzeugen?

Wie würden Sie selbst bei häufigen Fehlen eines Kollegen reagieren? Während Ihrer Abwesenheit wurde! wird Ihre Arbeit von anderen Kollegen erledigt?

Was waren/sind Ihre Abwesenheitsgründe? Wo lagen/liegen die Ursachen? Sie fehlten! fehlen uns im Arbeitsprozess.

- fragen, ob noch besondere Rücksicht notwendig ist

  Geht es Ihnen gut Frau! Herr... oder ist noch eine besondere Rücksicht heute! zukünftig geboten.

- Bezug nehmen auf das vorangegangene Gespräch In unserem letzten Gespräch haben wir über...

  Sie haben mir versprochen...

- Maßnahmen vereinbaren, um Anwesenheit des Mitarbeiters zu verbessern,

  Angebot eines anderen der Gesundung förderlichen Arbeitsplatzes

  (Erprobung in anderen Jobs, Verkürzung der Arbeitszeit, stufenweise

  Wiedereingliederung)

  Wie gedenken Sie in nächster Zukunft lhr Abwesenheitsverhalten zu

  gestalten Frau! Herr...?

  Können wir gemeinsam etwas tun, um Ihre Anwesenheit zu stabilisieren?

- Mitarbeiter auf arbeitsrechtliche Konsequenzen (Abmahnung, Kündigung) bei weiter anhaltenden Fehlzeiten hinweisen

  Können Sie weitere Fehlzeiten (in der laufenden Frist) ausschließen oder nicht?

Frau! Herr ... sind Sie sich über die Folgen weiterer Fehlzeiten im Klaren? Wir möchten Sie darauf hinweisen, dass Sie jetzt Ihre letzte Chance erhalten, bevor wir massivere Schritte einleiten.

3. Gesprächsabschluss

- Gespräch positiv ausklingen lassen

  Frau/Herr... ich danke Ihnen für dieses offene positive Gespräch. Vielen Dank für das offene Gespräch.

- Zuversicht und nachdrücklich Erwartung äußern, dass künftig Fehlzeiten ausbleiben

  Frau! Herr... ich erwarte zukünftig von Ihnen... Frau/Herr... ich möchte Sie eindringlich darauf hinweisen...

  Im Weiteren übernimmt die Geschäftsführung im Rahmen der Gesundheitsvorsorge anteilig Kosten für spezielle Bildschirmarbeitsplatzbrillen und stellt ergonomisch gestaltete Büroarbeitsplatzstühle für Bildschirmarbeitsplätze zur Verfügung. Verantwortlich: SB-/ID/Bereichsleiter/SU

4. Sicherung eines gesundheitsfördernden Arbeits- und Betriebsklimas der Mitarbeiter in den Bereichen (aktives Zuhören, Ausräumen von Konflikten, stetige Kommunikation usw.). Verantwortlich: SB/ID/Bereichsleiter

5. Motivation zur Mitarbeiterteilnahme an saisonalen Grippeschutzimpfungen durch den Betriebsarzt. Verantwortlich: SB/ID/Bereichsleiter/ WD

6. Information der Mitarbeiter über innerbetriebliche Sportgruppenaktivitäten (Fußball, Volleyball, Gymnastik) und deren Einbeziehung, Ansprechpartner -Bereich Personal oder Betriebsrat (BR). Verantwortlich: SB/ID/Bereichsleiter/PER/BR

7. Durchführung eines Gesundheitstests für Mitarbeiter auf freiwilliger und die Anonymität sichernder Basis im Zwei-Jahres-Rhythmus. Verantwortlich: WD

8. Angebot von Beratungen und Information zur arbeitsmedizinischen Prävention für Führungskräfte und Mitarbeiter durch den Betriebsarzt. Verantwortlich: WD

9. Informationsveranstaltungen für Führungskräfte und Mitarbeiter zu Themen der Gesundheitsvorsorge unter Einbeziehung entsprechender Fachärzte bzw. Fachkräfte der Krankenkassen einmal halbjährlich. Verantwortlich: WD

10. Erarbeitung von Fachartikeln rund um die Gesundheitsvorsorge für Führungskräfte und Mitarbeiter in der Standortzeitung einmal halbjährlich. Verantwortlich: WD/STE

11. Durchführung „interner Gespräche“ mit Mitarbeitern, bei denen mehr als drei kurzzeitige Krankmeldungen im Halbjahr auftreten. Verantwortlich dafür sind die SB/ID- und Bereichsleiter.

    Ein „externes“ Gespräch findet auf Initiative des Bereiches Personal in Abstimmung mit der zuständigen Führungskraft und dem Betriebsrat mit′ Langzeiterkrankten in Abhängigkeit zum jeweiligen Gesundheitsfortschritt des Mitarbeiters statt.

Inhaltlich sollen sich die Gespräche auf das Erkennen und Ermitteln der Ursachen des krankheitsbedingten Ausfalls des Mitarbeiters konzentrieren. Die Gespräche sind je nach Erfordernis unter Einbeziehung von Vertretern aus in Frage kommenden Bereichen und des Medizinischen Dienstes der Krankenkassen durchzuführen. Dabei sollte die Analyse des sozialen Umfeldes des Mitarbeiters im Mittelpunkt des Gespräches stehen. Der Mitarbeiter kann zu diesem Gespräch ein Betriebsratsmitglied seines Vertrauens hinzuziehen.

Diese Gespräche sollen im Ergebnis Alternativen zur Wiederaufnahme der Tätigkeit wie z.B. Rehabilitationsmaßnahmen, Verkürzung der Arbeitszeit, Erprobung in anderen Jobs, stufenweise Wiedereingliederung beinhalten.

Die Gespräche dienen letztlich dem Ziel, Störfaktoren zu beseitigen bzw. solche Bedingungen im sozialen Umfeld des Mitarbeiters zu schaffen, die ihn zur Leistungserbringung motivieren. Verantwortlich: Bereichsleiter/WD/BR/SU/PER

12. Transparente Darstellung der erzielten Ergebnisse der Gesundheitsquote sowie der krankheitsbedingten Fehlzeiten, d.h. quartalsweise Information bzw. Übergabe aktueller und kumulativer Fehlzeitenübersichten für die Führungskräfte über ihre Bereiche. Verantwortlich: PER

13.11 Musterformulierung für die Führung des internen Gesprächs

Firma XY

Gesprächsleitfaden

für das „Interne Gespräch"

als fürsorgliches **Rückkehrgespräch**

„Gesundheit ist der Zustand eines vollkommenen körperlichen, seelischen und sozialen Wohlbefindens und nicht nur die Abwesenheit von Krankheiten und Gebrechen." (Quelle: WHO)

Hauptziele des Gesprächs sollten:

1. die Feststellung der Abwesenheit und
2. die Motivation zur Anwesenheit sein.

Die Durchführung interner Gespräche hat ausschließlich durch die SB-, ID- und FGLeiter der Firma XY sowie durch die Bereichsleiter der ILE zu erfolgen. Das Gespräch sollte in aller Regel als „4-Augen-Gespräch" durchgeführt werden.

1. Gesprächseröffnung

- Vertrauensvolle Atmosphäre schaffen (Tür schließen, Kaffee anbieten, keine Störungen, Telefon ausschalten usw.)
- Mitarbeiter freundlich begrüßen, Kontakt herstellen

  Guten Tag, Frau/Herr
- positive Gesprächseröffnung

  Ich freue mich, dass Sie gekommen sind.
- dem Mitarbeiter das Gefühl geben, dass er vermisst wurde und gebraucht wird

  Wir haben Sie vermisst Frau/Herr... und wir freuen uns, dass Sie wieder da sind.
- Wichtigkeit des Mitarbeiters und seines Leistungsbeitrages herausstellen

  Sie sind uns wichtig und durch Ihre Arbeit tragen Sie wesentlich zu unserem Unternehmenserfolg bei.
- Bei sichtbarer Unsicherheit des Mitarbeiters, fragen, ob eine

  Vertrauensperson seiner Wahl an dem Gespräch teilnehmen soll (z.B. Betriebsratsmitglied)

2. Informationsphase fürsorglich/ fachlich:

- Mitarbeiter nach seinen aktuellen Gesundheitszustand fragen

  (nicht nach seiner Krankheit, sondern nach dem Befinden fragen!)

  Wie ist Ihr körperliches Befinden?

  Wie geht es *Ihnen heute Frau/Herr...?*

  Konnten Sie Ihre Krankheit vollständig auskurieren?

  Fühlen Sie sich wohl, geht es *Ihnen gut?*
- Mitarbeiter über Neuigkeiten und Vorgänge, während seiner Abwesenheit informieren

  Frau/Herr... während Ihrer Abwesenheit ist viel passiert.

  Wir haben..., Wir werden...
- Positive Rückmeldung über bisher geleistete Arbeit geben

  Ich bin mit Ihrer Arbeit sehr zufrieden!

  Sie sind...
- Erläuterung der Feststellung vermehrter Fehlzeiten

Frau/ Herr... leider musste ich in den letzten Monaten bei Ihnen vermehrt

Fehlzeiten feststellen.

Heute möchte ich nun gern von Ihnen erfahren, was denn die Hintergründe Ihres Fehlens sein könnten.

- Verdeutlichung der Auswirkungen der persönlichen Fehlzeiten des Mitarbeiters auf das Unternehmen (Organisationsaufwand, Kosten, Produktivitätsverlust) und das Betriebsklima (Mehrbelastung, Unzufriedenheit der Kollegen)

  Frau!/ Herr... Sie müssen verstehen welche Auswirkungen Ihr Fehlen für uns bedeutet.

  Wir haben einen erhöhten Organisationsaufwand, Produktivitätsverlust, Kosten usw. und die Auswirkungen auf das Betriebsklima sind auch nicht unbedenklich.

- Besprechen, ob es einen Zusammenhang zwischen seiner Erkrankung und seiner Arbeitssituation (Arbeitschutz, -aufgabe, -zeit, -mittel, Umfeld) geben kann, kritische Ursachenanalyse vornehmen

  Frau/Herr... gibt es möglicherweise einen Zusammenhang zwischen Ihrer Erkrankung und Ihrer Arbeitsplatzsituation?

  Können wir an dieser Stelle vielleicht etwas für Sie tun?

- nach Einsatzfähigkeit erkundigen und klären, ob er seine Tätigkeit sofort wieder in vollem Umfang aufnehmen kann

  Sind Sie wieder voll einsatzfähig Frau/ Herr... oder ist noch besondere

  Rücksicht notwendig?

  Wann können Sie Ihre Arbeit wieder uneingeschränkt aufnehmen?

- vereinbaren verbindlicher Ziele und Maßnahmen um Fehlzeiten zu reduzieren

  Folgende Maßnahmen können wir mit ... bis ... einleiten. Wir werden mit... bis...

3. Gesprächsabschluss

- Gespräch positiv ausklingen lassen

  Frau/Herr... ich danke Ihnen für dieses offene positive Gespräch. Wenn Sie noch Fragen oder Probleme haben, kommen Sie jeder Zeit auf mich zu.

- Zuversicht und nachdrücklich Erwartung äußern, dass künftig keine längeren oder häufigen Fehlzeiten vorkommen

  Frau! Herr... ich hoffe...

  Ich wünsche mir für die Zukunft Frau! Herr

13.12 Musterformulierung für freiwilligen Gesundheitstest

Freiwilliger Gesundheitstest für Mitarbeiter der XY Firma

'Wohlgetan ist es die Gesunden sorgfältig zu führen,

damit sie nicht krank werden."

(Hippokrates)

Sehr geehrte Mitarbeiterinnen, sehr geehrter Mitarbeiter,

Ihre Gesundheit ist uns wichtig, denn Sie sollen sich gesund aktiv und motiviert in den Arbeitsprozess einbringen können und Ihr Privatleben gestalten. Aus diesem Grund wurde im Rahmen des Gesundheitsvorsorgekonzeptes durch den Werksärztchen Dienst dieser Selbsttest entwickelt Dieser freiwillige Test soll Ihnen in Verbindung mit der Vorsorgeuntersuchung im 2-Jahres-Rhythmus die Möglichkeit zur Selbstkontrolle Ihres Gesundheitszustandes bieten und Ihr Gesundheitsbewusstsein verstärken. Die Zielsetzung ist die Erhaltung bzw. Stabilisierung Ihrer Gesundheit durch Förderung einer gesunden Lebensweise und einer individuellen Beratung durch den Betriebs-, Fach- oder Hausarzt

Bekanntermaßen können nur Sie, der/ die gesunde zufriedene Mitarbeiter/in, in einem positiven Betriebs- und Arbeitsklima ihre Leistungsfähigkeit steigern und damit die Wertschöpfung unseres Unternehmens erhöhen.

Aus diesen Gründen möchten wir Sie bitten, diesen Fragebogen auszufüllen und mit

Ihrem Haus- bzw. dem Betriebsarzt auszuwerten (bitte Impfausweis mitbringen).

Selbstverständlich werden Ihre Angaben anonym und vertraulich behandelt und

unterliegen der ärztlichen Schweigepflicht

Herzlichen Dank für Ihre Mitarbeit!

I. **Fühlen Sie sich gesundheitlich fit?** Bitte kreuzen Sie zutreffendes an!

☐ ja ☐ nein ☐ geht so

II. Fragen zu persönlichen Eigenschaften

1. Gesunde Ernährung

Ernähren Sie sich Ihres Erachtens nach gesund und ausgewogen?

☐ ja ☐ nein

2. Ausdauersport

Wie häufig betätigen Sie sich aktiv in der Woche (z. B. Tanzen, Sport, Gartenarbeit, Wandern u. a. m.)?

☐ regelmäßig ☐ unregelmäßig ☐ gar nicht

☐ (2x/Woche) ☐ (bis lx/Woche)

Art der Betätigung: ____________________________

3. Rauchen Sie?

☐ ja ☐ nein

Wie viele Zigaretten, Zigarren, oder Pfeifen pro Tag rauchen Sie circa? ________

4. Alkohol

Wie häufig trinken Sie durchschnittlich Alkohol? Ritte ankreuzen

☐ gar nicht

☐ gelegentlich

☐ regelmäßig ☐ täglich ☐ wöchentlich

Was für Alkoholika nehmen Sie zu sich?

☐ ____ x 0,25 I Wein 10% Vol.-Alk.= 20g reiner Alkohol

☐ ____ x 0,02 l Spirituosen 30% Vol.-Alk.= 5 g reiner Alkohol

☐ ____ x 0,30 l Bier 4% Vol.-Alk.= 10 g reiner Alkohol

☐ ____ x 0,50 l Bier 4% Vol.-Alk.= 16 g reiner Alkohol

Wie viel Alkohol trinken Sie durchschnittlich? Bitte schätzen und ankreuzen!

III. Fragen zur persönlichen Situation

5. Stressbelastung

Wie hoch ist die Stressintensität? Nehmen Sie pflanzliche oder nicht pflanzliche Medikamente ein bzw. sind in ärztlicher oder psychotherapeutischer Behandlung?

☐ ja ☐ nein

Wenn ja, welche: ____

6. Drogenkonsum

Konsumieren Sie zur Verbesserung Ihres Allgemeinzustandes Drogen, Medikamente oder gehen Sie Ersatzhandlungen(z.B. Wetten, Spielen) nach? Bitte ankreuzen!

☐ ja ☐ nein

7. Teilnahme an Vorsorgeuntersuchungen beim Haus-, Fach-, Betriebsarzt

Gehen Sie regelmäßig zu Check-up-Untersuchungen bzw. zur Krebsvorsorge zum Haus- oder Facharzt?

☐ ja ☐ nein

Wann war Ihre letzte Untersuchung? (Bitte ein Datum eintragen!)

____

IV. Fragen unter Mitwirkung des Haus- bzw. Betriebsarztes

8. Impfschutz

Ist Ihr Impfschutz vollständig? ☐ ja ☐ nein

(Impfungen Tetanus und Diphtherie innerhalb der letzten 10 Jahre)

Gehen Sie jährlich zur Grippeschutzimpfung? ☐ ja
☐ nein

Datum der Befragung: ______________________

Anzahl Ihrer Gesamtpunkte: (Auswertung durch WD)

13.13 Fragenkatalog für Personalleiter

Gesprächspartner/in: ________________ Datum: ________

Funktion im Unternehmen: ________________

1. Gibt es für die betriebliche Gesundheitsförderung ein klares Konzept, das fortlaufend überprüft, verbessert und allen Mitarbeitern bekannt gemacht wird?
2. Finden regelmäßige Ist-Analysen statt? (Arbeitsbelastungen, Gesundheitsindikatoren, subjektiv wahrgenommene Beschwerden, Risikofaktoren, Unfallgeschehen, Berufskrankheiten, Krankheitsbedingte Fehlzeiten usw.)
3. Findet bzw. wie findet die Belehrung der Arbeitnehmer über die Unfall- und Gesundheitsgefahren am Arbeitsplatz statt? (§ 81 Abs. 1 BetrVG)

4. Wie schätzen Sie den Stellenwert des Gesundheitsmanagement im Betrieb bzw. Unternehmen realistisch ein? (Aufgabe der Geschäftsführer? Aufgabe der Personalabteilung? Aufgabe der Fachkraft für Arbeitssicherheit?)
5. Welche Maßnahmen finden in Bezug auf die betriebliche Gesundheitsförderung statt? (Pausen- Ruheräume, Kantine, Betriebssport)
6. Wird der Betriebsrat auch über die gesetzlich vorgeschriebene Mitbestimmung hinaus, mit in geplante Gesundheitsmaßnahmen eingebunden? (z.B. durch freiwillige Betriebsvereinbarungen)
7. Welche Maßnahmen sind zukünftig geplant?
8. Wie hoch ist der Krankenstand im Betrieb bzw. im Unternehmen?
9. Wie wird versucht, den Arbeitnehmern die Wichtigkeit der Gesundheit während und nach der Arbeitszeit zu vermitteln? (Vorbildfunktion der Vorgesetzten! Regelmäßiger Besuch von Gesundheitsseminaren!)
10. Werden angebotene Maßnahmen zur Gesundheitsprävention gut von den Arbeitnehmern angenommen? (Wenn nicht, kurze Analyse!)
11. Wie viel Ressourcen (z.B. Budget, Personal, Räume, Weiterbildung etc.) werden für die betriebliche Gesundheitsförderung bereitgestellt?
12. Wie ist die Arbeitszeitverteilung gestaltet? (Wie hoch ist die Mehrarbeitsquote und findet Mehrarbeit für bestimmte Beschäftigte konstant statt?)
13. Können sich die Arbeitnehmer aktiv an Fragen der Gesundheit am Arbeitsplatz beteiligen?
14. Werden die Arbeitnehmer zu Ihrem subjektiven Gesundheitsempfinden am Arbeitsplatz befragt? (Stress, Arbeitklima, Umwelteinflüsse, Mobbing)
15. Welchen Führungsstil erwarten die Geschäftsführer von den Führungskräften im Unternehmen und findet dieser überwiegend Anwendung? (autoritärer, kooperativer, partizipativer)
16. Wie findet das betriebliche Eingliederungsmanagement nach längerer Krankheit statt? (z.B. findet ein kurzes Gespräch über Ereignisse und Veränderungen der abwesenden Zeit statt? Wird dem Arbeitnehmer mit leichten Arbeiten eine Einarbeitungsphase ermöglicht?)
17. Wie wird die Vereinbarkeit von Familie und Berufstätigkeit gefördert? (Flexible Arbeitszeit, erhöhter Urlaub für Eltern, Heimarbeit, usw.)
18. Wird auch über die betriebliche Gesundheitsförderung hinaus, auf den Umgang mit natürlichen Ressourcen und sozialer Verantwortung aufmerksam gemacht? (Umweltschutz)

14 Stichwortverzeichnis

Weitere Titel aus der Reihe: Schriften zum Betriebs-/Gefahrenschutz

ISBN 978-3-941388-02-4
€ 24,80

Erhältlich im Buchhandel oder unter www.vprm.de

Kreizberg
Arbeitsschutzgesetz und Arbeitsschutzverordnungen

Der Arbeitsschutz in Deutschland ist ebenso vielschichtig wie intransparent. Vor diesem Hintergrund und der notwendigen Beschränkung auf das Wesentliche befasst sich die vorliegende Publikation ausschließlich mit dem Arbeitsschutzgesetz sowie den hieraus hervorgegangenen Verordnungen. Sowohl das Gesetz wie auch die Verordnungen haben durchweg europäische Wurzeln, sie haben gewissermaßen den gleichen Stammbaum.

Dies führt im weiteren dazu, dass auch die Regelungsmaterien und Begrifflichkeiten sich stetig wiederholen und – soweit es die Verordnungen betrifft – immer wieder auf die Ursprungsquelle, das Arbeitsschutzgesetz zurückgreifen.

Vor diesem Hintergrund bot es sich an, das durch Arbeitsschutzgesetz und nachfolgende Arbeitsschutzverordnungen hinlänglich definierte Untersuchungsfeld nicht nach eben diesen Kategorien zu erschließen, sondern anhand der gemein- samen verbindenden Elemente. Nicht die Frage danach, was in dieser oder jener Verordnung alles drin steht, prägt den Aufbau, sondern die Praktikerfrage, wo er überall nachsuchen muss, um zu diesem oder jenem Begriff nichts zu übersehen.

Insofern soll die an Leitbegriffen sich ausrichtende Schrift auch ein Leitfaden im ursprünglichsten Wortsinne sein zum unmittelbaren Vorteil seiner Leser.

ISBN 978-3-941388-08-6
€ 29,80

Erhältlich im Buchhandel oder unter www.vprm.de

Pulte
Betriebsbeauftragte in der Wirtschaft

Das Handbuch "Betriebsbeauftragte in der Wirtschaft" stellt umfassend die Tatbestände dar, die die Unternehmen ab einer bestimmten Betriebsgröße oder wegen bestimmter betriebstypischer Risiken oder sonstiger Gefahrenquellen zur Bestellung von Betriebsbeauftragten unter Androhung von nicht unerheblichen Sanktionen verpflichten.

Betroffen sind hiervon vor allem die Bereiche Arbeitssicherheit, Gefahrenschutz, Umweltschutz, Medizintechnik und Datentechnik.

Die praxisbezogene Arbeitshilfe des Autors Prof. Dr. Peter Pulte ermöglicht ein Unternehmens-Check-Up. Sie versetzt die Unternehmensleitung in die Lage, den notwendigen Beauftragten für einen Betrieb zu ermitteln, die richtige Person für eine Beauftragtenposition zu finden, eine formgerechte Bestellung vorzunehmen und seine vorgegebenen Aufgaben mit seinen betrieblichen Aufgaben so in Einklang zu bringen, dass Disharmonien nicht entstehen können. Sie ermöglicht immer wieder die Angleichung der betrieblichen Position mit den gesetzlichen Verpflichtungen.

Aktuelle Informationen finden Sie auch unter www.vprm.de